“十四五”国家重点图书出版规划项目
核能与核技术出版工程

先进核反应堆技术丛书（第二期）
主编 于俊崇

铅铋合金冷却反应堆技术

Lead-bismuth Cooled Nuclear Reactor Technology

余红星 编著

内容提要

本书为“先进核反应堆技术丛书”之一。本书聚焦极具发展潜力的第四代核能系统候选堆型——铅铋合金冷却反应堆的基本原理和工程技术，介绍了与铅铋合金冷却反应堆相关的反应堆物理、热工安全、燃料材料、系统设备、源项屏蔽以及设计规范等内容。此外，本书对该堆型的技术特点、发展现状以及国内外主要设计方案进行了全面介绍，点面结合，使读者能够较全面地了解铅铋合金冷却反应堆的技术原理、系统组成和发展动态。本书可作为高等院校和科研院所相关专业的研究生教材，也可供从事先进核能研发的科研人员和工程技术人员参考。

图书在版编目(CIP)数据

铅铋合金冷却反应堆技术 / 余红星编著. --上海:
上海交通大学出版社，2024.8
(先进核反应堆技术丛书)
ISBN 978-7-313-30420-9

Ⅰ. ①铅… Ⅱ. ①余… Ⅲ. ①铋合金-液态金属冷却堆 Ⅳ. ①TL425

中国国家版本馆 CIP 数据核字(2024)第 058434 号

铅铋合金冷却反应堆技术
QIAN BI HEJIN LENGQUE FANYINGDUI JISHU

编　　著：余红星
出版发行：上海交通大学出版社　　地　　址：上海市番禺路 951 号
邮政编码：200030　　电　　话：021-64071208
印　　制：苏州市越洋印刷有限公司　　经　　销：全国新华书店
开　　本：710 mm×1000 mm　1/16　　印　　张：18.5
字　　数：307 千字
版　　次：2024 年 8 月第 1 版　　印　　次：2024 年 8 月第 1 次印刷
书　　号：ISBN 978-7-313-30420-9
定　　价：159.00 元

先进核反应堆技术丛书

编　委　会

本书编委会

总　　序

人类利用核能的历史可以追溯到20世纪40年代，而核反应堆——这一实现核能利用的主要装置，则于1942年诞生。意大利著名物理学家恩里科·费米领导的研究小组在美国芝加哥大学体育场取得了重大突破，他们使用石墨和金属铀构建起了世界上第一座用于试验可控链式反应的“堆砌体”，即“芝加哥一号堆”。1942年12月2日，该装置成功地实现了人类历史上首个可控的铀核裂变链式反应，这一里程碑式的成就为核反应堆的发展奠定了坚实基础。后来，人们将能够实现核裂变链式反应的装置统称为核反应堆。

核反应堆的应用范围广泛，主要可分为两大类：一类是核能的利用，另一类是裂变中子的应用。核能的利用进一步分为军用和民用两种。在军事领域，核能主要用于制造原子武器和提供推进动力；而在民用领域，核能主要用于发电，同时在居民供暖、海水淡化、石油开采、钢铁冶炼等方面也展现出广阔的应用前景。此外，通过核裂变产生的中子参与核反应，还可以生产钚-239、聚变材料氚以及多种放射性同位素，这些同位素在工业、农业、医疗、卫生、国防等众多领域有着广泛的应用。另外，核反应堆产生的中子在多个领域也得到广泛应用，如中子照相、活化分析、材料改性、性能测试和中子治癌等。

人类发现核裂变反应能够释放巨大能量的现象以后，首先研究将其应用于军事领域。1945年，美国成功研制出原子弹，而1952年更是成功研制出核动力潜艇。鉴于原子弹和核动力潜艇所展现出的巨大威力，世界各国纷纷竞相开展相关研发工作，导致核军备竞赛一直持续至今。

另外，由于核裂变能具备极高的能量密度且几乎零碳排放，这一显著优势使其成为人类解决能源问题以及应对环境污染的重要手段，因此核能的和平利用也同步展开。1954年，苏联建成了世界上第一座向工业电网送电的核电站。随后，各国纷纷建立自己的核电站，装机容量不断提升，从最初的 5 000 千瓦发展到如今最大的 175 万千瓦。截至 2023 年底，全球在运行的核电机组总数达到了 437 台，总装机容量约为 3.93 亿千瓦。

核能在我国的研究与应用已有 60 多年的历史，取得了举世瞩目的成就。

1958 年，我国建成了第一座重水型实验反应堆，功率为 1 万千瓦，这标志着我国核能利用时代的开启。随后，在 1964 年、1967 年与 1971 年，我国分别成功研制出了原子弹、氢弹和核动力潜艇。1991 年，我国第一座自主研制的核电站——功率为 30 万千瓦的秦山核电站首次并网发电。进入 21 世纪，我国在研发先进核能系统方面不断取得突破性成果。例如，我国成功研发出具有完整自主知识产权的压水堆核电机组，包括 ACP1000、ACPR1000 和 ACP1400。其中，由 ACP1000 和 ACPR1000 技术融合而成的"华龙一号"全球首堆，已于 2020 年 11 月 27 日成功实现首次并网，其先进性、经济性、成熟性和可靠性均已达到世界第三代核电技术的先进水平。这一成就标志着我国已跻身掌握先进核能技术的国家行列。

截至 2024 年 6 月，我国投入运行的核电机组已达 58 台，总装机容量达到 6 080 万千瓦。同时，还有 26 台机组在建，装机容量达 30 300 兆瓦，这使得我国在核电装机容量上位居世界第一。

2002 年，第四代核能系统国际论坛(Generation IV International Forum, GIF)确立了 6 种待开发的经济性和安全性更高、更环保、更安保的第四代先进核反应堆系统，它们分别是气冷快堆、铅合金液态金属冷却快堆、液态钠冷却快堆、熔盐反应堆、超高温气冷堆和超临界水冷堆。目前，我国在第四代核能系统关键技术方面也取得了引领世界的进展。2021 年 12 月，全球首座具有第四代核反应堆某些特征的球床模块式高温气冷堆核电站——华能石岛湾核电高温气冷堆示范工程成功送电。

此外，在聚变能这一被誉为人类终极能源的领域，我国也取得了显著成果。2021 年 12 月，中国"人造太阳"——全超导托卡马克核聚变实验装置(Experimental and Advanced Superconducting Tokamak, EAST)实现了 1 056 秒的长脉冲高参数等离子体运行，再次刷新了世界纪录。

经过 60 多年的发展，我国已经建立起一个涵盖科研、设计、实(试)验、制造等领域的完整核工业体系，涉及核工业的各个专业领域。科研设施完备且门类齐全，为试验研究需要，我国先后建成了各类反应堆，包括重水研究堆、小型压水堆、微型中子源堆、快中子反应堆、低温供热实验堆、高温气冷实验堆、高通量工程试验堆、铀-氢化锆脉冲堆，以及先进游泳池式轻水研究堆等。近年来，为了适应国民经济发展的需求，我国在多种新型核反应堆技术的科研攻关方面也取得了显著的成果，这些技术包括小型反应堆技术、先进快中子堆技术、新型嬗变反应堆技术、热管反应堆技术、钍基熔盐反应堆技术、铅铋反应堆技术、数字反应堆技术以及聚变堆技术等。

在我国，核能技术不仅得到全面发展，而且为国民经济的发展做出了重要贡献，并将继续发挥更加重要的作用。以核电为例，根据中国核能行业协会提供的数据，2023 年 1—12 月，全国运行核电机组累计发电量达 4 333.71 亿千瓦时，这相当于减少燃烧标准煤 12 339.56 万吨，同时减少排放二氧化碳 32 329.64 万吨、二氧化硫 104.89 万吨、氮氧化物 91.31 万吨。在未来实现“碳达峰、碳中和”国家重大战略目标和推动国民经济高质量发展的进程中，核能发电作为以清洁能源为基础的新型电力系统的稳定电源和节能减排的重要保障，将发挥不可替代的作用。可以说，研发先进核反应堆是我国实现能源自给、保障能源安全以及贯彻“碳达峰、碳中和”国家重大战略部署的重要保障。

随着核动力与核技术应用的日益广泛，我国已在核领域积累了丰富的科研成果与宝贵的实践经验。为了更好地指导实践、推动技术进步并促进可持续发展，系统总结并出版这些成果显得尤为必要。为此，上海交通大学出版社与国内核动力领域的多位专家经过多次深入沟通和研讨，共同拟定了简明扼要的目录大纲，并成功组织包括中国原子能科学研究院、中国核动力研究设计院、中国科学院上海应用物理研究所、中国科学院近代物理研究所、中国科学院等离子体物理研究所、清华大学、中国工程物理研究院以及核工业西南物理研究院等在内的国内相关单位的知名核动力和核技术应用专家共同编写了这套“先进核反应堆技术丛书”。丛书包括铅合金液态金属冷却快堆、液态钠冷却快堆、重水反应堆、熔盐反应堆、新型嬗变反应堆、多用途研究堆、低温供热堆、海上浮动核能动力装置和数字反应堆、高通量工程试验堆、同位素生产试验堆、核动力设备相关技术、核动力安全相关技术、“华龙一号”优化改进技术，以及核聚变反应堆的设计原理与实践等。

本丛书涵盖了我国三个五年规划（2015—2030 年）期间的重大研究成果，充分展现了我国在核反应堆研制领域的先进水平。整体来看，本丛书内容全面而深入，为读者提供了先进核反应堆技术的系统知识和最新研究成果。本丛书不仅可作为核能工作者进行科研与设计的宝贵参考文献，也可作为高校核专业教学的辅助材料，对于促进核能和核技术应用的进一步发展以及人才培养具有重要支撑作用。本丛书的出版，必将有力推动我国从核能大国向核能强国的迈进，为我国核科技事业的蓬勃发展做出积极贡献。

于俊崇

2024 年 6 月

序

能源是关系到人类社会经济发展的基本问题。我国作为最大的发展中国家，同时又是世界第二大经济体，能源问题尤为突出。在人类共同应对全球气候变化的大背景下，习近平总书记提出了我国“力争于2030年前实现碳排放达峰，努力争取2060年前实现碳中和”的战略目标，给未来我国能源发展及改革提出了更高要求，急需发展包括核能在内的清洁能源，改变现有能源结构。核能作为稳定、高效、清洁能源在我国未来能源体系中将发挥更大作用。为满足国家对核能技术的新要求，需要开发具有更高安全性、更高可靠性、更大功率密度、更好经济性、更高燃料利用率的先进核能系统，这是助力我国核能技术水平成为世界领先，带动核工业领域体系发展，保障我国能源战略安全的重要支撑。

我国从20世纪50年代开始发展核能技术，通过数十年的发展，建立了完整的核能供应体系和产业链。我国目前在建及获批核电机组28台，是世界上在建机组最多的国家。但是从技术来看，核能技术的发展仍面临安全性、经济性、核燃料资源可持续发展等方面的诸多挑战。一是核能安全性和经济性有待进一步优化提高。无论是从全球还是我国来看，在确保安全性的前提下，提升核能经济性问题已经成为未来一段时间内决定核电发展的关键因素。一方面，对于较为成熟的压水堆技术，应采用非能动安全、耐事故燃料等新原理、新理念局部技术，提升压水堆的安全性和经济性；另一方面，应采用革新型先进核能技术，从根本原理上解决安全性面临的挑战，如采用铅冷快堆技术思路，实际消除大规模放射性物质释放，彻底解决核能安全性挑战。二是亟待提高燃料利用率，开展解决核能可持续发展的先进核能技术研发工作。铀资源保障和乏燃料处理已成为我国亟待解决的关键挑战问题。我国铀资源储量有限，进口量逐年增加，铀储量将难以支撑未来发展。因此，我国急需加快固有安全快中子反应堆的研发和应用，利用快中子反应堆实现核燃料增殖，将核燃料的利用率从当前压水堆的 2%提高 10 倍以上，从而可以有效支撑未来实现碳中和的核能燃料需求。

铅铋合金冷却反应堆是以液态重金属铅铋合金作为反应堆一回路冷却剂的快中子反应堆，具有安全性高、可持续性好、经济性能优、环境友好等特点，是目前国际上主流发展的第四代核能候选堆型之一，可作为我国未来能源结构的基荷单元重要选项，与其他能源共同形成我国可持续、安全可靠、灵活多样的绿色能源供给体系，保障能源战略安全。

《铅铋合金冷却反应堆技术》一书系统归纳总结了铅铋合金冷却反应堆的技术特点，梳理了铅铋合金冷却反应堆的发展历程、关键技术问题研究现状、未来的应用场景，从铅铋合金冷却反应堆设计的基本方法和原理出发，介绍了包括反应堆总体设计、堆芯设计、热工水力与安全设计、辐射防护与屏蔽设计、力学分析评价、堆内关键材料选择准则等内容。

我有幸先阅此书，非常荣幸地将本书推荐给我国广大准备投入铅铋合金冷却反应堆技术研究的学生、工程师和核科学爱好者，使之成为认识铅铋合金冷却反应堆技术的窗口，并奠定从事相关技术研究的基础。

于俊崇

2024 年 6 月

前　　言

核能作为稳定、清洁、低碳基负荷能源是世界发达经济体最大的低碳能源选项。在过去的半个世纪中，核能贡献了一半的低碳电力，帮助降低了二氧化碳的长期排放增速，也在欧美等发达国家碳达峰过程中发挥了重要作用。从我国当前的发展阶段来看，推进能源革命，构建以新能源为主体的新型电力系统，实现碳达峰、碳中和愿景目标，也同样离不开核能。国家能源对核能的巨大需求及国家对核安全的更高要求，亟须发展更先进的核能技术。根据核电技术成熟度及核能燃料可持续发展要求，近中期以大中型商用压水堆技术为主，以满足 2035 年前国家对核能的需求。中长期以第四代反应堆技术为主，以满足 2060 年前国家对核能的需求。

铅铋合金冷却反应堆应用范围涵盖加速器驱动的次临界嬗变系统、第四代核电系统等，具有安全性高、可持续性好、经济性能优、环境友好等特点，已在国际上成为未来先进核能系统发展的主力堆型和竞争焦点，各核能强国均正在积极推进该项技术的工程化应用。

为推动我国铅铋合金冷却反应堆快速发展，并满足培养相关人才的需求，受"核能与核技术出版工程 · 先进核反应堆技术丛书"编委会委托，编者于 2021 年初开始承担《铅铋合金冷却反应堆技术》一书的编写工作，主要针对铅铋合金冷却反应堆工程设计相关知识进行系统性介绍。内容全面、点面结合，兼顾实用性，结合了编者数十年的工程设计和研发的经验，既有基础性概念，又阐述了工程技术应用和经验，将理论和实践相结合，全面地描述了铅铋合金冷却反应堆技术的发展。

感谢中国核动力研究设计院李睿、郭锐、王睿峰、石茂渝、林刚、唐启忠、靳佳妮等在本书资料收集、整理和编写过程中的辛苦付出。

本书在编写过程中，参考了国内外各相关单位和科研机构公开发表的大量论文、报告和书籍。在此特向相关机构、学者表示崇高的敬意和感谢。由于编写时间和能力有限，对于本书可能存在的不足之处，欢迎各位读者批评指正！

目　　录

第 1 章
铅铋反应堆概述

1938 年,德国科学家哈恩(Hahn)发现中子和铀能产生链式裂变反应,开启了人类原子能时代;1942 年 12 月 2 日,美国科学家费米团队成功建成芝加哥一号石墨堆,这是人类第一台可控核反应堆,打开了制造原子弹与和平利用原子能的大门;1954 年苏联建成世界第一座商用核电站——奥布宁斯克核电厂,证明了利用核能发电的技术可行性,开启了人类和平利用核能的新纪元。此后,由于石油危机的影响和标准化、规模化带来的核电经济性提升,核能进入大规模高速发展时期,历经第一代实验性和原型核电机组(20 世纪 50 年代中期至 60 年代中期),第二代以压水堆为主的商业化及标准化核电机组(20 世纪 60 年代至 90 年代),第三代更安全、更经济先进核电机组(20 世纪 90 年代至今)的技术革新和核电厂建设,核能已成为世界能源结构的重要组成部分。截至 2023 年 4 月,全世界在运核反应堆共 420 座,主要以二代核电技术为主,总装机容量约为 374 827 MW(电功率),另外有 56 台机组在建,主要以三代核电技术为主。

进入 21 世纪,能源短缺、环境污染、气候变化问题越来越受到广泛重视,能源系统正向多元、清洁、低碳方向转型,作为清洁能源的核能优势日益显现,但同时对核能系统在安全、经济、环境友好等方面也提出更高要求。2000 年 1 月,在美国能源部的倡议下,美国、英国、南非、日本、法国、加拿大、巴西及韩国、阿根廷 9 个有意发展核能的国家,联合组成了第四代国际核能论坛(Generation Ⅳ International Forum, GIF),共同合作研究开发第四代核能技术。第四代核电技术无论从反应堆还是从燃料循环方面都将有重大的革新和发展,要求具备可持续性、安全性和可靠性、经济竞争力、抗扩散和实物保护等技术特点,候选堆型有气冷快堆(gas-cooled fast reactor, GFR)系统、铅合金液态金属冷却快堆(lead-cooled fast reactor, LFR)系统、熔盐反应堆(molten salt reactor，MSR)系统、液态钠冷却快堆(sodium-cooled fast reactor，SFR)、超高温气冷堆(very high temperature reactor，VHTR)、超临界水冷堆(supercritical water reactor，SCWR)。其中铅铋合金冷却反应堆(常简称铅铋反应堆或铅铋堆)是指采用液态铅铋合金作为冷却剂导出堆芯热量的反应堆，具有冷却剂沸点高，对水和空气具有化学惰性，中子相对慢化能力弱，能谱硬、增殖能力强，能够包容放射性物质、防止核扩散、热效率高和系统结构简单可靠等优点。从 GIF 组织 2013 年发布的第四代核反应堆路线图中可以看出，铅铋反应堆有望成为首个实现工业示范和商业应用的第四代核能系统。

2005 年，在 GIF 与成员倡议的赞助下，设立了铅冷快堆研究和设计临时指导委员会，拟订了以熔铅为基准冷却剂、铅铋合金为后备冷却剂和双轨设计路线的铅冷快堆研究与开发计划草案。铅铋合金冷却剂是在纯铅冷却剂的基础上，加入铋元素，铋的引入使铅铋堆和铅冷堆在设计、性能和应用上有明显不同[1]。

纯铅冷却剂熔点(327℃)比铅铋合金熔点(125℃)高很多，使纯铅冷堆在运行维护上要比铅铋堆更复杂。在堆芯设计时为消除正常运行、瞬态、启动和停堆冷却模式下冷却剂固化的风险，堆芯冷却剂的入口温度必须远高于冷却剂的熔点，这使铅冷堆的保温措施要比铅铋堆的复杂，对保温加热和换料操作的技术要求很高，增加了修理工作、设备更换以及使用自动化设备进行反应堆设施维修的难度。同时，为了防止蒸汽发生器中的铅冷却剂“冻结”，需提高蒸汽发生器中的给水温度，相应必须提高蒸汽压力和水的沸点，需要将目前的蒸汽参数变更为超临界参数，在热动力循环效率略有提高的情况下，这会增加反应堆设施成本，使其更加复杂，还会增加自身所需功耗。

纯铅冷却剂熔化时的体积变化(+3.6%)要比铅铋合金的(+0.5%)大。俄罗斯的研究经验表明，不能排除反应堆设施中冷却剂的意外“冻结”。为了保持设备的可操作性，需要对反应堆设施中的冷却剂进行安全加热和“解冻”。相较铅冷堆，铅铋合金在熔化过程中的体积变化较小，并且塑性很强，“解冻”后，对堆结构产生的破坏性应力也较小。但需关注铅铋堆的另一特性，即固态阶段铅铋合金体积自发增加缓慢，两个月增加约 0.5%，在相关实验中，观察到铅铋合金通过小孔进行缓慢“自挤压”，但好在固态铅铋合金的低硬度和高塑性排除了设备中损伤的进一步发展。针对纯铅冷却剂，除了关注熔化中铅的体积增加外，还需防止铅在固化过程中形成的缩孔现象，当熔化过程体积增加的位置与凝固体积减小的位置不一致时，对堆结构会产生大破坏性应力。

铅铋堆中^{210}Po的产生率是铅冷堆中产生率的近百倍。^{210}Po是一种半衰期为 138 天的 α 放射性同位素，在堆内主要由^{209}Bi和^{208}Pb通过辐照产生，而由^{209}Bi经辐照产生的份额远大于^{208}Pb的。^{210}Po是世界上已知毒性最大的元素之一，主要通过 α 放射性对人体产生伤害。在正常运行工况下大部分^{210}Po被包含在冷却剂中，在一回路出现破口冷却剂泄漏的情况下，热的冷却剂和空气接触时，会形成放射性的^{210}Po气溶胶，如果被人体吸入，会造成放射性伤害。在铅冷堆和铅铋堆的运维操作中都应高度重视，通过设置^{210}Po监测处理系统来防止^{210}Po的泄漏，当然由于在同等条件下纯铅产生的^{210}Po比铅铋产生的少 2 个数量级，因此铅冷堆的^{210}Po危害更小，相对更安全。

在相同条件下，铅铋合金的腐蚀性比纯铅更强。铅和铅铋合金均对其所接触的反应堆结构材料有腐蚀性，主要指的是结构材料元素溶解到铅或铅铋中造成的腐蚀，而且与所处环境的温度密切相关，温度越高腐蚀越严重。在同温度的无氧环境下，以目前堆内结构材料中最主要的元素铁为例，其在 700 ℃纯铅中的溶解度与在 572 ℃铅铋中的溶解度相当。这也是目前堆芯设计时纯铅堆的堆芯出口温度比铅铋堆高的主要原因，更高的堆芯出口温度，可以获得更高的能量转换效率，可大幅度提高电厂的经济性，这也正是核电厂一致追寻的，GIF 推荐的三种堆型 SSTAR、ELFR、BREST－OD－300 均采用纯铅作为冷却剂。铅基快堆材料的防腐技术是一个需要不断突破的核心关键技术，涉及主材性能、表面处理工程、冷却剂热动力和化学服役环境等多学科领域，目前最主要的方式是通过系统控氧来实现。

铅的资源、生产规模和成本特征均优于铅铋合金。铅在自然界中大量分布，其开发资源和生产规模并不限制铅冷却剂在核电中的使用。地壳中的铋含量为铅含量的 1/5，铋的成本是铅的 10 倍。高含量（5%～25%）的铋矿极为罕见，主要位于玻利维亚、塔斯马尼亚岛、秘鲁和西班牙。全球 90%的铋都是从铅精炼、炼铜和镀锡工厂的废物中提取的。到目前为止，根据已探明的铋资源的现有数据，铅铋合金还不足以在大型核电中应用。为解决这一难题，国家相关科学家提出反应堆设施退役后，如果有必要，可将铅铋合金精炼后在新的反应堆设施中重复使用。

早在 20 世纪 50 年代，苏联就开始研究液态铅/铅铋冷却快堆。相较铅冷却剂，铅铋合金熔点低，保温相对容易，在相同条件下更容易实现小体积；而对核电厂而言高安全、高经济性是其主要目标，体积、重量的影响相对较小，铅冷却剂具有一不受铋储量限制，二在相同温度下纯铅对材料的腐蚀弱于铅铋合金，三在同等辐照条件下^{210}Po的产生量较少的优点，是核电站的理想冷却剂。

铅铋堆、纯铅堆在不同的应用方向都有自己独特的优势，考虑到铅铋合金冷却剂已在国外工程应用，且铅铋冷却剂与纯铅在高沸点、高密度、化学惰性、材料腐蚀性、中子特性等方面还有较多相似之处，本书后面的介绍主要以铅铋堆为主，在国内外发展现状、世界范围内反应堆设计概况等方面适当兼顾铅冷堆。

1.1 铅铋反应堆的技术特点

铅铋共晶合金一般由质量分数为44.5%的铅和质量分数为55.5%的铋组成，表1-1和表1-2分别给出了铅铋冷却剂的中子学性能和化学物性参数。铅铋合金吸收截面小、相对慢化能力弱的良好中子性能和高沸点、低熔点、热导率好、具有化学惰性的化学性能，决定了其用于反应堆冷却剂时可表现出不可比拟的优势，使应用的反应堆具有安全性高、可持续性好、经济性能优、环境友好等显著优点。

表1-1 不同冷却剂的中子学性能

冷却剂	相对原子质量/(g/mol)	相对慢化能力	中子吸收横截面(1 MeV)/mb①	中子闪射横截面/b
铅	207	1	6.001	6.4
铅铋	208	0.82	1.492	6.9
钠	23	1.80	0.230	3.2
水	18	421	0.105 6	3.5

注：① 1 b=100 fm^2，1 mb=0.001 b=0.1 fm^2。

表1-2 不同冷却剂的物性参数

物性参数	钠	铅	铅铋	水
熔点/℃	98	327.4	125	0
沸点/℃	883	1 745	1 670	100

（续表）

物性参数	钠	铅	铅铋	水
熔化潜热①/(kJ/kg)	114.8	24.7	38.8	334.4
汽化潜热②/(kJ/kg)	3 871	856.8	852	2 253
密度 ρ②/(kg/m^3)	845	10 520	10 150	705
比热容②/[kJ/(kg·K)]	1.269	0.147	0.146	5.757
热导率 λ②/[W/(m·K)]	68.8	17.1	14.2	0.54
热扩散率 a②/(m^2/s)	6.4×10^{-2}	1.1×10^{-5}	9.6×10^{-6}	1.3×10^{-7}
运动黏度②/(m^2/s)	3×10^{-7}	1.9×10^{-7}	1.4×10^{-7}	1.2×10^{-7}
普朗特数 Pr②	0.004 8	0.017 4	0.014 7	0.9
熔化时的体积变化率/%	+2.65	+3.6	～+0.5	−10

注：① 一个大气压(101 325 Pa)下的数据。
② 液态金属为 0.1 MPa、450 ℃下的数据，水为 15.5 MPa、310 ℃下的数据。

1.1.1　安全性高

在核电的发展中，发生过多次后果严重的事故，如 1979 年 3 月 28 日发生在美国三哩岛的二号机组 TMI - 2 压水堆事故；1986 年 4 月 26 日发生在苏联的切尔诺贝利石墨慢化轻水堆事故；1995 年发生在日本的“文殊”钠冷快堆事故（中间回路非放射性钠泄漏引发火灾）；2011 年 3 月 11 日发生在日本福岛的沸水堆核电厂事故。梳理这些事故进程会发现，除了核裂变能之外，冷却剂自身储能及冷却剂与堆内材料的各种化学反应释放的能量也会对事故进程产生重大影响，为了扭转这种趋势，必须在长期的核能开发中做一些策略调整，最根本的解决方式是开发应用具有高固有安全性的反应堆，而铅铋冷却剂的固有物性完全满足固有安全反应堆的特点。

铅铋合金冷却剂具有化学惰性，不与水或空气等发生剧烈化学反应，且堆芯和堆容器内没有因辐照、受热而与冷却剂发生化学反应释放氢气及其他爆炸性气体的材料，即使一回路管道气密性损失或蒸汽发生器传热管破裂，空气或二回路水进入一回路也不存在火灾和化学爆炸风险，从物理本质上提高了反应堆的固有安全性。

铅铋合金良好的中子性能,使反应堆在运行过程中反应性变化较小,不需要很大的剩余反应性,且运行过程中堆芯内的燃料成分及功率密度分布稳定,有利于反应堆安全及长期稳定运行;此外铅铋堆增殖能力较强,结合闭式燃料循环,可有效提高铀资源的利用率,避免武器级钚的产生,降低核扩散的风险。

铅铋合金低熔点(125 ℃)、高沸点(1 670 ℃)的特点,使得反应堆内液态金属在工作温度下距离蒸发温度有足够大的裕量,一回路系统可常压运行,消除控制棒因高压意外弹出和冷却剂失压喷放丧失等事故初因,进一步强化固有安全性。铅铋合金熔点低,在凝固后可有效封堵某些情况下的破口,降低主回路泄漏导致失去冷却剂的可能性;铅铋合金冷却剂的高沸点排除了冷却剂沸腾导致的传热恶化、正空泡反应性导致的功率失控和气态逃逸丧失导致的反应堆失去冷却的可能性,防止包壳破损,降低堆芯熔化概率;高沸点也切实消除了在冷却剂意外过热时,发生一次回路超压和反应堆热爆炸事故的可能性,大大提高了反应堆的固有安全性。

铅铋堆系统在余热导出方面具有明显优势,可通过非能动方式导出余热,即使在极端事件的情况下也可确保运行,保障反应堆安全,阻止放射性核素向外扩散。铅铋堆中的中子自由程长的特性,使得在堆芯设计时可适当增大棒间距,进而增大了冷却剂流通面积,减少了堆芯流动阻力,结合铅铋合金高密度、运动黏度系数低的特性,放宽了在正常及事故工况下建立自然循环冷却回路的条件,大大增加了冷却剂在一回路的自然循环能力,从而降低了在失流事故等期间发生过热事故的风险。目前国际上一些小功率铅铋堆采用全自然循环设计,极大地简化了核电厂的传热系统;在大功率铅铋堆中依靠自然循环能安全载出大于额定功率 10%的热能,远远超过停堆后衰变热的水平。同时,铅铋堆堆芯和一回路冷却剂系统是高传热的金属实体,即使在蒸汽发生器和余排系统失效的情况下,还可通过反应堆容器壁向环境放热。

铅铋冷却剂的物理特性使反应堆可以采用两回路设计,且不需要高压安注、低压安注、喷淋、补水和化学停堆系统及相应管道阀门;高度安全、简化和紧凑,相关的信号、设备、仪控和结构大幅简化;同时堆芯具备小的剩余反应性和强负反馈能力,可实现反应性的安全自控和高度容错,降低了人为干预和事故发生的概率,提高了整个反应堆的运行安全性能。

1.1.2 可持续性好

根据GIF的定义，核能可持续性主要包含两个方面：一是通过可裂变核素(如^{238}U)的裂变、转化与增殖，提高核燃料可用率；二是提高次锕系元素(简称MA，主要是镎、镅、锔的同位素)的嬗变率，降低乏燃料后处理的量及难度。与使用其他冷却剂的反应堆相比，使用铅铋/铅作为冷却剂时中子慢化能力较弱，可获得较硬的中子能谱，在保证反应堆内部留有足够数量的快中子维持链式裂变反应的同时，还可利用多余的中子增殖产生^{239}Pu等易裂变核素和嬗变长寿期裂变产物和次锕系元素，提高铀资源的利用率，降低核废物存储的压力和成本。

铅铋堆可利用铀钚混合氧化物(MOX)燃料或更先进的燃料(如U-Pu-10%Zr金属燃料、氮化铀燃料)进行最初装载，这些燃料可通过压水堆卸载的乏燃料经分离、再加工而来。在反应堆运行时，中子与易裂变核素发生裂变后，会产生大量的次级中子，这些次级中子一部分继续与易裂变核素发生反应，维持链式裂变反应的持续进行，一部分被^{238}U吸收，产生易裂变核素^{239}Pu(在快堆中裂变产生的次级高能中子未经过慢化，与^{238}U发生反应产生^{239}Pu的概率远高于热中子与^{238}U发生反应产生^{239}Pu的概率，这也是快堆增殖效果远高于热堆的原因)。寿期末当燃料从反应堆中取出时，对其进行再分离，对提取出的短寿命裂变产物进行地质深埋处置，将^{235}U、^{239}Pu等易裂变核素制成新组件后重新送入反应堆，也可在其中添加常见的天然铀或贫铀，以取代目前轻水反应堆(light water reactor, LWR)中正在使用的浓缩铀。这样，使得丰度占99.2%以上的^{238}U也能利用起来，可使铀资源的利用率由现有的1%～2%提高到30%～40%，能源的可开采时间由数百年延长至数千年。

核废物问题是核能可持续发展的制约因素之一，尤其是乏燃料中高放射性(以下简称高放)废物(乏燃料后处理产生的高放废液及其固化体)的管理，长期以来一直是社会和公众极其关注的焦点。如何实现废物最少化，即最大限度地处理核电站运行产生的高放废物及其放射毒性，并将高放废物安全处置，使之可靠地与生物圈长期隔离，确保子孙后代的环境安全，是关系到核能可持续发展和影响公众对核能接受度的关键问题之一。目前在役核电厂以压水堆为主，会产生大量放射性废物，一个典型的1 000 MW轻水反应堆，每年卸出乏燃料约25 t；其中含有可循环利用的铀约23.75 t，钚约200 kg，中短寿命的裂变产物(FPs)约1 000 kg；还有次锕系核素(MAs)约20 kg，长寿命裂变产物(LLFR)约 30 kg,这些核废物寿命长、放射毒性大,是乏燃料长期放射性毒性的主要来源,如果采用地质深埋处置方式,放射性废物达到较低的天然放射性水平需要在专门的储藏室中存储数千或数万年,对自然界和人类构成长期环境威胁。基于创新核系统发展需求,降低放射性废物管理量和减少废物放射毒性至关重要,一个最直接的方式是将其嬗变为低放射毒性的同位素。铅铋快堆较弱的中子慢化能力、硬的中子能谱、高的中子能量可提高次锕系元素的嬗变效率,因为次锕系元素微观裂变截面阈值与中子能量相关,在铅铋快堆运行一定时间后,次锕系核素的浓度会达到饱和,初装载时多的次锕系元素被嬗变为衰减时间为几百年的裂变碎片,在相同发电量下,产生的次锕系元素总量将大大减少。此后,结合闭式燃料循环,再将乏燃料中的钚和少量次锕系元素分离后制成新组件重新使用,大大提高了自然资源的利用率并降低了乏燃料的处置使用空间和难度,在经济上更加可行,在管理上也更加可靠。

1.1.3 经济性能优

核电厂的经济性包括非常多的方面和因素,目前商业性质的铅铋堆在全球范围内还没有建成的先例,定量确定铅铋堆系统可实现的经济水平较难,但通过铅铋冷却剂的基本特性可定性评估铅铋堆在经济性上的优势。

铅铋冷却剂极高的沸点使得堆芯出口温度可达 550 ℃以上,整个装置的能量转换效率达 40%以上;良好的导热性能可节省大量的换热面积,利于堆芯、系统和设备小型化,具有高功率密度特点;铅基快堆燃料富集度高、装料多,但初始剩余反应性却较小,在不采用固体或液体可燃毒物仅依靠控制棒控制反应性的情况下,可实现 2 000 天甚至 30 年不换料,大大提高了电厂的负载因子。铅铋冷却剂的这些特性均有利于整个电厂经济性的提升。

铅铋冷却剂的物理、化学基本特性可在设计层面上加以利用,完成反应堆系统高度安全、简化和紧凑设计,降低投资成本,带来积极的经济效益。铅铋堆可采用一体化系统设计,堆芯和一回路系统设备都装在堆容器内,没有铅铋合金相关的管道和阀门,一方面避免了冷却剂泄漏,另一方面使系统设备高度简化;全生命周期内反应堆系统无氢气及其他爆炸性气体产生,不再需要压水反应堆常见的防氢爆、火灾和化学爆炸等事故监测和处理系统;由于铅铋具有化学惰性,不与水发生剧烈反应,不再需要安装复杂且昂贵的中间回路系统将一次冷却剂与最终的二次冷却剂(通常是水)隔离,仅采用反应堆系统和能量转换系统的两回路设计即可,节省设备费用的同时还减少了电厂的占地面积;

铅铋堆冷却剂系统可在接近常压的状态下运行，能够减少反应堆容器壁厚度，同时避免设置在压水反应堆中的昂贵且复杂的稳压系统；铅铋本身是良好的中子反射、γ 射线屏蔽材料，可有效增强堆芯的中子经济性，减少堆外屏蔽的体积重量；高固有安全性使安全系统和相关辅助系统都大为简化，不需要高压安注、低压安注、喷淋、补水和化学停堆系统等；系统的常压运行和反应堆的池式设计，使系统设备的可靠性进一步提高，与压力相关的信号、设备、仪控和结构大幅简化，有利于高度自动化的实现，减少运维人员数量。

在建设的首次投资成本中，铅铋堆由于铀装料多，成本比压水堆等热谱堆高得多，如果燃料采用一次通过的方式，大量由 ^{238}U 增殖产生的 ^{239}Pu 不被利用而直接采用地质储存，会造成极大的资源浪费，但是结合闭式燃料循环后，将易裂变核素 ^{239}Pu 进行分离，制成新组件重新装入堆芯使用，可大大提高铀资源的利用率，提高经济性。

1.1.4　环境友好

铅铋堆系统在放射性释放控制方面具有独特优势。铅铋合金是高效的 γ 射线屏蔽材料，冷却剂池具有较高的自屏蔽能力，是放射源与环境之间的天然屏障。铅铋合金具有吸附和抑制裂变产物，特别是某些易挥发裂变产物的能力，目前一般而言碘与其他核裂变产物（惰性气体除外）及锕系元素是导致发生事故后辐射危险的主要因素。而在高达 600 ℃的温度下，铅能与碘和铯形成化合物，同时在凝固后将固化包容放射性产物，减少事故期间进入密封装置/安全壳中的源项，使放射性物质的迁移扩散范围减小，降低对环境的影响，能从物理上消除大规模放射性释放的可能性。

铅铋堆的高密度增加了单位体积的热容量，结合高的沸点，极大地增强了反应堆的储热能力（热量在内部反应堆结构及冷却剂中累积），在事故工况下可提供较充裕的应对时间，这一被动方式大大降低了堆芯在热量衰减效应下熔化的可能性，并保持反应堆容器的完整性；一体化池式设计堆容器出现破口的可能性极低，即使发生一些小破口事故，铅铋的低熔点也能及时凝固进行封堵，避免了事故进程的恶化；此外，即使发生堆芯熔化事故，堆芯熔融物会因密度接近而弥散在铅铋合金冷却剂当中，并随着冷却剂凝固而固化，避免其在反应堆一回路系统聚集而发生重返临界的风险。综上所述，铅铋堆能从物理本质上防止严重事故的发生并减轻事故的后果，避免放射性物质大规模向环境释放，将反应堆的放射性安全水平提升到新的高度。

1.2 铅铋反应堆的国际发展概况

铅铋反应堆的研究可追溯到20世纪50年代,苏联和美国均对功率密度高、体积小的铅铋反应堆开展研究。由于材料腐蚀、冷却剂质量控制和维护等问题,美国于20世纪60年代停止了铅铋快堆的研究计划。苏联则通过多年的攻关,实现了铅铋堆的工程化应用,成为当时世界上铅铋堆技术最为领先的国家。但在铅铋堆运行过程中,出现了堆芯堵塞、蒸汽发生器传热管破裂等相关问题,苏联专家通过针对性的研究,掌握了氧控和纯化技术,有效解决了这些难题。随着苏联的解体,俄罗斯由于政治和经济原因停止了铅铋堆的运行。

20世纪90年代初以来,加速器驱动的次临界系统(ADS)开始成为国际核科学界研究的热点,铅铋合金由于良好的中子学和导热特性,被用作液态散裂靶和次临界堆的冷却剂。在欧盟共同框架计划FP5、FP6的支持下,瑞典皇家理工学院开展了ELECTRA铅/铅铋次临界堆的研究,比利时提出了多用途小尺寸ADS装置MYRRHA的概念设计,瑞士PSI基于强流质子加速器开展了兆瓦级液态铅铋冷却的散裂靶研究等。俄罗斯、美国、日本也分别制订了本国的ADS研究计划,在计划内对铅铋次临界堆技术开展了大量的基础性研究。

铅冷快堆是第四代国际核能论坛(GIF)选出的第四代核能系统推荐堆型。进入21世纪后,针对铅铋/铅堆的研究迎来了春天,其研发工作取得了良好的进展。俄罗斯正在开展电功率为100 MW的模块化铅铋反应堆SVBR-100的研究和铅冷示范堆BREST-OD-300的建造工作。欧盟计划于2030年前在罗马尼亚南部皮特什蒂附近的米奥维尼主厂址建造一个LFR示范装置,并持续开展铅冷快中子工业原型反应堆ELFR的设计与研发工作。另外,美国、日本、韩国等也在积极探索模块化铅基反应堆的非电应用开发,如美国阿贡国家实验室设计的高温铅冷制氢反应堆STAR-H_2。铅铋/铅冷堆情况如表1-3所示。

表1-3 铅铋/铅冷堆情况

堆型名称	所属国家	冷却剂	热功率/MW	出口/入口温度/℃	用途
SVBR	俄罗斯	铅铋	280	320/480	发电(模块小堆)
BREST-300	俄罗斯	铅	700	420/540	发电(示范堆)

（续表）

堆型名称	所属国家	冷却剂	热功率/MW	出口/入口温度/℃	用途
SSTAR	美国	铅	45	420/567	多用途（模块小堆）
DLFR	美国	铅	500	390/510	发电（商用堆）
ELFR	欧盟	铅	1 500	400/480	发电（商用堆）
ALFRED	欧盟	铅	300	400/480	发电（示范堆）
MYRRHA	欧盟	铅铋	100	270/410	ADS（研究堆）
SEALER	欧盟	铅	8	390/430	发电（模块小堆）
PBWFR	日本	铅铋	450	310/460	发电（模块小堆）
URANUS	韩国	铅铋	100	300/450	发电（模块小堆）

1.2.1　苏联/俄罗斯铅铋反应堆发展简况

早在 20 世纪 50 年代，苏联就开始研究液态铅/铅铋冷却快堆，共积累过 80 堆·年的运行经验，苏联的成功证明了铅铋堆技术工程实现的可行性。当然苏联在运行铅铋堆期间也遇到了一些问题，如蒸汽发生器漏水、生成固体氧化物导致的堆芯流道阻塞、冷却剂凝固和剧毒物质钋的产生等。苏联专家经过 10 多年系统的针对性研究，有效解决了这些难题。90 年代，俄罗斯最后一座铅铋反应堆退役，主要原因是他们认为铅铋堆造价巨大，维护工作昂贵且复杂。

苏联解体后，俄罗斯由于政治和经济原因停止了对铅铋堆的运行，但其铅基反应堆技术发展一直没有停止。在 20 世纪 90 年代后期，俄罗斯发布民用铅/铅铋快堆的发展计划，并制订了完善的铅/铅铋快堆发展路线，具体如下：第一，发展适合边远地区独立能源项目的 SVBR－100 小型铅铋快堆。2012 年 2 月，俄罗斯国家原子能集团公司下属 AKME 工程公司宣布完成 SVBR－100 设计文件的起草工作；2015 年 8 月，俄罗斯为小型模块化铅铋冷却快堆 SVBR－100 注册商标，获得美国专利；2015 年 11 月，俄罗斯国家原子能集团公司科学技术委员会批准 SVBR－100 小型快堆技术的详细设计和建设的试验性发电机组专家评审结果。目前 AKME 工程公司正积极争取民营和政府合作伙伴的资金支持，早日实现 SVBR－100 项目的开工建造。第二，发展 BREST－OD－300 中型铅冷快堆。BREST－OD－300 最初的建造目的是消耗钚，在后续的开发工作过程中逐渐发现了 BREST－OD－300 良好的非能动安全性能及提供可靠能源保障的巨大潜力，于是被列入俄罗斯 21 世纪新能源发展计划；2013 年 4 月，在法国巴黎召开的关于快堆及其相关燃料循环国际专业会议上，俄罗斯代表称 BREST 铅冷快堆在全面解决人类新能源需求方面最具潜力；2014 年，俄罗斯国家动力工程研究所（NIKIET）完成 BREST－300 铅冷快堆的工程设计；2021 年 11 月完成 BREST－OD－300 示范堆筏基混凝土浇筑，整个项目计划于 2026 年完工投运。

1.2.2 美国铅铋反应堆发展简况

美国铅铋/铅冷快堆的研究工作几乎与苏联同时启动，均在 20 世纪 50 年代，在进行了一些非常初步的测试后，由于没有很好地解决铅铋腐蚀、冷却剂质量控制和维护等问题，且过去快堆的开发重点为在最大程度上实现快堆裂变增殖性能，而钠冷快堆具有更高的增殖潜力，美国于 20 世纪 60 年代停止了铅冷快堆的研究计划，转而开发钠冷快堆。

进入 21 世纪后，核电的未来仍然是美国和国际公众政策有争议的话题，且核废物的长期处置再次成为政治和法律辩论的焦点。与此同时，随着材料领域的发展，及俄罗斯工程应用的成功，更进一步激发了美国对铅铋/铅冷堆的重视。1999 年美国制订了加速器驱动系统处理核废料的计划（ATW），计划使用铅铋合金作为反应堆冷却剂和散列靶材料，搭建了 ADS 实验平台，开展铅铋流动对结构材料的腐蚀试验。2000 年，美国启动针对核废料嬗变处理的铅铋快堆 ABR 项目，由爱达荷国家工程与环境实验室（INEEL）和麻省理工学院（MIT）合作研究，铅铋反应堆设计热功率为 700 MW，电功率为 300 MW，主要用于次锕系元素嬗变的铅冷快堆的相关基础科学研究。2006 年，在美国能源部的支持下，美国劳伦斯·利弗莫尔国家实验室、阿贡国家实验室、洛斯·阿拉莫斯国家实验室启动 STAR 系列反应堆的研发，STAR 基础堆是一款电功率为 400 MW、具有固有安全性的铅冷快中子模块堆，可由铁路运输，通过自然循环冷却；STAR－LM 设计用于发电，装机容量为 180 MW，在 578 ℃温度下运行；STAR－H_2 设计用于制氢，反应堆的温度高达 800 ℃，通过氦回路传送并驱动 1 个单独的热化学制氢厂，而较低温度下的热量用于海水淡化；目前，美国正与东芝及其他日本公司合作在 STAR 基础上开发一种较小堆型，即小型密封可运输自主式反应堆(SSTAR),SSTAR 采用铅作为冷却剂,设计年限为 30 年,电功率为 45 MW,是一款小型、密封、便携式自控反应堆。作为美国第四代反应堆开发工作的一部分,目前美国正集中精力于 SSTAR 的开发。

2015 年 10 月 8 日,美国西屋公司宣布寻求与美国能源部合作,进行下一代核能系统的研发,提出热功率为 500 MW(电功率为 210 MW)的示范铅冷快堆概念。美国西屋铅冷示范快堆(DLFR)是一种铅冷池式快堆,其目的是展示铅冷示范快堆技术的可行性和基本性能,保证商业部署的成功实现。目前仍处于初步概念设计阶段,计划在 2035 年前启动运行。

1.2.3 欧盟铅铋反应堆发展简况

欧洲最早关于铅铋/铅冷却剂的研究始于 1995 年,且与加速器驱动次临界嬗变系统(ADS)的发展有关。20 世纪 90 年代初,为解决裂变堆核燃料利用效率低和乏燃料安全处置的难题,诺贝尔物理学奖获得者卡洛·鲁比亚(Carlo Rubbia)教授带领的研究组提出了加速器驱动的次临界系统的概念,受到了科技界广泛关注。该系统由加速器、散裂靶和次临界反应堆三大部分组成,而铅铋和铅冷却剂由于良好的中子学和导热特性,被作为液态散裂靶和次临界堆的冷却剂使用。自鲁比亚教授的研究组提出 ADS 概念后,欧盟把 ADS 作为核废料处理和处置的主要课题,设立了以鲁比亚教授为首、由 7 个国家共 16 位科学家组成的顾问组,并获得欧盟共同框架计划 FP5、FP6 的支持,启动了一系列针对 ADS 的项目,其中最重要的一些项目包括 PDS - XADS、EUROTRANS、ELSY、MUSE、MYRRHA、KALLA、MEGAPIE。在铅铋/铅靶件和次临界堆方面,瑞典皇家理工学院开展了 ELECTRA 铅冷却次临界堆的研究,比利时国家核能研究中心提出了基于铅铋冷却多用途小尺寸 ADS 装置 MYRRHA 的概念设计,瑞士 PSI 基于强流质子加速器开展了兆瓦级液态铅铋冷却的散裂靶的研究。

2001 年,第四代国际核能论坛(GIF)提出要大力发展铅冷堆等 6 种先进核能系统,2005 年 GIF 设立的铅冷快堆 R&D 临时指导委员会拟订了以熔融铅为基准冷却剂、铅铋合金为后备冷却剂双轨设计路线的铅基堆研究与开发计划草案;与此同时,欧洲原子能共同体组织了可持续核能技术平台,提出可持续核工业倡议路线图,将铅冷快堆作为与钠冷快堆并行开发的替代技术。2006 年欧洲原子能共同体签署了第四代国际核能论坛(GIF)具有法律约束力的《第四代核能系统研究和开发国际合作框架协议》,正式开展临界铅铋/铅冷快堆的研究。为响应欧洲共同体“在临界反应堆内嬗变核废物”和“先进的创新反应堆系统”的要求，在欧洲原子能共同体 FP6 研究构架规划内属“放射性废物管理”领域的“特定目标研究或创新项目”(STREP)的 ELSY 项目中开展欧洲铅冷快堆的概念设计，目的在于利用简单的工程技术设施验证设计一个有竞争力、安全而且完全与第四代锕系元素销毁能力目标相一致的临界快堆，研究用于嬗变核废料的高功率铅冷快堆在技术上和经济上的可行性。欧洲过去在金属冷却快堆和加速器驱动次临界堆的研究工作都为 ELSY 的研发提供了非常有价值的借鉴。2010 年 2 月 ELSY 项目结束后，2010 年 4 月在欧盟 FP7 框架下启动继续开发进行 LEADER 项目(欧洲先进铅冷验证堆)。LEADER 项目由意大利安萨尔多核能公司负责统筹，意大利 ENEA、罗马尼亚皮特什蒂核研究所(ICN)、捷克雷兹核研究所(CV - REZ)等欧盟知名的核能研究机构参与其中。LEADER 项目通过两个主要目标来发展铅冷却反应堆技术：一是工业规模欧洲铅冷快堆(ELFR)的设计，其电功率为 600 MW，目标是研究用于嬗变核废料的高功率铅冷快堆在技术上和经济上的可行性；二是缩小设施欧洲先进铅冷示范快堆(ALFRED)的设计，电功率规模为 125 MW，用于验证欧洲 LFR 技术在部署下一代商用核电厂方面的可行性。LEADER 项目致力于在相对短期内实现铅冷堆的示范建造，因此该项目主要集中在 ALFRED 示范堆设计上，其目标是 2030 年前在罗马尼亚南部皮特什蒂附近的米奥维尼主厂址建造一个 LFR 示范装置；而首个电功率为 600 MW 的工业反应堆(ELFR)的设计和建造预计将于 2040 年完成。

在远离国家电网的遥远区域，通常需要使用柴油发电机发电，这类柴油发电机目前占全球二氧化碳排放量的 3%。在北极圈内，所供应的柴油的运输和储存费用高昂，使电力和供热成本非常高，而小型核电厂在此类地区有着极富竞争力的成本优势，因此有着极大的柴油替代潜力。为此瑞典 LeadCold 公司提出瑞典先进铅冷堆(SEALER)概念设计，旨在确保未连接国家电网的偏远地区的可靠和安全供电。SEALER 的概念设计完成于 2017 年，同年进入加拿大核安全委员会供应商许可证申请审查第一阶段；基本设计完成于 2018 年；最终设计完成于 2019 年；目前正在向加拿大政府申请建造许可证，计划在 2025 年前投入运行。

欧盟铅铋/铅冷堆的技术源于对加速器驱动次临界铅铋冷却系统的研究，起步较早，此后为解决核能的可持续发展问题，开展新一代核能技术临界铅铋/铅反应堆的研究。过去 20 年，在欧盟委员会(EC)框架协议 FP5、FP6、

FP7、“地平线 2020 计划”的支持下，建立了一个强大的铅基堆合作网络，目前科研力量逐步集中，主要聚焦于 MYRRHA、ELFR、ALFRED、SEALER 的共性关键技术研究上，涵盖关键材料耐腐蚀技术、冷却剂技术、^{210}Po 监测处理技术、SGTR 事故技术等。

1.2.4　日本铅铋反应堆发展简况

20 世纪 90 年代，日本开始研究铅铋/铅冷快堆。目前主要集中在小功率铅冷却快堆的概念设计上，主要有长寿命小型铅铋冷却快堆（LSPR）、铅铋冷却快堆（PBWFR）、L－4S 三个项目。20 世纪 90 年代，日本提出 LSPR 的设计方案，LSPR 是一种热功率为 150 MW、电功率为 53 MW、运行寿期为 30 年的铅铋冷却反应堆，具有运输方便、简易、易于换料等优点。2004 年，东京工业大学提出了 PBWFR 的概念设计，系统简单、安全、设计灵活，可以用于偏远地区的供电。该设计取消了蒸汽发生器和一回路主泵，将补给水直接注入热的铅铋合金上，注入的补给水会在反应堆内的壁面上沸腾，产生的蒸汽泡沫随浮力上升，产生的气泡运动可以成为冷却剂循环的动力，从而促使堆内冷却剂的循环。日本中央电力研究院和东芝集团合作发展了一种创新性小型钠冷反应堆 4S 堆。在反应堆的概念设计过程中，研究人员提出了一些关于铅冷的概念设计，作为该计划的一部分，称为 L－4S。在福岛核事故发生后，日本虽然仍旧活跃于铅冷快堆研究发展领域，但是主要转向相关基础研究。

1.2.5　韩国铅铋反应堆发展简况

从 1994 年开始，韩国首尔国立大学（SNU）开始发展以铅铋合金为冷却剂的快堆系统，该堆命名为防扩散环境友好容错可持续经济反应堆（PEACER），用于分离和嬗变高放废物，具有防止核扩散、安全性高、可持续、经济性好的优点。PEACER 采用地下核电站设计，使用液态铅铋作为冷却剂，选择 U－TRU－Zr 金属燃料，应用非能动技术，具有极好的安全性。但是由于金属燃料在高温高辐照环境下稳定性不佳，后来 SNU 研究决定使用高富集度的氧化物燃料替代金属燃料，于 2015 年正式推出 URANUS 的设计方案。URANUS 的热功率为 100 MW，名义电功率为 40 MW，该功率水平比较适合单个或多个机组一起供电、供热或者海水淡化。同时 SNU 也致力于设计具有钚燃烧能力的 PEACER－300 反应堆，该反应堆可在自身的封闭燃料循环中重复利用所有的次锕系元素。

1.3 关键技术问题研究进展

本节将从关键材料耐腐蚀技术、冷却剂技术、^{210}Po 监测处理技术和 SGTR 事故分析技术几方面介绍关键技术问题。

1.3.1 关键材料耐腐蚀技术

自从 20 世纪 50 年代提出使用液态铅冷却剂以来，它与包壳和结构材料的腐蚀问题就一直受到关注，成为影响其发展的关键工程问题之一。包壳及结构材料在铅铋中的腐蚀主要有三种形式：① 溶解腐蚀。堆内金属材料与铅铋直接接触时，铅铋与金属材料中的主要元素在接触界面处直接发生反应，例如在铅铋中溶解度较高的镍元素会优先溶解到铅铋中。堆内金属材料与铅铋原子或氧等杂质原子发生表面反应，结构材料直接溶解到铅铋中。② 晶间腐蚀。堆内材料中的某一金属原子被铅铋原子或杂质原子置换出，破坏金属材料原晶粒间的结合，大大降低了堆内材料的机械强度。③ 磨蚀腐蚀。当铅铋高速流动时，堆内材料也会遭受磨蚀腐蚀，表现为沿着流动通道的整体毁坏和狭窄的表面的点蚀型磨蚀。研究发现，影响铅铋对堆内材料腐蚀速率的主要因素是结构材料中的主要组成元素、温度、时间、铅铋的流动速率、铅铋中的氧含量等。堆内材料的完整性是保证反应堆安全的基础，目前世界范围内对铅铋堆技术的研究也主要集中在高温环境下耐铅铋腐蚀材料技术上。第一种方式是开发高温耐铅铋腐蚀的基体材料，比如富硅、铝材料，这些材料扩散到基体表面，与铅铋合金中的氧反应形成薄的、稳定的和防护的氧化膜，阻止在 FeCr 钢的表面上 Fe_3O_4 和尖晶石的快速生长，避免堆内材料基体发生氧化而变薄。第二种常用的方式是控制冷却剂中的氧含量在一定范围内，使得在堆内材料表面生成致密氧化膜，阻碍其进一步溶解，降低基体材料的腐蚀速率。当然氧含量不能太高，防止 PbO 等浓度过高沉淀，堵塞流道。第三种方式是基体材料的表面涂层技术，比如将铝、硅合金化到堆内钢材料表面，或将在铅铋环境中溶解度低的 FeCrAl 涂覆在堆内钢材料表面形成致密氧化膜，或将氧化物、氮化物等材料直接沉积在金属表面保护堆内材料基体。为解决材料的腐蚀问题，世界范围内开展了大量研究。

苏联物理与动力工程研究所（IPPE）的研究结果表明，要让反应堆可靠运行，就必须将铅铋合金冷却剂内溶解的氧浓度保持在一定范围内。当溶解的氧浓度不足时，在 650 ℃温度下，5 mm 厚的管道只需要 20 小时就会发生贯穿性腐蚀。利用自动控氧技术后，在确保冷却剂必要质量条件下，反应堆在 650 ℃下多达数千小时的运行都未发生燃料元件钢包壳腐蚀，证明了这些措施的重要性，有效解决了反应堆冷却剂对材料的腐蚀问题及杂质对管道的堵塞问题。

美国爱达荷国家工程和环境实验室(INEEL)的相关研究人员使用一组化学缓冲系统($C/O_2/CO/CO_2/H_2$)来维持氧的含量以缓解铅的腐蚀，得到 316 号钢在 550 ℃下 100 h、300 h 和 1 000 h 的腐蚀过程显微视图。从显微视图可以看出，这组化学缓冲系统明显地减缓了腐蚀的进程。近年来美国也在积极研发抗腐蚀性基体材料和涂层材料，目前涂层在各种应力条件下在包壳上的附着力已经得到证实，且在铅冷示范快堆的运行温度下具有抗铅腐蚀性，并且在离子辐射(在 D9 钢材基体上高达 150 dpa①，在 316 L 钢材基体上高达 450 dpa)下也具有抗铅腐蚀性。麻省理工学院开展了功能梯度复合材料以及 F91 钢材和铁铬铝(FeCrAl)合金的测试研究工作，结果表明这两种材料在温度高达 715 ℃的静态液铅环境中表现良好。

日本三井造船株式会社从 1999 年起与 IPPE 开始合作研究日产钢铁的腐蚀行为，结果表明在 550 ℃及有氧环境下(氧的质量分数为 3×10^{-10})的腐蚀测试显示：由于侵蚀腐蚀，在 SS316 中导致的物质损失最大，其次分别是 SS405 和 SS430。然而，在 SS316 中加入 M304 的氧化层后，在 550 ℃及有氧环境下(氧的质量分数为 3×10^{-8})并没有明显的腐蚀损坏。

1.3.2　冷却剂技术

铅铋堆冷却剂性质特殊，在高温条件下液态铅铋合金具有强腐蚀性，可能引起反应堆结构材料和燃料元件的腐蚀损坏，腐蚀产物在回路内迁移、沉积甚至会堵塞管道；温度降低则可能会导致液态铅铋合金在管道和设备内凝结，引起管道破裂、传热恶化等事故，因此冷却剂技术也是铅铋堆开发、应用和运行中需解决的基本问题之一，包括开发测氧、控氧及材料腐蚀产物净化的系统和设备，用来在运行过程中监测冷却剂并维持其处于必需的质量水平；分析冷却剂的固液状态对反应堆启停、运行的影响等。

冷却剂和覆盖气体的化学控制是运行铅铋堆的一项关键问题。控制铅铋合金中的氧浓度范围，可有效缓解铅铋对堆内结构材料的腐蚀；控制铅铋杂质

---

① 在核工程中，dpa 为材料辐照损伤单位，表示在给定注量下每个原子平均的离位次数。

浓度也非常重要，在系统运行期间，冷却剂和结构材料以及氧发生相互作用形成固态杂质，进而影响传热。因此冷却剂化学控制不仅涉及氧气，还包含污染源项研究、传质，以及过滤和捕捉技术。俄罗斯初期运行经验表明，由于有关冷却剂及其负面特性的知识欠缺，缺乏监测和调节冷却剂质量的措施，没有冷却剂和回路净化的手段，导致堆芯在运行期间积累了大量氧化物杂质，杂质显著降低了堆芯传热，曾造成了堆芯熔化事故。

铅铋冷却剂氧浓度控制是实现冷却剂纯化和延缓、防止结构材料腐蚀的重要手段。目前国际上广泛研究的液态铅铋氧控技术主要有固相和气相两种方式，其中气相氧控在回路中应用较普遍。气相氧控技术是利用注入反应气体的物理化学反应来控制液态铅铋中溶解氧浓度的方法，采用氩/氢/氧三元气体实现控氧。固相氧控技术主要通过固体质量交换来实现，在液态铅铋循环系统冷端支路上安装内置固相氧化铅固体颗粒的质量交换器，调节流经冷却剂的温度、流速、时间来控制氧化铅的溶解和析出，调节液态铅铋中的氧浓度。苏联开发了从冷却剂中清除不溶杂质的专用过滤器，可清除氧化铅的装置，保持冷却剂中的腐蚀抑制剂(溶解的氧)处于必要水平的注入装置，以及用于监测冷却剂质量和惰性气体的相应的传感器。2017 年，在 ALFRED 意大利国家计划以及欧盟就欧洲联合项目 MYRRHA 的支持下，针对含氧量控制、氧传感器可靠性、冷却剂过滤、冷却剂净化以及覆盖气体控制开展了大量研究。

铅铋堆杂质来源主要有两大类：① 以一定的速率产生的依赖于运行温度、冷却剂流速等的腐蚀产物(主要是铁、镍、铬及其氧化物)；② 来源于活化作用产物、腐蚀产物活化或裂变(钋、汞、铊、铯、锰等)。由于铅铋杂质会影响燃料棒和换热器的传热性能、加重结构材料和包壳的腐蚀、堵塞换热器流道及管道，因此铅铋成分的控制对反应堆的安全及稳定运行至关重要。杂质在铅铋中的溶解度与温度有关，在堆芯热端的溶解度大于冷端，因此一般会在热端大量溶解，在冷端析出，造成局部堵塞、传热恶化。精准预测杂质粒子的输运、可能的集聚表现及相应的净化去除势在必行。2015 年，Buckingham 研究团队采用欧拉-拉格朗日粒子径迹追踪方法开展池式液态金属冷却堆大腔室中细小粒子的输运状态研究，掌握了粒子的分布规律。在设备温度最低的位置设置过滤系统，是铅铋堆常用的方式，这是典型的化学工程操作，它的效率取决于操作过程中的参数、常量或变量。依据运行参数、杂质成分及大小可选用合适的过滤介质，目前常用的介质有织物形式的 Al_2O_3 纤维、玻璃纤维、织物状的金属网眼或烧结的过滤器。

铅铋冷却剂的熔点为 125 ℃，远高于正常环境温度，但是在一回路热交换器过冷或贯穿容器壁等特定事故场景中，液态金属冷却剂将发生凝固，这种情况可能会导致反应堆内冷却剂流道的部分堵塞或完全堵塞并出现改道；凝固还可能因热收缩和膨胀对部件产生机械应力。因此，了解事故瞬态下凝固的概率与位置以及凝固前沿的移动方式非常重要。为防止凝固，目前常用的措施是铅铋堆二回路使用多重循环蒸汽发生器、蒸汽发生器的进水温度高于铅铋冷却剂的熔点，二回路设置旁路管道加热一回路铅铋冷却剂，同时采用蒸汽或电加热系统对铅铋冷却剂进行加热，使其保持液态。

1.3.3　钋-210 监测处理技术

铅铋合金中 ^{209}Bi 俘获中子后，变为复合核素 ^{210}Bi，^{210}Bi 发生 β 衰变，生成 ^{210}Po。^{210}Po 是一种能量为 5.3 MeV、半衰期为 138 天的 α 放射源，^{210}Po 不会在人的体外构成外辐射危害，但是它的电离能力很强，假如通过吸入、误食或经过皮肤接触摄入体内，就会导致体内污染、中毒或急性放射病。反应堆正常运行时，^{210}Po 在冷却剂中不断累积，绝大部分被滞留在铅铋冷却剂中，极少量的 ^{210}Po 蒸发进入覆盖气体中，主要以 PbPo，少量以单质钋的形式存在，当覆盖气体泄漏时，^{210}Po 也会释放到环境中；事故发生时一回路出现破口、冷却剂泄漏的情况下，热的冷却剂和空气接触，会形成放射性的气溶胶和 ^{210}Po 蒸气，大量 ^{210}Po 释放到空间环境中。在任何情况下，^{210}Po 的释放率与铅铋合金中 ^{210}Po 的浓度成正比，因此降低冷却剂中的 ^{210}Po 可显著降低 ^{210}Po 的危害。针对这一问题，科学家们开展了广泛研究，主要通过保持辐照后的铅铋冷却剂密封、避免与空气接触以及采用吸附剂对钋进行吸附的方法来实现。

俄罗斯从理论上分析了在正常情况下铅铋中 ^{210}Po 的影响，证明了在一回路完全封闭条件下铅基反应堆的安全性；俄罗斯运行经验表明，^{210}Po 气溶胶的产生量和在空气中的放射性，会随着温度下降和泄漏金属凝固而迅速下降，从而能限制放射性污染的范围，有利于将其清除。即便在铅铋合金冷却剂泄漏到反应堆舱的情况下，人员受到的 ^{210}Po 辐照水平也没有超过标准，反应堆维修维护人员的辐射剂量也没有超标；此外，苏联还开发了个人和集体防护设备，研究了设备去污和记录表面放射性的方法、开展维修工作的方法等，进一步降低了人体接触 ^{210}Po 的可能性，保证安全。

在加速器驱动系统处理核废料计划支持下，美国 LANL 实验室与俄罗斯

IPPE开展合作，对加速器驱动系统处理核废料反应堆中钋的迁移与释放进行了较为系统的分析，对正常工况和事故工况下工作人员的吸收剂量进行了评估。研究结果表明，在正常工况下，绝大多数的钋滞留在铅铋冷却堆中，即使发生最严重的事故，只要尽可能地减少工作人员的暴露时间，就不会对工作人员造成致命危害。此外MIT和INL的科学家们主要针对钋的热力学性质、净化和提取工作开展了研究。研究人员测出钋的气态氢化物 H_2Po 的饱和蒸气压，为评估覆盖气体中 H_2Po 的危害提供了数据。Eric Loewen和Larson CL对钋的提取技术进行了总结和研究，以及测试了稀土金属镨(Pr)与PbPo的反应，依据实验研究结果设计出 H_2Po 质量交换器和稀土过滤器。

1990年德国卡尔斯鲁厄学院指出铅铋合金中 ^{210}Po 的存在形式是PbPo，从而降低了钋的饱和分压以及挥发速率，还研究指出以氦气作为覆盖气体的条件下，^{210}Po 的挥发速率约为真空下的千分之一。此外，Heinitz等开展了去除 ^{210}Po 的方法的研究，研究了碱性物质对于液态铅铋共晶合金(LBE)中钋的提取的有效性，当温度范围为180～350 ℃时，在低氧条件下，NaOH和KOH的混合物可以有效提取铅铋合金中的钋，当熔融的碱性物质含量足够高时，提取率接近100%。

日本东京工业大学针对设备表面钋污染的移除开展了相关研究。利用高温烘焙去除材料中的钋，研究结果可以用于在一回路工作维修前去除钋污染物。同时，Obara还研究了不锈钢和镍金属对于钋的吸附能力，设计了金属网过滤去除钋的气溶胶，双层金属网的去除效率可达到97%。

1.3.4 SGTR事故分析技术

铅铋/铅反应堆的蒸汽发生器传热管破裂(steam generator tube rupture，SGTR)事故，是指在蒸汽发生器传热管破裂工况下，二回路低温高压水进入一回路高温低压铅铋合金，迅速发生闪蒸，并可能引起蒸汽爆炸，对破口附近的完好SG传热管及堆内构件等产生冲击的事故过程。SGTR事故过程可分为四个阶段：压力波产生及管道破损传播效应、水蒸气泡产生规律及扩散、铅铋-水蒸气爆炸现象(coolant-coolant interaction，CCI)、气泡夹带及其堆芯滞留。SGTR事故不仅会对周围传热管、容器等产生较强的力学冲击，产生的气泡还会流经堆芯，导致传热恶化和反应性事故，因此科学家在世界范围内开展了大量SGTR事故分析和试验技术研究。

俄罗斯诺夫哥罗德国立技术大学(NNTU)与俄罗斯物理动力工程研究院

(IPPE)在 1999 年搭建了针对俄罗斯 BREST 反应堆 SGTR 事故的 FT-216 实验台架装置,开展了液滴气泡实验研究。获得了不含液滴气泡的气泡数量随气泡尺寸的分布规律,以及含液滴气泡的未沸腾的气泡质量、气泡数量随液滴尺寸的分布规律;得到了内含液滴和不含液滴蒸汽泡的热导率,对于内含液滴的蒸汽泡,接触热交换的热导率几乎是在类似条件下通过结构材料壁传导的热导率的 2/3。

德国卡尔斯鲁厄理工学院(KIT)搭建了 KALLSTARR(KALLA steam generator tube rupture facility)台架,针对 EFIT 缩比的蒸汽发生器模型开展试验研究,验证和优化 SIMMER 程序针对 SGTR 事故和 CCI 蒸汽爆炸的相关计算结果。2009 年,研究人员利用 LIFUS5 试验台,对铅铋合金和液态水之间的相互作用进行了分析,研究了在反应堆条件下铅铋-水相互作用现象的演化。试验结果显示,当 7 MPa、235 ℃的过冷水注入 350 ℃的铅铋合金中时,会产生一个快速的系统瞬时增压,系统压力(7.8 MPa)甚至会高于注水压力。

2001 年,日本电力中央研究所(CRIEP)为了验证水滴滴入铅基合金表面而导致的蒸汽爆炸机理,搭建了一个水滴入铅基合金的蒸汽爆炸装置(VECTOR),研究了水温在 20～90 ℃、水滴直径为 4.5 mm,铅合金温度为 150～650 ℃情况下,液态金属表面特性对蒸汽爆炸的影响,得到了水滴入铅合金表面相互作用的可视化图像,研究结果表明蒸汽爆炸的最低温度为水的自发气泡成核温度或者金属的熔点[2-4]。2005 年,东京工业大学(TIT)高桥实验室为了研究 LBE-水直接接触沸腾和热量的传输过程,搭建了 LBE-水直接接触沸腾两相流回路,主要用于开展铅铋冷却剂与水直接接触时的热工水力特性的研究,如反应堆启动阶段自然循环热工特性、蒸汽气举对 LBE 循环能力验证、LBE-水接触过程中蒸汽产生量及 LBE 气溶胶在蒸汽流中的迁徙。装置实现了自然循环,获得了总体的体积传热系数与局部传热系数,同时根据空泡率得到修正的漂移流模型[5]。

1.4　铅铋反应堆应用场景

20 世纪 50 年代初,美国和苏联提出铅铋堆概念,但之后只有苏联在 20 世纪 60—70 年代成功将其工程应用,其运行经验已证明铅铋堆的工程可行性。核能作为我国能源体系中的重要组成部分,是国家安全的重要保障。面向未来，我国经济快速发展对能源需求强烈，同时“碳达峰、碳中和”目标下能源结构转型需求迫切，核能作为稳定、高效、清洁能源，在我国未来能源体系中将发挥更大作用。从能源最终的消费形势来看，人类社会主要的终端能源利用形式有三类：电力消费、热力消费和交通动力消费，这三类能源消费占社会总能源消费量的90%以上。铅铋堆的固有特性与先进核能可持续、高安全和高经济等的顶层战略发展需求也高度契合，是先进核能技术发展的理想对象。

1.4.1 核电

铅铋/铅冷堆可作为未来大型电网基负荷电源。根据国际能源署预测，到2050年电力消费将占全球终端能源消费的50%以上。随着我国工业化和电气化的进一步发展，全社会电力消费将持续增长，全社会用电量将从2020年的74 866亿千瓦·时增长至2050年的117 081亿千瓦·时，将占终端能源消费的50%。根据《世界能源统计年鉴2020》的数据显示，目前我国电力生产一次能源中，煤占63.2%，清洁能源占比低，远低于发达国家和全球平均水平。因此为了满足电力增长和实现“双碳”战略目标，需从以化石能源为主体向以风能、光能、水能、核能及储能为主体的可持续清洁低碳电力能源体系转变。核能是技术成熟的清洁能源，具有高效、低碳排放、安全可靠和可规模生产的突出优势，是未来支撑大比例可再生间歇性能源接入电网、保障电网安全稳定运行的清洁基荷电源，将与风、光、水等清洁能源共生互补，共同构成我国低碳清洁能源体系。目前世界范围内在建核电以三代压水堆为主，而为解决燃料短缺和可持续发展的问题，发展四代核电已成为国际核能界的共识。在第四代核能系统的六种候选堆型中，铅铋堆具有长寿期、固有安全的优点，同时可增殖核燃料、提高铀资源的利用率，嬗变次锕系元素，降低乏燃料后处理的量和难度，满足未来核电大规模发展的要求。

铅铋/铅冷堆满足未来内陆核电发展的要求。随着经济实力的显著提高和能源消耗的快速增长，内陆省份与沿海地区同样出现了电力紧张的局面，后续电力需求有较大的市场空间。在国外，内陆核电已经充分发展，美国、法国在内的许多核大国都有着多年内陆核电成功运行经验。我国运行和在建的核电均分布在沿海，目前沿海可用的核电厂址已经基本规划。未来核电继续发展必然面临厂址匮乏的局面。另外，我国幅员辽阔，能源分布极不平衡，尤其是华中地区的一次能源匮乏，电力市场需求旺盛，迫切需要发展核电来满足经济社会发展。基于这些原因，核电向近海和内陆拓展将成为我国核电未来发展的必然选择。但是福岛核事故之后,公众普遍存在“恐核心理”。因此,要发展内陆核电,除了做好核电及核安全知识的宣传以外,在技术上还应以“固有安全”“日常零放射性物质排放”为最终目标进一步提高核电安全性和公众可接受性。铅铋冷却剂具有化学惰性、固有安全性等特点,又是天然的放射性碘、铯及钋包容体和 γ 射线屏蔽体,可从理论上实现“零”排放,满足内陆核电需求。

铅铋/铅冷堆可为偏远地区、孤网供电。随着全球经济的发展,世界的不同地区对能源的需求规模是不同的,既有像我国这样大量人口聚集并且有发达的电网连接的能源供应的国家和地区,也有现存的电网容量比较小,无法消纳当前大功率核电站所发电量的国家和地区;既有比较偏远且电量需求较大,但是电网建设不便的地区,也有国家的基础设施较差,影响了大的核电站建设、维护和运营的地区。因此,除了当前的大型核电站外,还需要研发一种先进的核电技术以满足地理位置偏远、电网容量小、工业基础设施差的地方能源需求。对于这些地区,迫切需要先进的能源系统,这些系统可以满足小的分布式电网容量(百兆瓦以下)、控制简单、非能动安全、维护需求少、长时可靠的电力供应、低的能源成本和风险等要求。美国在第四代核能计划框架下研发的 SSTAR 铅冷快堆,就是一种便于运输的小型核能系统。铅铋堆的以下特点,可满足小型电源需求:① 可实现便携式或模块便携式设计,进行模块化组装的部件能够通过多种方式运输;② 长时间持续运行,无须换料,若无合适的基础设施,则无须在运行场址进行换料,使用期满后运输至中央基地开展换料、技术检修,降低钚扩散风险;③ 铅铋堆具有功率密度高、系统简单、尺寸小的优势;④ 与其他类型的小型核电站相比具有经济竞争力。

1.4.2　核能供热

在热力消费领域,根据国际能源署数据显示,2020 年全球热力消费占全球终端能耗的 42%,主要依赖化石燃料(占比达 72.5%),热力生产是第二大二氧化碳排放来源,2020 年占全社会二氧化碳排放量的 40%。在我国,热力生产同样是主要的能源消耗和二氧化碳排放领域,其中,工业供热占碳排放约 50%,居民供热占约 46%。

居民供热主要以供暖、餐饮等为主,具有供热分散、供热时间较短,供热生产需贴近城镇用户(一般为 10 km 以内)、对热源品质要求低(供热温度低于 200 ℃)等特点。从核安全性、公众接受度、经济性等方面评估,核能在分散供热、贴近城镇居民、经济性等方面基本没有优势。

工业供热主要以冶金行业、石油化工为主，根据工业供热对供热参数的要求，可将工业供热参数分为四类：第一类是低参数工业供热，终端所需温度小于 200 ℃，考虑到输热损耗，源端所需温度高于 250 ℃，主要可用于海水淡化；第二类是中参数工业供热，终端所需温度范围为 200～400 ℃，源端所需温度须高于 650 ℃，主要可用于造纸、甲醇生产、石油重整等；第三类是高参数工业供热，终端所需温度范围为 400～850 ℃，源端所需温度高于 650 ℃，根据温度不同可以用于稠油热采等；第四类为超高参数工业供热，终端所需温度范围高于 850 ℃，根据温度不同可以用于制氢、煤气化、高炉炼钢等。

面向工业供热等领域的热能需求，核能可提供热电联产解决方案，可以完美替换在此领域的化石能源，实现节能减排。但是此领域的厂址多接近大型工业区，对安全性、经济性和厂址条件提出了更高的要求，铅铋堆出口温度一般为 400～550 ℃，"固有安全"和"模块式"等技术特征是满足中参数工业供热的理想选择。

1.4.3 制氢

氢是清洁、高效、零碳的能源载体，在供热、工业以及发电等多种领域发挥燃料、原料用途，是多领域有效替代化石燃料的清洁能源选项。世界各国纷纷制定了本国的"氢能经济"发展战略。我国在《能源技术革命创新行动计划(2016—2030 年)》等政策性文件中明确提出了支持氢能电池的发展。目前，我国是世界第一产氢大国，年产量约 3 000 万吨，产值超过 1 400 亿元。根据《中国氢能源及燃料电池产业白皮书》的预测，为了实现"碳中和"目标，2060 年我国氢能年产量将增长至 1.3 亿吨，在终端能源体系中占比达到 20%。

目前，全球超过 90%的氢制备均依赖化石燃料，欧美国家有 50%以上依靠天然气制取，我国有 62%以上依赖煤制氢，巨大的碳排放给环境带来了巨大的压力，限制了氢能产业的发展。面对未来社会巨大氢能需求量，如果采用绿色氢能生产方式，替代当前高碳排放的生产模式，将进一步促进氢能产业的发展，助力交通运输产业和电力系统的低碳化变革。氢气生产方式主要有高温电解和热化学等方式。核能耦合热化学高温制氢是最高效的氢气生产方式，效率可达到 50%以上，但温度需在 800 ℃以上。

核能制氢是将核反应堆与先进制氢工艺耦合，可以采用发电电解水制氢和提供高温热源热化学制氢两种方式实现氢的大规模生产。美、俄、英、日等国均提出并开展了核能制氢的相关技术研究，包括采用现有商用压水堆的热电联合制氢和基于高温气冷堆、铅铋/铅冷堆的高出口温度优势实现大规模集中制氢。从制氢效率上来看，核能高温制氢是效率最高的方式，因此，高温核能制氢预计能够实现大规模集中清洁制氢，满足未来新能源交通动力和氢能的迫切发展需求。相较于高温气冷堆制氢，铅铋堆系统简单、功率密度更高、效率更高，在解决相关材料问题后，也是一个理想的选择路线。美国阿贡国家实验室设计了高温铅冷制氢反应堆 STAR - H_2，反应堆出口温度高达 800 ℃，通过氦回路传送并驱动热化学工厂制氢，而较低温度的热量可用于海水淡化。

参考文献

[1] Alemberti A, Carlsson J, Malambu E, et al. European lead fast reactor—ELSY[J]. Nuclear Engineering and Design, 2011, 241(9): 3470 - 3480.

[2] Sa R, Takahashi M, Moriyama K. Study on fragmentation behavior of liquid lead alloy droplet in water[J]. Progress in Nuclear Energy, 2011,53(7): 895 - 901.

[3] Sa R, Takahashi M. Thermal interaction of lead-alloy droplet with subcooled water in pool water tank[C]//Nuclear Engineering Division. Proceedings of the 18th International Conference on Nuclear Engineering, May 17 - 21, 2010, Xi'an, China: 483 - 489.

[4] Dostal V, Takahashi M. Boiling heat transfer behavior of lead-bismuth-steam-water direct contact two-phase flow[J]. Progress in Nuclear Energy, 2008, 50(2 - 6): 625 - 630.

[5] Furuya M, Arai T. Effect of surface property of molten metal pools on triggering of vapor explosions in water droplet impingement[J]. International Journal of Heat and Mass Transfer, 2008, 51(17/18): 4439 - 4446.

第2章
铅铋反应堆物理

铅铋合金冷却反应堆采用液态铅铋合金作为冷却剂导出堆芯热量，具有冷却剂沸点高、化学稳定性好、不易与空气和水发生反应，中子散射截面和吸收截面小，能谱硬、增殖能力强，能够包容放射性物质、防止核扩散等优点，是满足未来第四代核能系统新要求（固有安全性、经济性、可持续性及防止核扩散等）的六种最具潜力的候选堆型之一，也被认为是最具现实可实现性的堆型。

本章将介绍铅铋堆的堆芯物理计算方法、堆芯核设计方法以及临界物理试验方法。

2.1　堆芯物理计算方法

堆芯内的各种核反应是中子与堆芯内不同材料原子核发生相互作用的过程。用于描述中子在核反应堆内运动迁移规律的理论模型称为中子输运理论。反应堆物理中主要通过玻尔兹曼方程建立了与空间、方向和时间等自变量相关的微分-积分方程，来描述中子输运过程，然而实际的堆芯结构是非常复杂的，精确求解该方程的计算量是非常庞大的。因此近代反应堆物理分析方法主要通过对方程引入不同程度的近似，以满足在当前计算机技术发展水平下，尽可能真实地求解中子输运方程。

在早期反应堆物理分析中，采用“四因子模型”，从核反应堆内的中子裂变产生、慢化、共振俘获、吸收、泄漏出堆芯到与易裂变核素作用产生下一代的全过程，近似分析了反应堆的增殖性能。该方法虽然简单直观，但无法考虑中子通量密度随时间和空间的变化情况，无法进行精确的定量分析。

因此，随着计算机技术的发展，取而代之的是基于中子输运或扩散方程的多维中子物理模型。为了实现对包含空间、角度、能量、时间等变量的微分-积分形式高维方程的数值求解，需要对这些变量进行离散处理。例如角度变量的离散方法主要包括球谐函数方法(P_N)、离散纵标方法(S_N)等。

为保证计算效率，早期的中子输运计算方法主要基于积分形式，包括碰撞概率法(CPM)、穿透概率方法(TPM)等，但这些方法由于采用了平源假设，会对子区划分大小产生限制，仅适用于几何相对简单的栅元或组件计算。

对于复杂的反应堆系统，受限于当前的计算能力，仍需进一步采取近似手段。目前最普遍采用的为基于等效均匀化思想的"两步法"堆芯计算策略，即先通过求解中子输运方程，获得单个燃料组件的中子能谱进行等效均匀化界面参数的计算(组件计算)，再采用得到的等效均匀化界面参数，进行全堆三维输运或扩散计算(堆芯计算)。

虽然反应堆物理主要求解分析的是稳态问题，但在进行安全分析和事故分析时，需获得堆芯参数随时间变化的趋势，求解瞬态中子输运方程。早期为保证计算效率，通常求解近似处理的"点堆方程"，忽略空间变量的影响，随着计算能力的提高，基于三维输运或扩散方法的时空动力学方程求解，也逐渐应用于核反应堆的安全分析(包括事故分析)当中。本节将对铅铋快堆中主要使用的两步法堆芯计算方法展开介绍。

2.1.1 截面生成计算方法

截面生成计算主要包含共振自屏计算、中子输运计算、均匀化计算等。其中共振计算用以考虑核素复杂的共振效应，从而获取与各核素问题相关的细群有效共振自屏截面；通过中子输运计算获得该问题的细群中子通量密度分布；利用该分布对细群截面进行空间以及能量上的均匀化，最终产生计算对象的少群截面。

2.1.1.1 数据库

在快谱堆芯少群截面的计算中，需要提供每个核素的超细群数据。另外，完成中子通量密度的计算还需要提供每个核素的裂变谱、每次裂变释放中子数等数据。为了实现快谱堆芯少群截面的计算，首先需要利用核评价数据库计算程序，将评价数据库的截面数据加工为程序可以使用的截面数据。

目前，NJOY[1]程序是非常主流的核评价数据库处理程序，它是由美国洛斯阿拉莫斯国家实验室(Los Alamos National Laboratry, LANL)开发的，程序具有制作中子、光子等数据库的功能。NJOY程序内包含了点截面重构、多普勒展宽、不可分辨共振处理、多群截面计算等主要功能，可以为反应堆中子学分析提供全部所需的参数信息。

超细群截面数据库的制作涉及NJOY中的点截面重构模块RECONR、多普勒展宽模块BROADR、不可分辨共振计算模块UNRESR。RECONR模块是将评价数据库中保存的核截面信息进行线性化重构，获得每一个能量点下的具体截面值。由于RECONR计算获得的截面值是在0 K下的值，因此使用BROADR模块考虑截面共振峰的多普勒展宽效应，获得特定温度点下的点截面值。对于具有不可分辨共振区的核素，利用UNRESR模块进行Bondarenko方法的求解，在不可分辨共振能量区间，获得截面关于能量以及背景截面的插值表。

在超细群数据库中，仅存放了部分的核截面信息，如总截面、弹性散射截面、裂变截面。为保证截面数据的完整性，其他的截面数据由多群数据库提供。

对于如每次裂变释放中子数、裂变谱、非弹性散射矩阵等数据，由于不存在复杂的共振效应，问题相关性小，因此多群数据库可利用评价库计算程序计算典型问题获得。多群数据库的制作仍使用NJOY程序，除上述提到的模块以外，还需要多群截面计算模块GROUPR，用以计算多群的截面。在GROUPR模块中，核心仍是计算中子通量密度。通过构造含共振核素A与非共振核素M的均匀问题，并求解慢化方程，可以得到其中子通量密度的表达形式为

$$\phi(E)=\frac{\dfrac{\sigma_0}{E}+\displaystyle\int_E^{\frac{E}{\alpha}}\frac{\sigma_s(E')\phi(E')}{(1-\alpha)E'}\mathrm{d}E'}{\sigma_t(E)+\sigma_0} \tag{2-1}$$

式中：σ_0 为背景截面；E 为弹性散射后的能量；E' 为弹性散射前的能量；σ_s 为散射截面；$\alpha=\left(\dfrac{A-1}{A+1}\right)^2$；$A$ 为核素的相对原子质量；σ_t 为总截面。

2.1.1.2　共振自屏效应

在快堆中，为了平衡计算精度与效率，共振计算可同时基于窄共振近似和超细群方法进行。在高能区，由于窄共振近似很好地符合了快中子特性，因此在能量分界线以上，采用基于窄共振近似的共振计算方法。随着能量的降低，窄共振近似引入的误差逐渐增大，此时采用超细群方法能够将能量划分为非

常精细的间隔，精确模拟中子慢化过程，能够避免窄共振近似带来的误差，因此在能量分界线以下的能量区间，采用超细群方法处理共振自屏效应。

对于均匀系统的可分辨共振截面，考虑引入窄共振近似。在反应堆系统中，依据反应率的守恒关系，某一能量区间上的有效截面可以定义为

$$\bar{\sigma}_{x,i,g}=\frac{\int_{\Delta E_g}\sigma_{x,i}(E)\phi(E)\mathrm{d}E}{\int_{\Delta E_g}\phi(E)\mathrm{d}E} \tag{2-2}$$

式中：$\bar{\sigma}_{x,i,g}$ 指编号为 g 的能群（核素编号为 i、截面类型为 x）的有效微观截面；$\sigma_{x,i}(E)$ 指核素编号为 i、反应类型为 x、在能量为 E 处的微观截面；$\phi(E)$ 为在能量为 E 处的中子通量密度；ΔE_g 为第 g 群的能量间隔；x 为不同反应的类别，包括总截面、弹性散射截面、裂变截面、俘获截面。

通过式(2-2)可以发现，获得有效共振自屏截面的关键在于获得系统的中子通量密度。因此，接下来首先推导均匀系统下中子通量密度的表达形式。

在一个均匀系统中，考虑弹性散射为中子慢化的主要机理，中子输运方程一般可以写为如下形式：

$$\Sigma_{\mathrm{t}}(E)\phi(E)=\sum_i\frac{1}{1-\alpha_i}\int_E^{\frac{E}{\alpha_i}}N_i\sigma_{s,i}(E')\phi(E')\frac{\mathrm{d}E'}{E'} \tag{2-3}$$

式中：$\Sigma_{\mathrm{t}}(E)$ 为系统在能量为 E 处的宏观总截面；$\phi(E)$ 为在能量为 E 处的中子通量密度；N_i 表示编号为 i 核素的原子核密度；$\sigma_{s,i}(E')$ 为核素 i 在能量为 E' 处的微观散射截面，$\alpha=\left(\frac{A-1}{A+1}\right)^2$ 中 A 为核素的相对原子质量。

假设式(2-3)描述的问题由一个共振核素和其他非共振核素组成。对于非共振核素，其截面在一个能群的范围内是常数，并且没有吸收截面，总截面将等于势散射截面。同时假设共振核素的共振峰宽度相对于中子慢化的对数能降是很窄的，即引入窄共振近似的假设，中子能谱将近似地表现为 $\frac{1}{E}$ 谱。另外，对于共振核素，其散射截面也近似等于势散射截面。

因此，均匀系统基于窄共振近似下的中子通量密度可以表达为如下形式：

$$\phi(E)\approx\frac{N_i\sigma_{\mathrm{p},i}+\sum_{j\neq i}N_j\sigma_{\mathrm{p},j}}{N_i\sigma_{\mathrm{t},i}(E)+\sum_{j\neq i}N_j\sigma_{\mathrm{p},j}}\frac{1}{E}=\frac{\Sigma_{\mathrm{p}}(E)}{E\Sigma_{\mathrm{t}}(E)} \tag{2-4}$$

式中：σ_{p} 为微观势散射截面；Σ_{p} 为系统的宏观势散射截面。

利用式(2-4)即可求得均匀系统下通量的近似解。将式(2-4)代入式(2-2)，并且由于在一个能群内，势散射截面通常为一个常数，可求得在某一能量区间内的有效共振自屏截面：

$$\bar{\sigma}_{x,i,g} \approx \frac{\displaystyle\int_{\Delta E_g} \frac{\sigma_{x,i}(E)}{E\Sigma_{\mathrm{t}}(E)}\mathrm{d}E}{\displaystyle\int_{\Delta E_g} \frac{1}{E\Sigma_{\mathrm{t}}(E)}\mathrm{d}E} \tag{2-5}$$

因此，利用上述公式即可获得一个能群的有效共振自屏截面。通过采用精细的点截面数据，可以考虑强烈的共振干涉效应。

在式(2-4)中，通量的近似表达式与该问题的总截面相关。在可分辨共振区，截面值与能量点一一对应，因此可以很方便地求解该能量点下通量的具体数值。

但对于均匀系统中不可分辨的共振截面，由于在不可分辨共振区，受限于测量仪器的精度，核数据的评价者无法提供连续能量截面的准确值。因此，在使用式(2-5)时，需要首先得到每个核素在其不可分辨共振区的与问题相关的连续能量点截面数据。

在评价数据库中，不可分辨共振区提供的参数包括共振峰宽度以及位置的分布概率。由于所提供的参数是一个概率分布，因此无法获得某一能量点下的截面准确值，只能求得某一能量点下的期望值。一般在不可分辨共振区，可以利用 Bondarenko 方法将这些共振参数转化为有效截面数据，同时有效截面是与背景截面相关的。因此，通常在点截面数据中，不可分辨共振区的截面数据以插值表的形式给出，插值变量包括能量以及背景截面。

在均匀系统中，背景截面的表达式可由式(2-4)推得：

$$\sigma_{0,i} = \sum_{j\neq i} \frac{N_j \sigma_{\mathrm{t},j}}{N_i} \tag{2-6}$$

式中，$\sigma_{0,i}$ 为 i 核素的背景截面。

当核素的背景截面值确定好后，即可在插值表中插值获得当前背景截面下的有效截面值。

一般地，在点截面数据中，在不可分辨共振区仅提供少许能量点下的有效截面值。由于式(2-5)的计算需要非常精细能量点下的截面，计算不可分辨共振区截面时还需进行关于能量的插值。

通过式(2-5)和式(2-6)可以发现,式(2-5)中的截面是经过不可分辨共振区计算的有效截面,在其计算过程中需首先确定各核素的背景截面;另外,式(2-6)在求解背景截面时,所使用的微观总截面值应是有效截面。因此,两者的计算是一个非线性的过程,需要通过迭代计算完成。由于式(2-5)中的能量点非常精细,背景截面的求解理应基于同样精细的能量点,但这样会使得迭代过程耗费大量的计算时间。由于细群会采用上千个群的能群结构,截面值在一个能量区间内的变化不会非常剧烈,因此背景截面值在一个能量区间内的变化也是较缓的。于是,背景截面的计算可以基于细群的结构,即认为在一个能量区间内,背景截面是常数,其值可通过该能量区间的有效总截面确定。在实际应用中,式(2-6)中的截面将采用基于细群的有效总截面,其表达形式为

$$\sigma_{0,i,g}=\sum_{j\neq i}\frac{N_j\bar{\sigma}_{t,j,g}}{N_i} \tag{2-7}$$

在非均匀系统下,由于存在空间自屏效应,中子的吸收将会减弱,堆芯的集总参数与均匀模型下的集总参数存在区别,在快堆的精细计算中,有必要讨论非均匀模型下截面的计算方法。

在一个非均匀系统下,其中子慢化方程可以写成如下形式:

$$\begin{aligned}\Sigma_{t,r}(E)\phi_r(E)V_r=&P_{r\to r}(E)V_r\int_0^\infty \mathrm{d}E'\Sigma_{s,r}(E'\to E)\phi_r(E')+\\&\sum_{r'\neq r}P_{r'\to r}(E)V_{r'}\int_0^\infty \mathrm{d}E'\Sigma_{s,r'}(E'\to E)\phi_{r'}(E')\end{aligned} \tag{2-8}$$

式中:$\Sigma_{t,r}$、$\Sigma_{s,r}$ 为空间区域 r 内的宏观总截面以及散射截面;ϕ_r 为空间区域 r 内的中子通量密度;V_r 为空间区域 r 的体积;$P_{r\to r}$ 为中子在 r 区发生碰撞后落在 r 区的概率;$P_{r'\to r}$ 为中子在其他区发生碰撞后落在 r 区的概率。

方程(2-8)的物理意义可以这样理解:针对某一空间区域 r,慢化到该区域、具有某一能量的中子由两部分组成,一部分是来自本区域的中子慢化,另一部分是其他区域的中子经历慢化并且运动到了该区域。而中子在任意空间区域的慢化都以一定的概率落在了该指定区域中。

参考均匀系统下的处理,考虑中子的慢化主要以弹性散射反应,同时引入窄共振近似假设,方程(2-8)可以简化为

$$\Sigma_{t,r}(E)\phi_r(E)V_r = \frac{1}{E}\Big[P_{r\to r}(E)V_r\Sigma_{p,r}(E) + \sum_{r'\neq r}P_{r'\to r}(E)V_{r'}\Sigma_{p,r'}(E)\Big] \tag{2-9}$$

式中，$\Sigma_{p,r}$、$\Sigma_{p,r'}$ 为某一区域内的宏观势散射截面。

对于一个封闭系统，各区域碰撞概率满足如下关系：

$$P_{r\to r} = 1 - \sum_{r'\neq r}P_{r\to r'} \tag{2-10}$$

另外，每一区的碰撞概率存在互易关系，即

$$P_{r'\to r}(E)V_{r'}\Sigma_{p,r'}(E) = P_{r\to r'}(E)V_r\Sigma_{t,r}(E) \tag{2-11}$$

将式(2-10)和式(2-11)代入式(2-9)，并进行整理，可得

$$\phi_r(E) = \frac{1}{E}\left[\left(1 - \sum_{r'\neq r}P_{r\to r'}\right)\frac{\Sigma_{p,r}(E)}{\Sigma_{t,r}(E)} + \sum_{r'\neq r}P_{r\to r'}\right] \tag{2-12}$$

在这里，引入逃脱概率的概念，即中子在某一区域发生碰撞后，逃离原始发生碰撞的区域的概率。那么，从数值上，逃脱概率和碰撞概率将有如下关系：

$$P_{e,r}(E) = \sum_{r'\neq r}P_{r\to r'}(E) \tag{2-13}$$

式中，$P_{e,r}$ 为 r 区的逃脱概率。

对于逃脱概率的求解已有非常详尽的讨论。基于 Tone 方法，逃脱截面可以通过总截面和碰撞概率表示出来：

$$\Sigma_{e,r}^i(E) = \frac{\sum_{r'}\sum_{k\neq i}P_{r'\to r}\Sigma_{t,r'}^k(E)V_{r'}}{\sum_{r'}\dfrac{P_{r'\to r}N_{r'}^iV_{r'}}{N_r^i}} - \sum_{k\neq i}\Sigma_{t,r}^k(E) \tag{2-14}$$

式中，$\Sigma_{e,r}^i$ 为 r 区内 i 核素的逃脱截面，cm^{-1}。

将式(2-14)代入式(2-12)，经过整理，非均匀系统下的中子通量密度可以表示为

$$\phi_r(E) = \frac{1}{E}\,\frac{\sum_{r'}P_{r'\to r}\Sigma_{p,r'}V_{r'}}{\sum_{r'}P_{r'\to r}\Sigma_{t,r'}(E)V_{r'}} = \frac{1}{E}\,\frac{C_r^i}{\Sigma_{t,r}(E) + \Sigma_{e,r}^i(E)} \tag{2-15}$$

式中，C_r^i 为常数。

将式(2-15)代入式(2-2)，同时认为势散射截面和逃脱截面在一个很小的能量区间内是常数，即可得到非均匀系统下 x 反应类型，在某一空间区域 r 内核素 i 能群编号为 g 的细群有效共振自屏截面：

$$\bar{\sigma}_{x,r,i,g} \approx \frac{\displaystyle\int_{\Delta E_g} \sigma_{x,r,i}(E)\frac{1}{E}\frac{\Sigma_{\mathrm{p},r}(E)+\Sigma_{\mathrm{e},r}^i(E)}{\Sigma_{\mathrm{t},r}(E)+\Sigma_{\mathrm{e},r}^i(E)}\mathrm{d}E}{\displaystyle\int_{\Delta E_g}\frac{1}{E}\frac{\Sigma_{\mathrm{p},r}(E)+\Sigma_{\mathrm{e},r}^i(E)}{\Sigma_{\mathrm{t},r}(E)+\Sigma_{\mathrm{e},r}^i(E)}\mathrm{d}E} \approx \frac{\displaystyle\int_{\Delta E_g}\frac{1}{E}\frac{\sigma_{x,r,i}(E)}{\Sigma_{\mathrm{t},r}(E)+\Sigma_{\mathrm{e},r}^i(E)}\mathrm{d}E}{\displaystyle\int_{\Delta E_g}\frac{1}{E}\frac{1}{\Sigma_{\mathrm{t},r}(E)+\Sigma_{\mathrm{e},r}^i(E)}\mathrm{d}E} \tag{2-16}$$

应用式(2-16)时需先求解空间各区域的逃脱截面，式(2-14)可将逃脱截面的求解转化为碰撞概率的求解。一旦碰撞概率已知，非均匀系统下的有效共振自屏截面即可求得。各区域碰撞概率的求解基于积分形式的中子输运方程，忽略其推导过程，其基本表达式可以写为

$$P_{r\to r'}(E)=\frac{\Sigma_{\mathrm{t},r}(E)}{V_{r'}}\int_{V_r}\mathrm{d}\boldsymbol{r}\int_{V_{r'}}\frac{\exp\left[\int_0^{|\boldsymbol{r}'-\boldsymbol{r}|}\Sigma_{\mathrm{t},r}(l,E)\mathrm{d}l\right]}{4\pi|\boldsymbol{r}'-\boldsymbol{r}|^2}\mathrm{d}\boldsymbol{r}' \tag{2-17}$$

式中：$\boldsymbol{r}$、$\boldsymbol{r}'$ 为空间位置向量；l 为弦长。

至此，非均匀系统下各区域各核素可分辨共振区的有效共振自屏截面即可求得。对于不可分辨共振区截面，计算关键点在于获取背景截面值。在非均匀系统下，背景截面的计算将基于均匀问题的求解公式，并引入逃脱截面，公式中省略了区域下标。

$$\sigma_{0,i}=\sum_{j\neq i}\frac{N_j\sigma_{\mathrm{t},j}}{N_i}+\frac{\Sigma_{\mathrm{e}}}{N_i} \tag{2-18}$$

除获得细群的有效共振自屏截面，还需要获得非均匀系统中各区域的细群中子通量密度。碰撞概率法、特征线方法、离散纵标方法等都是非常成熟的中子输运方程求解方法，考虑到在进行共振计算时已经计算了各区域间的碰

撞概率，可以采用碰撞概率方法求解细群的中子通量密度。同样地，忽略其推导过程，基于源迭代思想，其最终求解的多群形式的方程为

$$\phi_{0,g,r}=\sum_{r'}\left[\sum_{g'}\left(\Sigma_{s,0,g'\to g,r'}+\frac{\chi_g}{k_{\text{eff}}}\upsilon\Sigma_{f,j,g'}\right)\phi_{0,g',r'}\right]\frac{P_{r\to r',g}V_{r'}}{\Sigma_{t,g,r}V_r} \tag{2-19}$$

而超细群方法则将能量变量划分为非常精细的能量间隔，同时精确求解中子的慢化过程，能够完全消除窄共振近似带来的偏差。

超细群的中子慢化方程可以写为

$$\Sigma_r^{t}(E)\phi_r(E)V_r=S_r^{f}(E)+S_r^{e}(E)+S_r^{ne}(E) \tag{2-20}$$

式中：$\Sigma_r^{t}(E)$ 是 r 区的宏观总截面；$\phi_r(E)$ 是 r 区中子通量密度；V_r 是 r 区的体积；$S_r^{f}(E)$、$S_r^{e}(E)$、$S_r^{ne}(E)$ 分别是 r 区的裂变源项、弹性散射源项以及非弹性散射源项。

通常在求解上述方程时，在小于 10 keV 的能量范围内会将非弹性散射源项以及裂变源项忽略。式(2-20)可以用碰撞概率形式表达为

$$\Sigma_r^{t}(E)\phi_r(E)V_r=\sum_{r'}P_{r'\to r}(E)V_{r'}S_{r'}(E) \tag{2-21}$$

式中：$P_{r'\to r}(E)$ 是从 r' 到 r 区的首次飞行碰撞概率；$S_{r'}(E)$ 是 r 区的弹性散射源项。

直接求解精确的慢化方程非常费时。为了使它在非均匀几何中可用，我们使用渐近散射核来描述散射中子的能量分布，可以进一步写为

$$\Sigma_r^{t}(E)\phi_r(E)V_r=\sum_{r'}P_{r'\to r}(E)V_{r'}\sum_i\frac{1}{1-\alpha_i}\int_E^{\frac{E}{\alpha_i}}\frac{\Sigma_{r',i}^{e}(E')\phi_{r'}(E')}{E'}\mathrm{d}E' \tag{2-22}$$

$$\alpha_i=\left(\frac{A_i-1}{A_i+1}\right)^2 \tag{2-23}$$

式中：α_i 是一个中子每次从核素发生散射时，能量损失大时的剩余能量份额；A_i 是核素 i 与中子的原子质量比。

将式(2-16)的能量自变量改写为对数能降，则

$$\Sigma_r^{t}(u)\phi_r(u)V_r=\sum_{r'}P_{r'\to r}(u)V_{r'}\sum_i \frac{1}{1-\alpha_i}\int_{u-\varepsilon_i}^{u}\Sigma_{r',i}^{e}(u')\phi_{r'}(u')\mathrm{e}^{-(u-u')}\mathrm{d}u' \tag{2-24}$$

式中，$u=\ln\left(\dfrac{E}{E_0}\right)$，$E_0$ 为选定的参考能量，ε_i 为核素 i 的平均对数能降。

同时，在一个共振能群内划分 H 个超细群，能群编号记为 h，并假设在一个超细群内截面为常数，可最终简化为如下形式：

$$\Sigma_{r,h}^{t}\phi_{r,h}V_r=\sum_{r'}P_{r'\to r,h}V_{r'}\sum_i S_{i,h} \tag{2-25}$$

$$S_{i,h}=\sum_{h'=1}^{H}N_{r',i}\sigma_{r',i,h-h'}^{e}\phi_{r',h-h'}P_{i,h'} \tag{2-26}$$

假设在质心系下散射是各向同性的，则散射概率可表示为

$$P_{i,h}=\frac{1}{1-\alpha_i}\int_{u-\Delta u}^{u}\mathrm{e}^{-(u-u')}\mathrm{d}u'=\frac{1}{1-\alpha_i}(1-\mathrm{e}^{-\Delta u}) \tag{2-27}$$

通过超细群慢化方程的求解，可以重新获得每个共振能群内的精细能谱，重新归并点截面信息，更新该群内的有效自屏截面。

2.1.1.3 多群中子输运方程

中子输运方程中散射源项的计算需要提供群到群的散射矩阵。散射矩阵又可细分为弹性散射矩阵、非弹性散射矩阵以及阈能反应矩阵。首先对弹性散射矩阵的计算进行讨论，在发生弹性散射反应时，中子能量的变化以及运动方向的改变遵循以下规律：

$$\frac{E'}{E}=\frac{1}{2}(1+\alpha)+\frac{1}{2}(1-\alpha)\mu_c \tag{2-28}$$

式中：E、E'分别为入射中子以及出射中子所具有的能量；$\alpha=\left(\dfrac{A-1}{A+1}\right)^2$，$\alpha$ 是一个中子每次与核素碰撞发生散射时，能量损失最大时的剩余能量份额，A 为核素的相对原子质量；μ_c 为质心系下散射时入射方向与出射方向夹角的余弦，简称散射角余弦。

而质心系下散射角余弦值与实验室坐标系下的散射角余弦值具有如下关系：

$$\mu_{c}=\frac{1}{A}[-(1-\mu_{s}^{2})+\mu_{s}\sqrt{A^{2}-(1-\mu_{s}^{2})}] \tag{2-29}$$

式中，μ_{s} 为在实验室坐标系下的散射角余弦值。

于是，在质心系和实验室坐标系下，散射角余弦值可由中子的入射和出射能量唯一地确定如下：

$$\mu_{c}(E, E')=\frac{1}{1-\alpha}\left[2\frac{E'}{E}-(1+\alpha)\right] \tag{2-30}$$

$$\mu_{s}(E, E')=\frac{1}{2}\left[(A+1)\sqrt{\frac{E'}{E}}-(A-1)\sqrt{\frac{E'}{E}}\right] \tag{2-31}$$

通常入射能量为 E 且散射角余弦为 μ_{c} 的弹性散射截面可利用勒让德多项式表示该能量点下的总弹性散射截面，即

$$\sigma_{s}(E, \mu_{c})=\frac{\sigma_{s}(E)}{2\pi}\sum_{n}^{N}\frac{2n+1}{2}a_{n}(E)P_{n}(\mu_{c}) \tag{2-32}$$

式中：a_{n} 为评价核数据库中第 n 阶勒让德多项式的系数；P_{n} 为第 n 阶勒让德多项式；$\sigma_{s}(E)$ 为入射能量为 E 的微观弹性散射总截面。

当出射中子具有的能量为一特定能量 E'时，则出射中子具有的方向也将是一特定方向。因此，中子由入射能量 E 与靶核发生弹性散射反应后出射能量为 E'的弹性散射转移截面为

$$\begin{aligned}\sigma_{s}(E\to E')&=2\pi\sigma_{s}(E, \mu_{c})\left|\frac{d\mu_{c}}{dE'}\right|\\&=\frac{\sigma_{s}(E)}{(1-\alpha)E}\sum_{n=0}^{N}(2n+1)a_{n}(E)P_{n}[\mu_{c}(E, E')]\end{aligned} \tag{2-33}$$

将该散射截面仍按照勒让德多项式展开，则第 l 阶的弹性散射转移截面表示为

$$\sigma_{s}^{l}(E\to E')=\frac{\sigma_{s}(E)P_{l}(\mu_{s}(E, E'))}{(1-\alpha)E}\sum_{n=0}^{N}(2n+1)a_{n}(E)P_{n}[\mu_{c}(E, E')] \tag{2-34}$$

式中，$\sigma_{s}^{l}(E\to E')$ 为按照勒让德多项式展开的第 l 阶的微观弹性散射转移截面，P_{l} 为第 l 阶勒让德多项式。

类似于式(2-2),同样基于反应率的守恒条件,群到群的微观弹性散射矩阵可由下式计算获得。

$$\sigma_s^l(g \to g') = \frac{\int_{\Delta E_g}\int_{\Delta E_{g'}} \sigma_s^l(E \to E')\phi_l(E)\mathrm{d}E\mathrm{d}E'}{\int_{\Delta E_g}\phi_l(E)\mathrm{d}E} \tag{2-35}$$

式中：$\phi_l(E)$ 为第 l 阶的中子通量密度；$\sigma_s^l(g \to g')$ 为由 g 能群经弹性散射至 g' 能群的第 l 阶微观弹性散射截面。

将式(2-34)代入式(2-35),整理可得

$$\sigma_s^l(g \to g') = \frac{1}{\phi_{l,g}}\int_{\Delta E_g}\int_{\Delta E_{g'}} \frac{\sigma_s(E)P_l[\mu_s(E, E')]}{(1-\alpha)E}\sum_{n=0}^{N}(2n+1)a_n(E)\cdot P_n[\mu_c(E, E')]\phi_l(E)\mathrm{d}E\mathrm{d}E' \tag{2-36}$$

式中,$\phi_{l,g}$ 为第 l 阶、第 g 群的平均中子通量密度。

利用式(2-36),即可严格求解获得群到群的各阶弹性散射矩阵。观察式(2-36)可以发现,即使通量采用近似解,求解一个核素的 0 阶及 1 阶弹性散射矩阵也将耗费大量的时间。通常,一个快堆组件包含的核素少则 40～50 种,考虑燃耗后更会超过 100 种。显然,这样的计算量是难以接受的。因此,有必要对式(2-36)进行简化。考虑到能群结构较为精细,可以引入假设：弹性散射截面与通量在一个小能量区间内是常数,则式(2-36)可简化为

$$\sigma_s^l(g \to g') = \frac{\bar{\sigma}_{s,g}}{\Delta E_g(1-\alpha)}\int_{\Delta E_g}\int_{\Delta E_{g'}} \frac{P_l[\mu_s(E, E')]}{E}\sum_{n=0}^{N}(2n+1)a_n(E)\cdot P_n[\mu_c(E, E')]\mathrm{d}E\mathrm{d}E' \tag{2-37}$$

式中,$\bar{\sigma}_{s,g}$ 为第 g 群的微观有效弹性散射总截面。

定义弹性散射函数 $F(l, \alpha, g \to g')$,可将式(2-37)化简为

$$\sigma_s^l(g \to g') = \bar{\sigma}_{s,g}F(l, \alpha, g \to g') \tag{2-38}$$

$$F(l, \alpha, g \to g') = \frac{\int_{\Delta E_g}\int_{\Delta E_{g'}} \frac{P_l[\mu_s(E, E')]}{E}\sum_{n=0}^{N}(2n+1)a_n(E)P_n[\mu_c(E, E')]\mathrm{d}E\mathrm{d}E'}{\Delta E_g(1-\alpha)} \tag{2-39}$$

因此,可以将弹性散射矩阵的求解划分为两部分：有效弹性散射总截面的求解以及散射函数的求解。由于弹性散射截面与总截面、裂变截面等信息都以点截面的形式在点截面数据库中给出,因此,有效弹性散射总截面可以利用式(2-5)求解。由于直接利用了点截面并且在非常精细的能量区间上进行数值求解,所以得到的有效弹性散射总截面是具有较高精度的。而观察弹性散射函数可以发现,该值只与核素种类、能群结构相关,是可以预制的。所以,当求得有效弹性散射总截面时,即可读取弹性散射函数值,从而在线快速获得各阶的弹性散射矩阵。

与弹性散射反应相类似,非弹性散射反应与阈能反应的散射矩阵也是描述具有一定入射能量的中子发生非弹性碰撞后落在某一能量区间的概率,因此其计算思想与弹性散射矩阵的计算思想相类似。区别在于,非弹性散射反应、阈能反应所遵循的出、入射能量与散射夹角的关系不尽相同,需要针对每一个反应道进行单独求解。

相比于弹性散射反应,非弹性散射反应、阈能反应的截面随能量的变化是较为平坦的,其共振效应远弱于弹性散射反应。因此,这类反应的散射矩阵与问题的相关性较小,可以通过通用的方法预制。

至此,描述一个系统的散射矩阵即可通过弹性散射矩阵、非弹性散射矩阵以及阈能反应散射矩阵简单加和获得。

确定了散射矩阵以及其他多群常数后,就可对多群中子输运方程求解。

考虑各向同性裂变源项以及外源项的稳态中子输运方程可写为如下形式：

$$\begin{aligned}&\nabla\cdot\boldsymbol{\Omega}\phi(\boldsymbol{r},E,\boldsymbol{\Omega})+\Sigma_{\mathrm{t}}(\boldsymbol{r},E)\phi(\boldsymbol{r},E,\boldsymbol{\Omega})\\&=\iint\mathrm{d}E'\mathrm{d}\boldsymbol{\Omega}'\phi(\boldsymbol{r},E',\boldsymbol{\Omega}')\Sigma_{\mathrm{s}}(\boldsymbol{r},E'\to E,\boldsymbol{\Omega}'\to\boldsymbol{\Omega})+\frac{1}{4\pi}S(\boldsymbol{r},E)\end{aligned}\tag{2-40}$$

式中,$\phi(\boldsymbol{r},E,\boldsymbol{\Omega})$ 为在空间某一位置 $\boldsymbol{r}$ 处、运动方向为 $\boldsymbol{\Omega}$、能量为 E 的中子通量密度,Σ_{t} 为系统的宏观总截面,$\Sigma_{\mathrm{s}}(\boldsymbol{r},E'\to E,\boldsymbol{\Omega}'\to\boldsymbol{\Omega})$ 为在空间某一位置 $\boldsymbol{r}$ 处、初始运动方向为 $\boldsymbol{\Omega}'$、能量为 E' 的中子发生散射反应后出射中子运动方向为 $\boldsymbol{\Omega}$、能量为 E 的宏观散射截面,$S(\boldsymbol{r},E)$ 为空间 $\boldsymbol{r}$ 处、能量为 E 的源项,包括了裂变源及外源。

对于反应堆堆芯的大部分区域,可以近似地认为中子通量密度以及源项的空间和能量变量是可以分离的,即可写为 $\phi(\boldsymbol{r},E,\boldsymbol{\Omega})=\phi(E,\boldsymbol{\Omega})\psi(\boldsymbol{r})$,

$S(\boldsymbol{r}, E)=S(E)\psi(\boldsymbol{r})$。其中，$\psi(\boldsymbol{r})$ 是满足波动方程的基波解，该方程具体形式如下：

$$\nabla^2\psi(\boldsymbol{r})+B^2\psi(\boldsymbol{r})=0 \tag{2-41}$$

式中，B^2 为上述方程的特征值。

一般的，基波解可以写为如下形式：

$$\psi(\boldsymbol{r})=\mathrm{e}^{-\mathrm{i}B\boldsymbol{r}} \tag{2-42}$$

因此，中子通量密度以及外源项就可以写成

$$\phi(\boldsymbol{r}, E, \boldsymbol{\Omega})=\phi(E, \boldsymbol{\Omega})\mathrm{e}^{-\mathrm{i}B\boldsymbol{r}} \tag{2-43}$$

$$S(\boldsymbol{r}, E)=S(E)\mathrm{e}^{-\mathrm{i}B\boldsymbol{r}} \tag{2-44}$$

在反应堆中，B^2 则有其特定的含义，即反应堆的几何曲率。上述的变量分离方式实质上相当于将中子通量密度以及源项的空间分布用单项的傅里叶基波来表示。将式(2-43)、式(2-44)代入式(2-40)，对方程再进行简单的整理，即可得到

$$\begin{aligned}&[\mathrm{i}\boldsymbol{B}\cdot\Omega+\Sigma_{\mathrm{t}}(E)]\phi(E, \boldsymbol{\Omega})\\&=\iint \mathrm{d}E'\mathrm{d}\boldsymbol{\Omega}'\phi(E', \boldsymbol{\Omega}')\Sigma_{\mathrm{s}}(E'\to E, \boldsymbol{\Omega}'\to\boldsymbol{\Omega})+\frac{S(E)}{4\pi}\end{aligned} \tag{2-45}$$

为了求解上述方程，对于中子角通量密度以及散射截面需要做变量的离散。在这里，采用球谐函数方法(PN)，将中子角通量密度以及散射截面按勒让德多项式展开成级数形式：

$$\phi(E, \boldsymbol{\Omega})=\sum_{l=0}^{\infty}\frac{2l+1}{2}\phi_l(E)P_l(\boldsymbol{\Omega}) \tag{2-46}$$

$$\Sigma_{\mathrm{s}}(E'\to E, \boldsymbol{\Omega}'\to\boldsymbol{\Omega})=\sum_{l=0}^{\infty}\frac{2l+1}{2}\Sigma_{\mathrm{s},l}(E'\to E)P_l(\boldsymbol{\Omega}'\to\boldsymbol{\Omega}) \tag{2-47}$$

其中：l 为阶数；ϕ_l、P_l、$\Sigma_{\mathrm{s},l}$ 为各阶的展开分量。

将上述级数展开的形式代入式(2-45)右端项，可得

$$\begin{aligned}&[\mathrm{i}\boldsymbol{B}\cdot\Omega+\Sigma_{\mathrm{t}}(E)]\phi(E, \boldsymbol{\Omega})\\&=\sum_{l=0}^{\infty}\frac{2l+1}{2}P_l(\boldsymbol{\Omega})\int \mathrm{d}E'\phi(E')\Sigma_{\mathrm{s}}(E'\to E)+\frac{S(E)}{4\pi}\end{aligned} \tag{2-48}$$

对于式(2-51)，在方程左右两端同乘以 $P_n(\boldsymbol{\Omega})$，同时对 E 积分，并应用勒让德多项式的加法定理，方程(2-48)可以变为

$$\frac{n+1}{2n+1}\mathrm{i}B\phi_{n+1}(E)+\frac{n}{2n+1}\mathrm{i}B\phi_{n-1}(E)+\Sigma_{\mathrm{t}}(E)\phi_n(E)$$
$$=\int \mathrm{d}E'\Sigma_{\mathrm{s},n}(E'\rightarrow E)\phi_n(E')+S(E)\delta_{n,0}\qquad n=0,1,2,\cdots \tag{2-49}$$

式中：$\phi_{-1}(E)=0$；$\delta_{n,0}$ 为狄拉克算符，$\delta_{n,0}=\begin{cases}1 & n=0\\ 0 & n\neq 0\end{cases}$。

在 P_N 近似中，假设 $\phi_{N+1}=0$，于是，式(2-49)将变为 $N+1$ 个耦合的方程式：

$$\frac{n+1}{2n+1}\mathrm{i}B\phi_{n+1}(E)+\frac{n}{2n+1}\mathrm{i}B\phi_{n-1}(E)+\Sigma_{\mathrm{t}}(E)\phi_n(E)$$
$$=\int \mathrm{d}E'\Sigma_{\mathrm{s},n}(E'\rightarrow E)\phi_n(E')+S(E)\delta_{n,0}$$
$$n=0,1,2,\cdots,N-1 \tag{2-50}$$

则 $\dfrac{N}{2N+1}\mathrm{i}B\phi_{N-1}(E)+\Sigma_{\mathrm{t}}(E)\phi_N(E)=\int \mathrm{d}E'\Sigma_{\mathrm{s},N}(E'\rightarrow E)\phi_N(E')$

对于扩展输运近似，假设当 $n>1$ 时，有

$$\int \mathrm{d}E'\Sigma_{\mathrm{s},n}(E'\rightarrow E)\phi_n(E')=\Sigma_{\mathrm{s},n}(E)\phi_n(E)$$
$$n=2,3,\cdots,N \tag{2-51}$$

即认为，对于某一能群，其他能群散射到这一能群的中子数与该能群散射到其他能群的中子数相等，也就是假设各向异性散射不会对中子进行慢化。基于此，可以获得 P_1 扩展至 N 阶的输运方程组：

$$\mathrm{i}B\phi_1(E)+\Sigma_{\mathrm{t}}(E)\phi_0(E)=\int \mathrm{d}E'\Sigma_{\mathrm{s},0}(E'\rightarrow E)\phi_0(E')+S(E) \tag{2-52}$$

$$\frac{2\mathrm{i}B}{3}\phi_1(E)+\frac{\mathrm{i}B}{3}\phi_0(E)+\Sigma_{\mathrm{t}}(E)\phi_1(E)=\int \mathrm{d}E'\Sigma_{\mathrm{s},1}(E'\rightarrow E)\phi_1(E') \tag{2-53}$$

$$\frac{n+1}{2n+1}\mathrm{i}B\phi_{n+1}(E)+\frac{n}{2n+1}\mathrm{i}B\phi_{n-1}(E)+[\Sigma_{\mathrm{t}}(E)-\Sigma_{\mathrm{s},n}(E)]\phi_n(E)=0$$

$$n=2,\ \cdots,\ N-1 \tag{2-54}$$

$$\frac{N}{2N+1}\mathrm{i}B\phi_{N-1}(E)+[\Sigma_{\mathrm{t}}(E)-\Sigma_{\mathrm{s},N}(E)]\phi_N(E)=0 \tag{2-55}$$

定义系数 $A_n(B,E,N)$，其具体表达式为

$$A_n(B,E,N)=b_{n-1}+\frac{a_n}{A_{n+1}(B,E,N)}=b_{n-1}+\cfrac{a_n}{b_n+\cfrac{a_{n+1}}{b_{n+1}+\cfrac{a_{n+2}}{\cdots+\cfrac{a_{N-1}}{b_{N-1}}}}}$$

$$a_n=\frac{n+1}{2n+1}\frac{n+1}{2(n+1)+1}B^2$$

$$b_n=\Sigma_{\mathrm{t}}(E)-\Sigma_{\mathrm{s},n+1}(E) \tag{2-56}$$

于是，式(2-52)～式(2-55)可以化简为

$$\mathrm{i}B\phi_1(E)+\Sigma_{\mathrm{t}}(E)\phi_0(E)=\int\mathrm{d}E'\Sigma_{\mathrm{s},0}(E'\to E)\phi_0(E')+S(E) \tag{2-57}$$

$$\frac{\mathrm{i}B}{3}\phi_0(E)+A_1(B,E,N)\phi_1(E)=\int\mathrm{d}E'\Sigma_{\mathrm{s},1}(E'\to E)\phi_1(E') \tag{2-58}$$

$$\phi_n(E)=-\frac{n}{2n+1}\frac{\mathrm{i}B}{A_n(B,E,N)}\phi_{n-1}(E)$$

$$n=2,\ 3,\ \cdots,\ N \tag{2-59}$$

对式(2-57)、式(2-58)在某一能群上进行积分，并定义适当的群常数，则可以得到多群形式的 P_1 扩展至 N 阶的输运方程组：

$$\mathrm{i}B\phi_{1,g}+\Sigma_{\mathrm{t},g}\phi_{0,g}=\Sigma_{\mathrm{s},0,g'\to g}\phi_{0,g'}+S_g \tag{2-60}$$

$$\frac{\mathrm{i}B}{3}\phi_{0,g}+A_{1,g}\phi_{1,g}=\sum_{g'}\Sigma_{\mathrm{s},1,g'\to g}\phi_{1,g'} \tag{2-61}$$

$$\phi_{l,g}=-\frac{l}{(2l+1)A_{l,g}}\mathrm{i}B\phi_{l-1,g}\qquad l=2,\cdots,N \tag{2-62}$$

式中：$\Sigma_{t,g}$ 为第 g 群的宏观总截面；$\Sigma_{s,0,g'\to g}$、$\Sigma_{s,1,g'\to g}$ 为第0阶和第1阶由 g 群散射到 g' 群的宏观散射截面；$\phi_{0,g}$、$\phi_{1,g}$ 为第0阶和第1阶的第 g 群中子通量密度；S_g 为第 g 群的源项，包括裂变源项和外源项。式(2-60)和式(2-61)可以采用经典的源迭代方法进行求解。

2.1.1.4　均匀化方法

确定了多群的中子通量后，则可由此归并得最终计算所需的少群截面。少群截面的计算仍是基于反应率守恒的思想。首先，将式(2-40)改写为与核素相关、不含外源项的连续能量中子输运方程如下：

$$\begin{aligned}&\nabla\cdot\boldsymbol{\Omega}\phi(\boldsymbol{r},E,\boldsymbol{\Omega})+\sum_i N_i(\boldsymbol{r})\sigma_{t,i}(E)\phi(\boldsymbol{r},E,\boldsymbol{\Omega})\\&=\sum_i N_i(\boldsymbol{r})\iint \mathrm{d}E'\mathrm{d}\boldsymbol{\Omega}'\phi(\boldsymbol{r},E',\boldsymbol{\Omega}')\sigma_{s,i}(\boldsymbol{r},E'\to E,\boldsymbol{\Omega}'\to\boldsymbol{\Omega})+\\&\quad\frac{1}{4\pi k_{\mathrm{eff}}}\sum_i N_i(\boldsymbol{r})\int\chi_i(\boldsymbol{r},E')\nu_i(\boldsymbol{r},E')\sigma_{f,i}(\boldsymbol{r},E')\phi(\boldsymbol{r},E')\mathrm{d}E'\end{aligned}\tag{2-63}$$

式中：ϕ 为中子通量密度；N_i 为核素 i 的核子密度；$\sigma_{t,i}$ 为核素 i 的微观总截面；$\sigma_{s,i}$ 为核素 i 的微观散射截面；$\sigma_{f,i}$ 为核素 i 的微观裂变截面；k_{eff} 为系统的特征值；χ_i 为核素 i 的裂变谱数据；ν_i 为核素 i 的每次裂变释放中子数；$\boldsymbol{r}$、E、$\boldsymbol{\Omega}$ 分别对应空间、能量和角度。

将式(2-63)中的中子角通量密度用球谐函数展开，散射截面用勒让德多项式展开，再对方程左右两端在能群上积分，归并整理可得多群形式的中子输运方程：

$$\begin{aligned}&\nabla\cdot\boldsymbol{\Omega}\phi_g(\boldsymbol{\Omega})+\sum_i N_i\sigma_{t,i,g,n,m}\sum_{n=0}^{\infty}\sum_{m=-n}^{n}\frac{2n+1}{4\pi}a_{n,m}\phi_{g,n,m}\mathrm{Y}_{n,m}(\theta,\phi)\\&=\sum_i N_i\sum_{n=0}^{\infty}\sum_{m=-n}^{n}\frac{2n+1}{4\pi}a_{n,m}\sum_{g'=1}^{G}\sigma_{s,i,g'\to g,n,m}\phi_{g',n,m}\mathrm{Y}_{n,m}(\theta,\phi)+\\&\quad\frac{1}{4\pi k_{\mathrm{eff}}}\sum_i N_i\sum_{g'=1}^{G}\chi_{i,g'}v\sigma_{f,i,g'}\phi_{g'}\end{aligned}\tag{2-64}$$

式中：N_i 为核素 i 的核子密度；$\phi_{g,n,m}$ 为第 g 群按球谐函数展开的中子角通量密度矩；$\mathrm{Y}_{n,m}$ 为球谐函数；θ 和 ϕ 分别为极角及方位角，$a_{n,m}$ 为球谐函数展开系数；n、m 为展开阶数，空间位置向量 $\boldsymbol{r}$ 被省略。

要使式(2-63)与式(2-64)等价,则需要满足以下关系式:

$$\sigma_{\mathrm{t},i,g,n,m}=\frac{\int_{\Delta E_g}\sigma_{\mathrm{t},i}(E)\phi_{n,m}(E)\mathrm{d}E}{\int_{\Delta E_g}\phi_{n,m}(E)\mathrm{d}E} \tag{2-65}$$

$$\sigma_{\mathrm{s},i,g'\rightarrow g,n,m}=\frac{\int_{\Delta E_g}\mathrm{d}E\int_{\Delta E_{g'}}\sigma_{\mathrm{s},i,n}(E'\rightarrow E)\phi_{n,m}(E')\mathrm{d}E'}{\int_{\Delta E_{g'}}\phi_{n,m}(E')\mathrm{d}E'} \tag{2-66}$$

$$\chi_{i,g}=\int_{\Delta E_g}\chi_i(E)\mathrm{d}E \tag{2-67}$$

$$v\sigma_{\mathrm{f},i,g}=\frac{\int_{\Delta E_g}v\sigma_{\mathrm{f},i}(E)\phi(E)\mathrm{d}E}{\int_{\Delta E_g}\phi(E)\mathrm{d}E} \tag{2-68}$$

式(2-65)～式(2-68)也是在能群归并时采用的最基本的推导式。通过这些推导式可以发现,对于总截面以及散射截面的归并,所采用的权重应为中子角通量密度的高阶矩,总截面与散射截面都是具有角度相关性的。在式(2-65)与式(2-66)中,严格考虑截面的角度相关性时,总截面和散射截面都将有$(2n+1)$项分截面。通常,当m变化时,$\phi_{n,m}$的变化不大,在计算中往往用以下近似表达式代替式(2-65)与式(2-66)进行均匀化截面的求解:

$$\sigma_{\mathrm{t},i,g,n}=\frac{\int_{\Delta E_g}\sigma_{\mathrm{t},i}(E)\phi_{n,0}(E)\mathrm{d}E}{\int_{\Delta E_g}\phi_{n,0}(E)\mathrm{d}E} \tag{2-69}$$

$$\sigma_{\mathrm{s},i,g'\rightarrow g,n}=\frac{\int_{\Delta E_g}\mathrm{d}E\int_{\Delta E_{g'}}\sigma_{\mathrm{s},i,n}(E'\rightarrow E)\phi_{n,0}(E')\mathrm{d}E'}{\int_{\Delta E_{g'}}\phi_{n,0}(E')\mathrm{d}E'} \tag{2-70}$$

一般基于中子输运理论的堆芯计算程序都可以处理与角度相关的散射截面,但对于与角度相关的总截面常常是无法考虑的。因此,需要另外对与角度相关的总截面进行处理。

对于方程(2-64),将总反应项移至方程右端,整理可获得如下的形式:

$$
\begin{aligned}
& \nabla\cdot\boldsymbol{\Omega}\phi_g(\boldsymbol{\Omega}) \\
&= \sum_i N_i \sum_{n=0}^{\infty}\sum_{m=-n}^{n}\frac{2n+1}{4\pi}a_{n,m}\mathrm{Y}_{n,m}(\theta,\ \phi)\sum_{g'=1}^{G}[\sigma_{\mathrm{s},i,g'\to g,n} - \\
& \sigma_{\mathrm{t},i,g,n}\delta_{gg'}]\phi_{g',n,m} + \frac{1}{4\pi k_{\mathrm{eff}}}\sum_i N_i\sum_{g'=1}^{G}\chi_{i,g'}v\sigma_{\mathrm{f},i,g'}\phi_{g'}
\end{aligned} \tag{2-71}
$$

在方程两端均加上 $\sum_i N_i\sigma\%_{0\mathrm{t},i,g}\sum_{n=0}^{\infty}\sum_{m=-n}^{n}\frac{2n+1}{4\pi}a_{n,m}\phi_{g,n,m}\mathrm{Y}_{n,m}(\theta,\ \varphi)$，其中总截面是任意阶的总截面，于是，方程将变为

$$
\begin{aligned}
& \nabla\cdot\boldsymbol{\Omega}\phi_g(\boldsymbol{\Omega}) + \sum_i N_i\sigma\%_{0\mathrm{t},i,g}\sum_{n=0}^{\infty}\sum_{m=-n}^{n}\frac{2n+1}{4\pi}a_{n,m}\phi_{g,n,m}\mathrm{Y}_{n,m}(\theta,\ \varphi) \\
&= \sum_i N_i \sum_{n=0}^{\infty}\sum_{m=-n}^{n}\frac{2n+1}{4\pi}a_{n,m}\mathrm{Y}_{n,m}(\theta,\ \varphi)\sum_{g'=1}^{G}[\sigma_{\mathrm{s},i,g'\to g,n} + \\
& (\sigma\%_{0\mathrm{t},i,g} - \sigma_{\mathrm{t},i,g,n})\delta_{gg'}]\phi_{g',n,m} + \frac{1}{4\pi k_{\mathrm{eff}}}\sum_i N_i\sum_{g'=1}^{G}\chi_{i,g'}v\sigma_{\mathrm{f},i,g'}\phi_{g'}
\end{aligned} \tag{2-72}
$$

定义一个量 Δ_g^L 用以表示任意阶总截面与 0 阶总截面的差，则方程(2-72)中的总截面和散射截面将被重新定义：

$$
\sigma\%_{0\mathrm{t},i,g} = \sigma_{\mathrm{t},i,g,0} - \Delta_g^L \tag{2-73}
$$

$$
\sigma\%_{0\mathrm{s},i,g'\to g,n} = \sigma_{\mathrm{s},i,g'\to g,n} + (\sigma_{\mathrm{t},i,g,0} - \sigma_{\mathrm{t},i,g,n} - \Delta_g^L)\delta_{gg'} \tag{2-74}
$$

将上述两个重新定义的截面代入原方程，即可得到

$$
\begin{aligned}
& \nabla\cdot\boldsymbol{\Omega}\phi_g(\boldsymbol{\Omega}) + \sum_i N_i\sigma\%_{0\mathrm{t},i,g}\sum_{n=0}^{\infty}\sum_{m=-n}^{n}\frac{2n+1}{4\pi}a_{n,m}\phi_{g,n,m}\mathrm{Y}_{n,m}(\theta,\ \phi) \\
&= \sum_i N_i \sum_{n=0}^{\infty}\sum_{m=-n}^{n}\frac{2n+1}{4\pi}a_{n,m}\mathrm{Y}_{n,m}(\theta,\ \phi)\sum_{g'=1}^{G}\sigma\%_{0\mathrm{s},i,g'\to g,n}\phi_{g',n,m} + \\
& \frac{1}{4\pi k_{\mathrm{eff}}}\sum_i N_i\sum_{g'=1}^{G}\chi_{i,g'}v\sigma_{\mathrm{f},i,g'}\phi_{g'}
\end{aligned} \tag{2-75}
$$

该形式与传统的多群中子输运方程形式相同，少群截面在计算的过程中获得如式(2-73)和式(2-74)定义的总截面和散射截面，即可提供给任一堆芯程序进行后续堆芯中子学的计算分析。在本节中，选择 P_N 近似相容来获得重新定义的总截面及散射截面：

$$
\begin{aligned}
&\Delta_g^L = 0 \\
&\sigma\%_{0\mathrm{t},\,i,\,g} = \sigma_{\mathrm{t},\,i,\,g,0} \\
&\sigma\%_{0\mathrm{s},\,i,\,g'\to g,\,n} = \sigma_{\mathrm{s},\,i,\,g'\to g,\,n} + (\sigma_{\mathrm{t},\,i,\,g,0} - \sigma_{\mathrm{t},\,i,\,g,\,n})\delta_{gg'}
\end{aligned}
\tag{2-76}
$$

对于空间自变量，采用传统的通量-体积权重进行归并，在这里不做赘述。

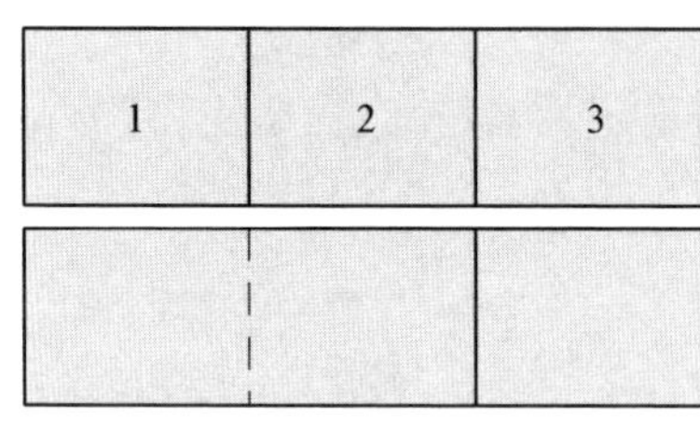

图 2-1 截面空间均匀化过程

截面均匀化过程的基本思想是保证均匀化前后的反应率守恒。以空间均匀化为例，如图 2-1 所示为一个三区问题，获得中子通量密度分布后对前两区进行空间均匀化，对任一截面，基于反应率守恒原则，有如下的关系：

$$
\Sigma_1\phi_1V_1 + \Sigma_2\phi_2V_2 = \bar{\Sigma}\bar{\phi}(V_1 + V_2) \tag{2-77}
$$

式中：$\bar{\Sigma}$ 为空间均匀化后该区域的平均宏观截面；$\bar{\phi}$ 为空间均匀化后该区域的平均中子通量密度；V 为对应空间体积；下标 1、2 代表空间区域编号。

式(2-77)严格地描述了在空间均匀化过程中的反应率守恒。但在实际使用该式进行均匀化时，由于还未进行均匀化后的两区计算，均匀化后的平均中子通量密度是无从知晓的。通常假设均匀化后的平均通量可以由均匀化前的通量计算获得，于是均匀化后的平均截面可以表示为

$$
\bar{\Sigma} = \frac{\Sigma_1\phi_1V_1 + \Sigma_2\phi_2V_2}{\bar{\phi}(V_1 + V_2)} \approx \frac{\Sigma_1\phi_1V_1 + \Sigma_2\phi_2V_2}{\phi_1V_1 + \phi_2V_2} \tag{2-78}
$$

当空间均匀化归并后的区域为一区时，这样的等效没有引入近似。但对于图 2-1 这样的三区归并为两区的问题，特别是对于材料差别非常大的情况，如第一区为吸收体区，三区计算和两区计算的通量分布往往是具有较大差别的。正是由于这种近似的存在，对于这样的问题，均匀化前后的反应率本质上是不守恒的。

研究人员提出了一种保证反应率守恒的新思路，即超级均匀化（super homogenization, SPH）理论。应用式(2-78)得到的截面是无法保证反应率守恒的，因此使用该截面进行计算，获得该截面下的问题的反应率，通过衡量前后反应率的区别，可对反应率进行修正，进而保证均匀化前后的反应率守恒。

当利用式(2-78)求得平均截面后，应用平均截面重新计算问题，可以获

得空间均匀化后的平均通量 $\bar{\phi}$。此时，均匀化前后的反应率都可求得。引入 SPH 因子 μ，用以表征均匀化前后的反应率的差别：

$$\mu=\frac{\phi_1 V_1+\phi_2 V_2}{\bar{\phi}(V_1+V_2)} \tag{2-79}$$

将该因子作用在截面上，即

$$\bar{\Sigma}^*=\bar{\Sigma}\mu \tag{2-80}$$

式中，$\bar{\Sigma}^*$ 为经过修正的平均宏观截面。

将式(2－78)与式(2－79)代入式(2－80)中，经过修正的平均宏观截面可以表示为

$$\bar{\Sigma}^*=\frac{\Sigma_1\phi_1 V_1+\Sigma_2\phi_2 V_2}{\phi_1 V_1+\phi_2 V_2}\cdot\frac{\phi_1 V_1+\phi_2 V_2}{\bar{\phi}(V_1+V_2)}=\frac{\Sigma_1\phi_1 V_1+\Sigma_2\phi_2 V_2}{\bar{\phi}(V_1+V_2)} \tag{2-81}$$

这样获得的平均截面就严格地保证了均匀化前后的反应率守恒。通常在实际应用中，式(2－78)、式(2－79)需要进行若干次的迭代求解，即不断进行均匀化后的计算并调整截面，使得均匀化后的反应率越来越逼近均匀化前的反应率数值。

2.1.2　稳态堆芯计算方法

稳态堆芯计算方法主要包含少群中子扩散计算、少群中子输运计算。

2.1.2.1　*少群中子扩散计算*

描述中子飞行方向、空间、能量和时间分布的方程称为中子输运方程，也称为玻尔兹曼方程。精确求解该方程比较困难，扩散近似理论是最简单的近似求解方法之一。

扩散近似主要假设中子的碰撞散射是各向同性的，即碰撞后沿各个方向散射出的概率相同，即认为中子密度 n 与运动方向 $\boldsymbol{\Omega}$ 无关。

对于快中子反应堆，俘获和裂变反应主要发生的能量范围相较热中子反应堆更宽，需将共振区和高能区的中子划分为更多的能群。在多群中子扩散方程中，g 群的方程为

$$-D_g\nabla^2\phi_g+\Sigma_{tg}\phi_g=\sum_{g'=1}^{g-1}\Sigma_{sg'\to g}\phi_{g'}+\frac{1}{k}\chi_g\sum_{g'=1}^{G}\bar{\nu}_{g'}\Sigma_{fg'}\phi_{g'} \tag{2-82}$$

式中：$-D_g \nabla^2 \phi_g$ 为中子泄漏出 g 群的净速率；D_g 是 g 群的扩散系数；$\Sigma_{tg}\phi_g$ 为中子从 g 群内消失的速率；Σ_{tg} 为“群移出截面”，包括吸收、弹性散射和非弹性散射反应；$\sum_{g'=1}^{g-1}\Sigma_{sg'\to g}\phi_{g'}$ 为中子散射源项，表示高能群散射进 g 群的速率，包括弹性散射和非弹性散射；求和项中只求到 $g-1$ 群，意味着只考虑了向下散射，热中子反应堆中会考虑向上散射；$\frac{1}{k}\chi_g \sum_{g'=1}^{G}\bar{\nu}_{g'}\Sigma_{fg'}\phi_{g'}$ 是裂变源项；$\Sigma_{fg'}$ 是 g'群的裂变截面；$\bar{\nu}_{g'}$ 是每次裂变产生的平均中子数；χ_g 是裂变产生中子出现在 g 群的份额。

扩散方程是微分方程，是空间变量的函数，仅当简化考虑零维问题时，才便于求解出解析解，对于复杂的三维问题，通常需借助计算机，通过数值方法求解。

最常用的是有限差分法。在该方法中，将连续空间离散化成有限个空间间隔，导数用差分近似，将微分方程转化为代数方程组，进行数值求解。为得到较好的数值解，步长不宜取得过大，通常限制在一个平均自由程内，步长越小，近似带来的误差就越小，但同样也会花费较长的计算时间。

另外一种常用的方法是粗网节块法，该方法在保证一定精度的条件下借助有效近似方法，比如节块展开法，通过分段多项式近似展开节块内的中子通量密度分布，从而加大网格的间距，减少节块数目，减少计算时间。

2.1.2.2　少群中子输运计算

由于快堆中多采用六角形的燃料组件，故下述推导过程考虑三角形网格，进行离散纵标节块法的推导。考虑各向同性散射，三棱柱内的三维多群中子输运方程可写为

$$\mu^m \frac{\partial \Psi_g^m(x, y, z)}{\partial x} + \eta^m \frac{\partial \Psi_g^m(x, y, z)}{\partial y} + \frac{\xi^m}{h_z}\frac{\partial \Psi_g^m(x, y, z)}{\partial z} + \Sigma_t^g \Psi_g^m(x, y, z) = \hat{Q}_g(x, y, z) \tag{2-83}$$

式中：m 为采用 S_N 离散后的某一角度方向；μ^m、η^m、ξ^m 为角度方向 m 在 x、y、z 坐标轴上的分量；g 为能量分群后的某一能群；$\Psi_g^m(x, y, z)$ 为 m 方向第 g 群的中子角通量密度（$\mathrm{cm}^{-2}\cdot\mathrm{s}^{-1}$）；$h_z$ 为三棱柱高度，cm。

中子源项 $\hat{Q}_g(x, y, z)$ 包括裂变源和散射源，单位为 $\mathrm{cm}^{-3}\cdot\mathrm{s}^{-1}$，具体表

达式可写为

$$\hat{Q}_g(x, y, z)=\sum_{g'=1}^{G}\{\Sigma_s^{g'-g}+\chi^g\nu\Sigma_f^{g'}\}\Phi_{g'}(x, y, z)+S_g(x, y, z) \tag{2-84}$$

式中：G 为总的能群数；$S_g(x, y, z)$ 为第 g 群外中子源空间分布。

令：

$$\begin{aligned}\psi_g^m(x', y', z)&=\Psi_g^m(x(x', y'), y(x', y'), z)\\ Q_g^m(x', y', z)&=\hat{Q}_g^m(x(x', y'), y(x', y'), z)\end{aligned} \tag{2-85}$$

可得如图 2-2 所示计算坐标系 (x', y') 下的中子输运方程：

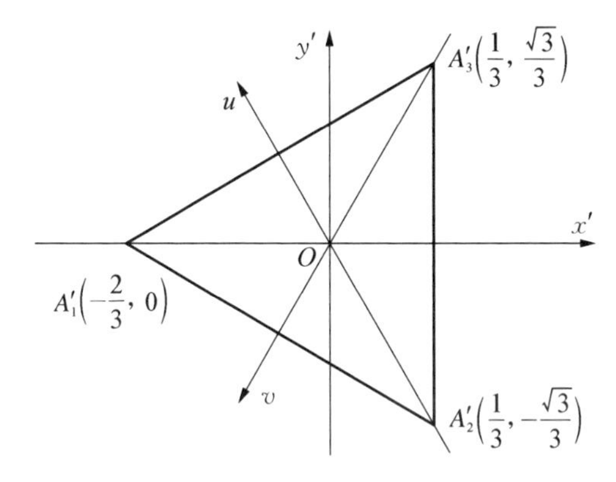

图 2-2　直角坐标系下等边三角形

$$\mu_x^m\frac{\partial\psi_g^m(x', y', z)}{\partial x'}+\eta_x^m\frac{\partial\psi_g^m(x', y', z)}{\partial y'}+\frac{\xi^m}{h_z}\frac{\partial\psi_g^m(x', y', z)}{\partial z}+\Sigma_t^g\psi_g^m(x', y', z)=Q_g(x', y', z) \tag{2-86}$$

式中：

$$-\frac{2}{3}\leqslant x'\leqslant\frac{1}{3};$$

$$-y_s(x')\leqslant y'\leqslant y_s(x');$$

$$y_s(x')=\frac{x'+\dfrac{2}{3}}{\sqrt{3}};$$

$$-\frac{1}{2} \leqslant z \leqslant \frac{1}{2};$$

$$\mu_x^m = \frac{(-y_n + y_p)\mu^m + (x_n - x_p)\eta^m}{2\Delta};$$

$$\eta_x^m = \frac{\left(-x_k + \frac{1}{2}x_n + \frac{1}{2}x_p\right)\eta^m + \left(y_k - \frac{1}{2}y_n - \frac{1}{2}y_p\right)\mu^m}{\sqrt{3}\Delta}。$$

若三角形节块的平均中子角通量密度在两个坐标系下分别用 $\bar{\Psi}_g^m$ 和 $\bar{\psi}_g^m$ 表示，同时定义图 2-3 中三个顶点 A_k、A_n 和 A_p 所对应的三个表面分别满足 $y=f_k(x)$、$y=f_n(x)$ 和 $y=f_p(x)$，则 $\bar{\Psi}_g^m$ 在物理坐标系 (x, y) 和 $\bar{\psi}_g^m$ 在计算坐标系 (x', y') 下可分别定义为

$$\bar{\Psi}_g^m = \frac{\int_{-\frac{1}{2}}^{\frac{1}{2}} \left(\int_{x_k}^{x_p}\int_{f_p(x)}^{f_n(x)} \Psi_g^m(x, y, z)\mathrm{d}y\mathrm{d}x + \int_{x_p}^{x_n}\int_{f_p(x)}^{f_k(x)} \Psi_g^m(x, y, z)\mathrm{d}y\mathrm{d}x\right)\mathrm{d}z}{\int_{-\frac{1}{2}}^{\frac{1}{2}} \left(\int_{x_k}^{x_p}\int_{f_p(x)}^{f_n(x)} \mathrm{d}y\mathrm{d}x + \int_{x_p}^{x_n}\int_{f_p(x)}^{f_k(x)} \mathrm{d}y\mathrm{d}x\right)\mathrm{d}z} \tag{2-87}$$

$$\bar{\psi}_g^m = \frac{\int_{-\frac{1}{2}}^{\frac{1}{2}}\int_{-\frac{2}{3}}^{\frac{1}{3}}\int_{-y_s(x')}^{y_s(x')} \psi_g^m(x', y', z)\mathrm{d}y'\mathrm{d}x'\mathrm{d}z}{\int_{-\frac{1}{2}}^{\frac{1}{2}}\int_{\frac{2}{3}}^{\frac{1}{3}}\int_{-y_s(x')}^{y_s(x')} \mathrm{d}y'\mathrm{d}x'\mathrm{d}z} \tag{2-88}$$

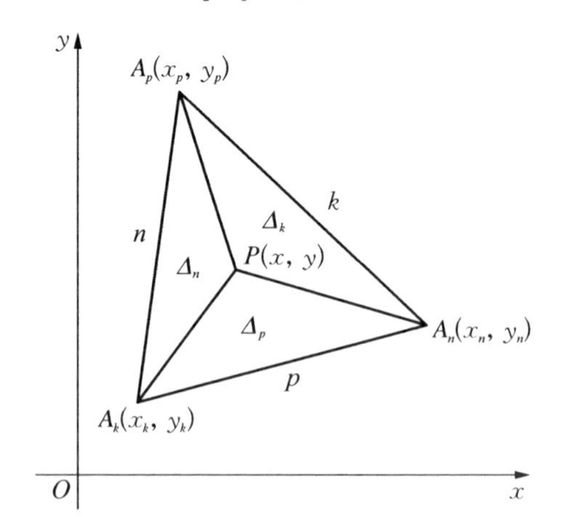

图 2-3　直角坐标系下的任意三角形

可以证明,式(2-87)和式(2-88)是等价的。

同样,三棱柱径向 3 个表面 k、n 和 p(对应于图 2-2 中分别与 x'、u 和 v 坐标轴所垂直的三个表面 $A_2'A_3'$、$A_1'A_3'$ 和 $A_1'A_2'$)的平均中子角通量密度在两个坐标系下分别用 $\bar{\Psi}_{g,x}^{m}$、$\bar{\Psi}_{g,u}^{m}$ 和 $\bar{\Psi}_{g,v}^{m}$ 及 $\bar{\psi}_{g,x}^{m}$、$\bar{\psi}_{g,u}^{m}$ 和 $\bar{\psi}_{g,v}^{m}$ 表示,它们各自在物理坐标系 (x, y) 和计算坐标系 (x', y') 下分别定义为

$$\bar{\Psi}_{g,x}^{m}=\frac{\int_{-\frac{1}{2}}^{\frac{1}{2}}\int_{x_n}^{x_p}\Psi_g^m(x, f_k(x), z)\mathrm{d}x\mathrm{d}z}{\int_{-\frac{1}{2}}^{\frac{1}{2}}\int_{x_n}^{x_p}\mathrm{d}x\mathrm{d}z} \tag{2-89}$$

$$\bar{\psi}_{g,x}^{m}=\frac{\int_{-\frac{1}{2}}^{\frac{1}{2}}\int_{-\frac{1}{\sqrt{3}}}^{\frac{1}{\sqrt{3}}}\psi_g^m\left(\frac{1}{3}, y', z\right)\mathrm{d}y'\mathrm{d}z}{\int_{-\frac{1}{2}}^{\frac{1}{2}}\int_{-\frac{1}{\sqrt{3}}}^{\frac{1}{\sqrt{3}}}\mathrm{d}y'\mathrm{d}z} \tag{2-90}$$

$$\bar{\Psi}_{g,u}^{m}=\frac{\int_{-\frac{1}{2}}^{\frac{1}{2}}\int_{x_k}^{x_p}\Psi_g^m(x, f_n(x), z)\mathrm{d}x\mathrm{d}z}{\int_{-\frac{1}{2}}^{\frac{1}{2}}\int_{x_k}^{x_p}\mathrm{d}x\mathrm{d}z} \tag{2-91}$$

$$\bar{\psi}_{g,u}^{m}=\frac{\int_{-\frac{1}{2}}^{\frac{1}{2}}\int_{-\frac{2}{3}}^{\frac{1}{3}}\psi_g^m(x', y_s(x'), z)\mathrm{d}x'\mathrm{d}z}{\int_{-\frac{1}{2}}^{\frac{1}{2}}\int_{-\frac{2}{3}}^{\frac{1}{3}}\mathrm{d}x'\mathrm{d}z} \tag{2-92}$$

$$\bar{\Psi}_{g,v}^{m}=\frac{\int_{-\frac{1}{2}}^{\frac{1}{2}}\int_{x_n}^{x_k}\Psi_g^m(x, f_p(x), z)\mathrm{d}x\mathrm{d}z}{\int_{-\frac{1}{2}}^{\frac{1}{2}}\int_{x_n}^{x_k}\mathrm{d}x\mathrm{d}z} \tag{2-93}$$

$$\bar{\psi}_{g,v}^{m}=\frac{\int_{-\frac{1}{2}}^{\frac{1}{2}}\int_{-\frac{2}{3}}^{\frac{1}{3}}\psi_g^m(x', -y_s(x'), z)\mathrm{d}x'\mathrm{d}z}{\int_{-\frac{1}{2}}^{\frac{1}{2}}\int_{-\frac{2}{3}}^{\frac{1}{3}}\mathrm{d}x'\mathrm{d}z} \tag{2-94}$$

可以证明,式(2-89)和式(2-90)、式(2-91)和式(2-92)、式(2-93)和式(2-94)是互相等价的。对于轴向两个表面平均中子角通量密度 $\bar{\psi}_{g,z+}^{m}$ 和 $\bar{\psi}_{g,z-}^{m}$,由于没有对 z 轴做变换,两个坐标系下的值是一样的。在计算坐标系

(x', y') 下的定义为

$$\bar{\psi}^m_{g, z\pm}=\frac{\int_{-\frac{2}{3}}^{\frac{1}{3}}\int_{-y_s(x')}^{y_s(x')}\psi^m_g\left(x', y', \pm\frac{1}{2}\right)\mathrm{d}y'\mathrm{d}x'}{\int_{-\frac{2}{3}}^{\frac{1}{3}}\int_{-y_s(x')}^{y_s(x')}\mathrm{d}y'\mathrm{d}x'} \tag{2-95}$$

下面推导三棱柱几何下的径向方程,略去能群以及 x' 和 y' 的上标,式(2-86)可写为

$$\mu^m_x\frac{\partial\psi^m(x, y, z)}{\partial x}+\eta^m_x\frac{\partial\psi^m(x, y, z)}{\partial y}+\frac{\xi^m}{h_z}\frac{\partial\psi^m(x, y, z)}{\partial z}+\Sigma^g_t\psi^m(x, y, z)=Q(x, y, z) \tag{2-96}$$

对式(2-96)在 $-\frac{1}{2}\leqslant z\leqslant\frac{1}{2}$ 和 $-y_s(x)\leqslant y\leqslant y_s(x)$ 区间上积分,可得 x 方向的一维横向积分方程:

$$\mu^m_x\frac{\mathrm{d}[y_s(x)\bar{\psi}^m_x(x)]}{\mathrm{d}x}+\Sigma_t y_s(x)\bar{\psi}^m_x(x)=y_s(x)[\bar{Q}_x(x)-\overline{Lz}^m_x(x)]-\overline{Lr}^m_x(x) \tag{2-97}$$

式中:

$$\mu^m_u=-\frac{\mu^m_x-\sqrt{3}\eta^m_x}{2}, \mu^m_v=-\frac{\mu^m_x+\sqrt{3}\eta^m_x}{2};$$

$\bar{\psi}^m_x(x)=\frac{\int_{-y_s(x)}^{y_s(x)}\psi^m(x, y, z)\mathrm{d}y}{\int_{-y_s(x)}^{y_s(x)}\mathrm{d}y}$ 表示沿 x 方向的平均中子角通量密度的分布函数;

$\bar{Q}_x(x)=\frac{\int_{-y_s(x)}^{y_s(x)}Q(x, y, z)\mathrm{d}y}{\int_{-y_s(x)}^{y_s(x)}\mathrm{d}y}$ 表示沿 x 方向的平均中子源的分布函数。

$\overline{Lz}^m_x(x)$ 为 x 方向的平均轴向泄漏分布函数,可写为

$$\overline{Lz}_x^m(x)=\frac{\xi^m}{h_z}[\bar{\psi}_{z+}^m(x)-\bar{\psi}_{z-}^m(x)] \tag{2-98}$$

式中，$\bar{\psi}_{z\pm}^m(x)=\int_{-y_s}^{y_s}\frac{\psi^m\left(x,\ y,\ \pm\frac{1}{2}\right)\mathrm{d}y}{2y_s}$。

$\overline{Lr}_x^m(x)$ 为 x 方向的平均径向泄漏分布函数，可写为

$$\overline{Lr}_x^m(x)=\frac{\mu_u^m\bar{\psi}_u^m(x)+\mu_v^m\bar{\psi}_v^m(x)}{\sqrt{3}} \tag{2-99}$$

式中：$\bar{\psi}_u^m(x)=\int_{-\frac{1}{2}}^{\frac{1}{2}}\psi^m(x,\ y,\ z)\Big|_{y=y_s(x)}\mathrm{d}z$；

$\bar{\psi}_v^m(x)=\int_{-\frac{1}{2}}^{\frac{1}{2}}\psi^m(x,\ y,\ z)\Big|_{y=-y_s(x)}\mathrm{d}z$。

若把式(2－97)右端作为一个已知项，则式(2－97)是一个一维输运方程，对于给定节块，可以很方便地对 $\mu_x^m>0$ 和 $\mu_x^m<0$ 分别积分求解。

对于 $\mu_x^m>0$，其结果为

$$y_s(x)\bar{\psi}_x^m(x)=\frac{1}{\mu_x^m}\int_{-\frac{2}{3}}^{x}\{y_s(x')[\bar{Q}_x(x')-\overline{Lz}_x^m(x')]-\overline{Lr}_x^m(x')\}\mathrm{e}^{-\frac{\Sigma_t}{\mu_x^m}(x-x')}\mathrm{d}x' \tag{2-100}$$

在式(2－100)中，若令 $x=\frac{1}{3}$，则可得到与 x 方向垂直表面的横向积分表面平均中子角通量密度：

$$\bar{\psi}_x^m=\frac{\sqrt{3}}{\mu_x^m}\int_{-\frac{2}{3}}^{\frac{1}{3}}\{y_s(x)[\bar{Q}_x(x)-\overline{Lz}_x^m(x)]-\overline{Lr}_x^m(x)\}\mathrm{e}^{-\frac{\Sigma_t}{\mu_x^m}\left(\frac{1}{3}-x\right)}\mathrm{d}x \tag{2-101}$$

由于 x 方向只与三角形节块右端的一个表面相交，如图 2－2 所示，而左端是一个点，所以对于 $\mu_x^m<0$ 的积分方程不同于式(2－100)，可另写为

$$y_s(x)\bar{\psi}_x^m(x)=\frac{1}{|\mu_x^m|}\int_x^{\frac{1}{3}}\{y_s(x')[\bar{Q}_x(x')-\overline{Lz}_x^m(x')]-\overline{Lr}_x^m(x')\}\mathrm{e}^{-\frac{\Sigma_t}{|\mu_x^m|}(x'-x)}\mathrm{d}x'+\frac{\sqrt{3}}{3}\mathrm{e}^{-\frac{\Sigma_t}{|\mu_x^m|}\left(\frac{1}{3}-x\right)}\bar{\psi}_x^m \tag{2-102}$$

同样地，由于计算坐标系下的等边三角形关于坐标原点120°旋转对称，只要将式(2-100)、式(2-101)和式(2-102)中的 x 换成 u 和 v，即可得到 u 和 v 方向的横向积分平均中子角通量密度分布函数 $\bar{\psi}_u^m(u)$ 和 $\bar{\psi}_v^m(v)$ 及 u 和 v 表面的平均中子角通量密度 $\bar{\psi}_u^m$ 和 $\bar{\psi}_v^m$。

式(2-100)和式(2-101)是 x 方向的横向积分方程的解析解。在离散节块输运方法(DNTM)中，节块的横向积分平均中子角通量密度分布函数采用勒让德多项式展开。由于勒让德多项式的正交性，无须解方程组，运用剩余权重法，就可直接得到横向积分平均中子角通量密度的各阶展开系数。在三角形离散纵标节块方法里，由于有权函数 $y_s(x)$ 的存在，勒让德多项式已无法使用。为了获得正交性，需要构造一个带权正交多项式：

$$h_i(x)=\left\{1,\ x,\ x^2+\frac{2}{15}x-\frac{1}{18}\right\} \tag{2-103}$$

它满足

$$\int_{-\frac{2}{3}}^{\frac{1}{3}} y_s(x)h_i(x)h_j(x)\mathrm{d}x=0,\ i\neq j \tag{2-104}$$

使用式(2-103)，横向积分平均中子角通量密度分布函数 $\bar{\psi}_x^m(x)$ 和平均中子源分布函数 $\bar{Q}_x(x)$ 可写为

$$\bar{\psi}_x^m(x)=\sum_{i=0}^{2}\bar{\psi}_{xi}^m h_i(x) \tag{2-105}$$

$$\bar{Q}_x(x)=\sum_{i=0}^{2}\bar{Q}_{xi}h_i(x) \tag{2-106}$$

对于轴向泄漏分布函数 $\overline{Lz}_x^m(x)$ 的空间展开，采用DNTM中使用的方法，即平近似，表达式可写为

$$\overline{Lz}_x^m(x)=\frac{\xi^m}{h_z}(\bar{\psi}_{z+}^m-\bar{\psi}_{z-}^m) \tag{2-107}$$

然而，由于在三角形节块中径向有比较大的泄漏，采用平近似来处理径向泄漏将导致方法的不收敛或出现错误结果。为此，下面给出了一个新的比较精确的模型来近似表征径向泄漏的空间分布。

首先，在计算坐标系下采用一个二元二次多项式来表示等边三角形节块内的中子角通量密度分布函数：

$$\psi^m(x,\ y)=c_1(x^2+y^2)+c_2x+c_3y+c_4 \tag{2-108}$$

为了求解四个系数 c_1、c_2、c_3 和 c_4，本节采用三个表面的平均中子角通量密度 $\bar{\psi}_x^m$、$\bar{\psi}_u^m$ 和 $\bar{\psi}_v^m$ 及一个节块平均中子角通量密度 $\bar{\psi}^m$ 作为已知条件。将式(2-108)代入式(2-88)、式(2-90)、式(2-92)和式(2-94)中，联立这四个方程，可得

$$\begin{aligned}
c_1 &= -9\bar{\psi}^m+3(\bar{\psi}_x^m+\bar{\psi}_u^m+\bar{\psi}_v^m)\\
c_2 &= 2\bar{\psi}_x^m-\bar{\psi}_u^m-\bar{\psi}_v^m\\
c_3 &= \sqrt{3}\,(\bar{\psi}_u^m-\bar{\psi}_v^m)\\
c_4 &= \frac{2\bar{\psi}^m-(\bar{\psi}_x^m+\bar{\psi}_u^m+\bar{\psi}_v^m)}{3}
\end{aligned} \tag{2-109}$$

此时，将计算坐标系下等边三角形的三个顶点坐标 $\left(-\frac{2}{3},\ 0\right)$、$\left(\frac{1}{3},\ -\frac{1}{\sqrt{3}}\right)$、$\left(\frac{1}{3},\ \frac{1}{\sqrt{3}}\right)$ 以及式(2-109)代入式(2-108)中，可得三个顶点处的中子角通量密度：

$$\begin{aligned}
\psi_{px}^m &= \frac{5(\bar{\psi}_u^m+\bar{\psi}_v^m)}{3}-\frac{\bar{\psi}_x^m}{3}-2\bar{\psi}^m\\
\psi_{pu}^m &= \frac{5(\bar{\psi}_v^m+\bar{\psi}_x^m)}{3}-\frac{\bar{\psi}_u^m}{3}-2\psi^m\\
\psi_{pv}^m &= \frac{5(\bar{\psi}_x^m+\bar{\psi}_u^m)}{3}-\frac{\bar{\psi}_v^m}{3}-2\bar{\psi}^m
\end{aligned} \tag{2-110}$$

对于 u 表面，采用表面平均中子角通量密度 $\bar{\psi}_u^m$ 和两个顶点的中子角通量密度 ψ_{px}^m、ψ_{pv}^m，可以将 $\bar{\psi}_u^m(x)$ 展开为一个二次多项式：

$$\bar{\psi}_u^m(x)=\frac{4\bar{\psi}_u^m-\psi_{px}^m}{3}+2(\psi_{pv}^m-\bar{\psi}_u^m)x+3(\psi_{px}^m+\psi_{pv}^m-2\bar{\psi}_u^m)x^2 \tag{2-111}$$

同样的方法，可以将 v 表面的 $\bar{\psi}_v^m(x)$ 展开：

$$\bar{\psi}_v^m(x)=\frac{4\bar{\psi}_v^m-\psi_{px}^m}{3}+2(\psi_{pu}^m-\bar{\psi}_v^m)x+3(\psi_{px}^m+\psi_{pu}^m-2\bar{\psi}_v^m)x^2 \tag{2-112}$$

将式(2-111)和式(2-112)代入式(2-99),可得平均径向泄漏分布函数 $\overline{Lr}_x^m(x)$ 的二次展开式:

$$\overline{Lr}_x^m(x)=\overline{Lr}_{x0}^m+\overline{Lr}_{x1}^m x+\overline{Lr}_{x2}^m x^2 \tag{2-113}$$

式中:

$$\overline{Lr}_{x0}^m=\frac{1}{3}\mu_u^m(4\bar{\psi}_u^m-\psi_{px}^m)+\frac{1}{3}\mu_v^m(4\bar{\psi}_v^m-\psi_{px}^m);$$

$$\overline{Lr}_{x1}^m=2\mu_u^m(\psi_{pv}^m-\bar{\psi}_u^m)+2\mu_v^m(\psi_{pu}^m-\bar{\psi}_v^m);$$

$$\overline{Lr}_{x2}^m=3\mu_u^m(\psi_{px}^m+\psi_{pv}^m-2\bar{\psi}_u^m)+3\mu_v^m(\psi_{px}^m+\psi_{pu}^m-2\bar{\psi}_v^m)。$$

将 $\bar{\psi}_x^m(x)$、$\bar{Q}_x(x)$、$\overline{Lz}_x^m(x)$ 和 $\overline{Lr}_x^m(x)$ 的空间展开式(2-105)、式(2-106)、式(2-107)和式(2-113)代入式(2-101),得

$$\bar{\psi}_x^m=P_{x0}^m(\bar{Q}_{x0}-\overline{Lz}_x^m)+\sum_{i=1}^{2}P_{xi}^m\bar{Q}_{xi}+\sum_{i=0}^{2}R_{xi}^m\overline{Lr}_{xi}^m \tag{2-114}$$

式中:

$$P_{xi}^m=\frac{\sqrt{3}}{\mu_x^m}\int_{-\frac{2}{3}}^{\frac{1}{3}}y_s(x)h_i(x)\mathrm{e}^{-\frac{\Sigma_t}{\mu_x^m}\left(\frac{1}{3}-x\right)}\mathrm{d}x,\quad i=0,1,2;$$

$$R_{xi}^m=-\frac{1}{\mu_x^m}\int_{-\frac{2}{3}}^{\frac{1}{3}}x^i\mathrm{e}^{-\frac{\Sigma_t}{\mu_x^m}\left(\frac{1}{3}-x\right)}\mathrm{d}x,\quad i=0,1,2。$$

同样,将式(2-105)、式(2-106)、式(2-107)和式(2-113)分别代入式(2-100)和式(2-102)中,并应用剩余权重法可得

$$\bar{\psi}_{xi}^m=F_{xi0}^m(\bar{Q}_{x0}-\overline{Lz}_x^m)+\sum_{j=1}^{2}F_{xij}^m\bar{Q}_{xj}+\sum_{j=0}^{2}G_{xij}^m\overline{Lr}_{xj}^m,\ \mu_x^m>0,\quad i=0,1,2 \tag{2-115}$$

$$\bar{\psi}_{xi}^m=F_{xi0}^m(\bar{Q}_{x0}-\overline{Lz}_x^m)+\sum_{j=2}^{2}F_{xij}^m\bar{Q}_{xj}+\sum_{j=0}^{2}G_{xij}^m\overline{Lr}_{xj}^m+H_{xi}^m\bar{\psi}_x^m$$

$$\mu_x^m<0,\quad i=0,1,2 \tag{2-116}$$

式中:

$$F_{xij}^m=\begin{cases}\dfrac{1}{\mu_x^m}\dfrac{\displaystyle\int_{-\frac{2}{3}}^{\frac{1}{3}}\int_{-\frac{2}{3}}^{x}y_s(x')h_j(x')\,\mathrm{e}^{-\frac{\Sigma_t}{\mu_x^m}(x-x')}\mathrm{d}x'h_i(x)\mathrm{d}x}{\displaystyle\int_{-\frac{2}{3}}^{\frac{1}{3}}y_s(x)(h_i(x))^2\,\mathrm{d}x}, & \mu_x>0\\[2ex]\dfrac{1}{|\mu_x^m|}\dfrac{\displaystyle\int_{-\frac{2}{3}}^{\frac{1}{3}}\int_{x}^{\frac{1}{3}}y_s(x')h_j(x')\mathrm{e}^{-\frac{\Sigma_t}{|\mu_x^m|}(x'-x)}\mathrm{d}x'h_i(x)\mathrm{d}x}{\displaystyle\int_{-\frac{2}{3}}^{\frac{1}{3}}y_s(x)(h_i(x))^2\,\mathrm{d}x}, & \mu_x<0\end{cases};$$

$$G_{xij}^m=\begin{cases}-\dfrac{\sqrt{3}}{3\mu_x^m}\dfrac{\displaystyle\int_{-\frac{2}{3}}^{\frac{1}{3}}\int_{-\frac{2}{3}}^{x}(x')^j\,\mathrm{e}^{-\frac{\Sigma_t}{\mu_x^m}(x-x')}\mathrm{d}x'h_i(x)\mathrm{d}x}{\displaystyle\int_{-\frac{2}{3}}^{\frac{1}{3}}y_s(x)(h_i(x))^2\,\mathrm{d}x}, & \mu_x>0\\[2ex]-\dfrac{\sqrt{3}}{3|\mu_x^m|}\dfrac{\displaystyle\int_{-\frac{2}{3}}^{\frac{1}{3}}\int_{x}^{\frac{1}{3}}(x')^j\,\mathrm{e}^{-\frac{\Sigma_t}{|\mu_x^m|}(x'-x)}\mathrm{d}x'h_i(x)\mathrm{d}x}{\displaystyle\int_{-\frac{2}{3}}^{\frac{1}{3}}y_s(x)(h_i(x))^2\,\mathrm{d}x}, & \mu_x<0\end{cases};$$

$$H_{xi}^m=\frac{\sqrt{3}}{3}\bar{\psi}_x^m\frac{\displaystyle\int_{-\frac{2}{3}}^{\frac{1}{3}}h_i(x)\mathrm{e}^{-\frac{\Sigma_t}{|\mu_x^m|}\left(\frac{1}{3}-x\right)}\mathrm{d}x}{\displaystyle\int_{-\frac{2}{3}}^{\frac{1}{3}}y_s(x)(h_i(x))^2\,\mathrm{d}x}。$$

式(2-114)、式(2-105)和式(2-106)构成了径向 x 方向的三个基本方程。通过将下标 x 改成 u 和 v，就可分别得到 u 方向的三个基本方程和 v 方向的三个基本方程。

对于轴向方程的推导，首先对式(2-101)在 $-\dfrac{2}{3}\leqslant x\leqslant\dfrac{1}{3}$ 和 $-y_s(x)\leqslant y\leqslant y_s(x)$ 区间积分，可得 z 方向的一维横向积分方程：

$$\frac{\xi^m}{h_z}\frac{\mathrm{d}\bar{\psi}_z^m(z)}{\mathrm{d}z}+\Sigma_t\bar{\psi}_z^m(z)=\bar{Q}_z(z)-\bar{L}_{xy}^m(z)\tag{2-117}$$

式中：

$$\bar{\psi}_z^m(z)=\frac{\int_{-\frac{2}{3}}^{\frac{1}{3}}\int_{-y_s(x)}^{y_s(x)}\psi^m(x,\ y,\ z)\mathrm{d}y\mathrm{d}x}{\int_{-\frac{2}{3}}^{\frac{1}{3}}\int_{-y_s(x)}^{y_s(x)}\mathrm{d}y\mathrm{d}x};$$

$$\bar{Q}_z(z)=\frac{\int_{-\frac{2}{3}}^{\frac{1}{3}}\int_{-y_s(x)}^{y_s(x)}Q(x,\ y,\ z)\mathrm{d}y\mathrm{d}x}{\int_{-\frac{2}{3}}^{\frac{1}{3}}\int_{-y_s(x)}^{y_s(x)}\mathrm{d}y\mathrm{d}x}。$$

$\bar{L}_{xy}^m(z)$ 为轴向横向积分方程径向泄漏项的空间分布函数,表达式为

$$\bar{L}_{xy}^m(z)=2[\mu_x^m\bar{\psi}_x^m(z)+\mu_u^m\bar{\psi}_u^m(z)+\mu_v^m\bar{\psi}_v^m(z)] \tag{2-118}$$

式中：

$$\bar{\psi}_x^m(z)=\frac{\left.\int_{-y_s(x)}^{y_s(x)}\psi^m(x,\ y,\ z)\mathrm{d}y\right|_{x=\frac{1}{3}}}{\left.\int_{-y_s(x)}^{y_s(x)}\mathrm{d}y\right|_{x=\frac{1}{3}}};$$

$$\bar{\psi}_u^m(z)=\int_{-\frac{2}{3}}^{\frac{1}{3}}\psi^m(x,\ y_s(x),\ z)\mathrm{d}x;$$

$$\bar{\psi}_v^m(z)=\int_{-\frac{2}{3}}^{\frac{1}{3}}\psi^m(x,-y_s(x),\ z)\mathrm{d}x\ 。$$

当 $\xi^m>0$ 时,把式(2-117)右端作为已知项,积分求解可得

$$\bar{\psi}_z^m(z)=\frac{h_z}{\xi^m}\int_{-\frac{1}{2}}^{z}[\bar{Q}_z(z')-\bar{L}_{xy}^m(z')]\mathrm{e}^{-\frac{\Sigma_t h_z}{\xi^m}(z-z')}\mathrm{d}z'+\mathrm{e}^{-\frac{\Sigma_t h_z}{\xi^m}\left(z+\frac{1}{2}\right)}\bar{\psi}_{z-}^m \tag{2-119}$$

令 $z=\dfrac{1}{2}$,即可得到 $z+$ 方向的表面平均中子角通量密度：

$$\bar{\psi}_{z+}^m=\frac{h_z}{\xi^m}\int_{-\frac{1}{2}}^{\frac{1}{2}}[\bar{Q}_z(z)-\bar{L}_{xy}^m(z)]\mathrm{e}^{-\frac{\Sigma_t h_z}{\xi^m}\left(\frac{1}{2}-z\right)}\mathrm{d}z+\mathrm{e}^{-\frac{\Sigma_t h_z}{\xi^m}}\bar{\psi}_{z-}^m \tag{2-120}$$

同样地，当 $\xi^m < 0$ 时，可得轴向横向积分平均中子角通量密度分布函数 $\bar{\psi}_z^m(z)$ 和表面平均中子角通量密度 $\bar{\psi}_{z-}^m$ 的表达式：

$$\bar{\psi}_z^m(z) = \frac{h_z}{|\xi^m|}\int_z^{\frac{1}{2}}[\bar{Q}_z(z') - \bar{L}_{xy}^m(z')]e^{-\frac{\Sigma_t h_z}{|\xi^m|}(z'-z)}dz' + e^{-\frac{\Sigma_t h_z}{|\xi^m|}\left(\frac{1}{2}-z\right)}\bar{\psi}_{z+}^m \tag{2-121}$$

$$\bar{\psi}_{z-}^m = \frac{h_z}{|\xi^m|}\int_{-\frac{1}{2}}^{\frac{1}{2}}[\bar{Q}_z(z) - \bar{L}_{xy}^m(z)]e^{-\frac{\Sigma_t h_z}{|\xi^m|}\left(z+\frac{1}{2}\right)}dz + e^{-\frac{\Sigma_t h_z}{|\xi^m|}}\bar{\psi}_{z+}^m \tag{2-122}$$

对横向积分平均中子角通量密度分布函数 $\bar{\psi}_z^m(z)$ 和平均中子源分布函数 $\bar{Q}_z(z)$ 的空间分布采用二次多项式近似展开：

$$\bar{\psi}_z^m(z) = \sum_{i=0}^{2}\bar{\psi}_{zi}^m f_i(z) \tag{2-123}$$

$$\bar{Q}_z(z) = \sum_{i=0}^{2}\bar{Q}_{zi} f_i(z) \tag{2-124}$$

式中，$f_i(z) = \left\{1,\ z,\ z^2 - \frac{1}{12}\right\}(i = 1,\ 2,\ 3)$，并在 $-\frac{1}{2} \leqslant z \leqslant \frac{1}{2}$ 区间是正交的。

轴向横向积分方程的径向泄漏分布函数 $\bar{L}_{xy}^m(z)$ 采用平近似，表达式为

$$\bar{L}_{xy}^m(z) = 2(\mu_x^m\bar{\psi}_x^m + \mu_u^m\bar{\psi}_u^m + \mu_v^m\bar{\psi}_v^m) \tag{2-125}$$

将式(2－128)、式(2－129)和式(2－130)分别代入式(2－125)和式(2－127)，可得

$$\bar{\psi}_{z+}^m = P_{z0}^m(\bar{Q}_{z0} - \bar{L}_{xy}^m) + \sum_{i=1}^{2}P_{zi}^m\bar{Q}_{zi} + T^m\bar{\psi}_{z-}^m,\ \xi^m > 0 \tag{2-126}$$

$$\bar{\psi}_{z-}^m = P_{z0}^m(\bar{Q}_{z0} - \bar{L}_{xy}^m) + \sum_{i=1}^{2}P_{zi}^m\bar{Q}_{zi} + T^m\bar{\psi}_{z+}^m,\ \xi^m < 0 \tag{2-127}$$

式中：

$$P_{zi}^m = \begin{cases} \dfrac{h_z}{\xi^m}\displaystyle\int_{-\frac{1}{2}}^{\frac{1}{2}} f_i(z)e^{-\frac{\Sigma_t h_z}{\xi^m}\left(\frac{1}{2}-z\right)}dz,\ \xi^m > 0 \\ \dfrac{h_z}{|\xi^m|}\displaystyle\int_{-\frac{1}{2}}^{\frac{1}{2}} f_i(z)e^{-\frac{\Sigma_t h_z}{|\xi^m|}\left(\frac{1}{2}+z\right)}dz,\ \xi^m < 0 \end{cases};$$

$$T^m = \begin{cases} e^{-\frac{\Sigma_t h_z}{\xi^m}}, & \xi^m > 0 \\ e^{-\frac{\Sigma_t h_z}{|\xi^m|}}, & \xi^m < 0 \end{cases}。$$

将式(2－123)、式(2－124)和式(2－125)分别代入式(2－119)和式(2－121)，运用剩余权重法，可得横向积分平均中子角通量密度矩：

$$\bar{\psi}_{zi}^m = F_{zi0}^m(\bar{Q}_{z0} - \bar{L}_{xy}^m) + \sum_{j=1}^{2} F_{zij}^m \bar{Q}_{zj} + H_{zi}^m \bar{\psi}_{z-}^m,\ \xi^m > 0 \quad (2-128)$$

$$\bar{\psi}_{zi}^m = F_{zi0}^m(\bar{Q}_{z0} - \bar{L}_{xy}^m) + \sum_{j=1}^{2} F_{zij}^m \bar{Q}_{zj} + H_{zi}^m \bar{\psi}_{z+}^m,\ \xi^m < 0 \quad (2-129)$$

式中：

$$F_{zij}^m = \begin{cases} \dfrac{h_z}{\xi^m} \dfrac{\int_{-\frac{1}{2}}^{\frac{1}{2}} \int_{-\frac{1}{2}}^{z} f_j(z') e^{-\frac{\Sigma_t h_z}{\xi^m}(z-z')} dz' f_i(z) dz}{\int_{-\frac{1}{2}}^{\frac{1}{2}} (f_i(z))^2 dz}, & \xi^m > 0 \\ \dfrac{h_z}{|\xi^m|} \dfrac{\int_{-\frac{1}{2}}^{\frac{1}{2}} \int_{z}^{\frac{1}{2}} f_j(z') e^{-\frac{\Sigma_t h_z}{|\xi^m|}(z'-z)} dz' f_i(z) dz}{\int_{-\frac{1}{2}}^{\frac{1}{2}} (f_i(z))^2 dz}, & \xi^m < 0 \end{cases};$$

$$H_{zi}^m = \begin{cases} \dfrac{h_z}{\xi^m} \dfrac{\int_{-\frac{1}{2}}^{\frac{1}{2}} e^{-\frac{\Sigma_t h_z}{\xi^m}\left(z+\frac{1}{2}\right)} f_i(z) dz}{\int_{-\frac{1}{2}}^{\frac{1}{2}} (f_i(z))^2 dz}, & \xi^m > 0 \\ \dfrac{h_z}{|\xi^m|} \dfrac{\int_{-\frac{1}{2}}^{\frac{1}{2}} e^{-\frac{\Sigma_t h_z}{|\xi^m|}\left(\frac{1}{2}-z\right)} f_i(z) dz}{\int_{-\frac{1}{2}}^{\frac{1}{2}} (f_i(z))^2 dz}, & \xi^m < 0 \end{cases}。$$

式(2－126)、式(2－127)、式(2－128)和式(2－129)构成了轴向的四个基本方程。

确定了轴向和径向的方程后，对式(2-97)在 $-\frac{2}{3}\leqslant x\leqslant\frac{1}{3}$ 区间积分，可得三角形节块的中子平衡方程：

$$2\mu_x^m\bar{\psi}_x^m+2\mu_u^m\bar{\psi}_u^m+2\mu_v^m\bar{\psi}_v^m+\frac{\xi^m}{h_z}(\bar{\psi}_{z+}^m-\bar{\psi}_{z-}^m)+\Sigma_t\bar{\psi}^m=\bar{Q} \tag{2-130}$$

式中，$\bar{Q}=\dfrac{\int_{-\frac{1}{2}}^{\frac{1}{2}}\int_{-\frac{2}{3}}^{\frac{1}{3}}\int_{-y_s(x)}^{y_s(x)}Q(x,\ y,\ z)\mathrm{d}y\mathrm{d}x\mathrm{d}z}{\int_{-\frac{1}{2}}^{\frac{1}{2}}\int_{-\frac{2}{3}}^{\frac{1}{3}}\int_{-y_s(x)}^{y_s(x)}\mathrm{d}y\mathrm{d}x\mathrm{d}z}$。

中子输运方程的源项包括裂变源、散射源以及外中子源的贡献。裂变源通常假设为各向同性，散射源在实际问题中往往是各向异性的，而前面假设了散射源是各向同性的，这限制了三角形离散纵标节块方法在实际问题中的应用。为此，给出了对各向异性散射源的处理模型。

在中子输运方程中，散射源可写为

$$Q_s(\boldsymbol{r},\ E,\ \boldsymbol{\Omega})=\int_0^{\infty}\int_{4\pi}\Sigma_s(\boldsymbol{r},\ E')f(\boldsymbol{r},\ E'\rightarrow E,\ \boldsymbol{\Omega}'\rightarrow\boldsymbol{\Omega})\psi(\boldsymbol{r},\ E',\ \boldsymbol{\Omega}')\mathrm{d}\boldsymbol{\Omega}'\mathrm{d}E' \tag{2-131}$$

式中，$f(\boldsymbol{r},\ E'\rightarrow E,\ \boldsymbol{\Omega}'\rightarrow\boldsymbol{\Omega})$ 为散射函数，表示能量为 E'、方向为 $\boldsymbol{\Omega}'$ 的中子散射后能量变为 E、方向变为 $\boldsymbol{\Omega}$ 的概率。

若令 $\mu_0=\cos(\boldsymbol{\Omega}',\ \boldsymbol{\Omega})=\cos\theta_0$，则

$$\Sigma_s(\boldsymbol{r},\ E')f(\boldsymbol{r},\ E'\rightarrow E,\ \boldsymbol{\Omega}'\rightarrow\boldsymbol{\Omega})=\frac{1}{2\pi}\Sigma_s(\boldsymbol{r},\ E'\rightarrow E,\ \mu_0) \tag{2-132}$$

将式(2-132)代入式(2-131)，并对能群进行“多群方法”近似，可得

$$Q_{s,\ g}(\boldsymbol{r},\ \boldsymbol{\Omega})=\frac{1}{2\pi}\sum_{g'=1}^{G}\int_{4\pi}\Sigma_s^{g'\rightarrow g}(\boldsymbol{r},\ \mu_0)\psi_{g'}(\boldsymbol{r},\ \boldsymbol{\Omega}')\mathrm{d}\boldsymbol{\Omega}' \tag{2-133}$$

在给定的一个三角形节块内，可以认为截面与空间位置无关，也就是 $\Sigma_s^{g'\rightarrow g}(\boldsymbol{r},\ \mu_0)=\Sigma_s^{g'\rightarrow g}(\mu_0)$。那么对于给定方向 $(\mu^m,\ \eta^m,\ \xi^m)$，式(2-133)可写为

$$Q_{s,g}(\boldsymbol{r}, \mu^m, \eta^m, \xi^m) = \frac{1}{2\pi}\sum_{g'=1}^{G}\int_{-1}^{1}\int_{0}^{2\pi}\Sigma_s^{g'\to g}(\mu_0)\psi_{g'}(\boldsymbol{r}, \mu', \eta', \xi')\mathrm{d}\varphi'\mathrm{d}\mu' \tag{2-134}$$

式中，φ' 为方位角。

应用勒让德多项式，$\Sigma_s^{g'\to g}(\mu_0)$ 可展开为

$$\Sigma_s^{g'\to g}(\mu_0) = \sum_{l=0}^{L}\frac{2l+1}{2}\Sigma_{s,l}^{g'\to g}P_l(\mu_0) \tag{2-135}$$

式中，l 为各向异性散射阶数。

在各向同性散射时，$L=0$。根据加性定理，$P_l(\mu_0)$ 可写为

$$P_l(\mu_0) = P_l(\mu)P_l(\mu') + 2\sum_{k=1}^{l}\frac{(l-k)!}{(l+k)!}P_l^k(\mu)P_l^k(\mu')\cos[k(\varphi-\varphi')] \tag{2-136}$$

将式(2-135)和式(2-136)代入式(2-134)，并应用横向积分对空间变量展开后可得

$$\begin{aligned} Q_{sg,xi}^m = \sum_{l=0}^{L}(2l+1)\sum_{g'=1}^{G}\Sigma_{s,l}^{g'\to g}\Big\{P_l(\mu^m)\psi_{g',xi}^l + \\ 2\sum_{k=1}^{l}\frac{(l-k)!}{(l+k)!}P_l^k(\mu^m)(\cos(k\phi^m)\psi_{g',xi}^{l,k,1} + \sin(k\phi^m)\psi_{g',xi}^{l,k,2})\Big\} \end{aligned} \tag{2-137}$$

式中：$\psi_{g',xi}^l = \sum_m \omega^m P_l(\mu^m)\bar{\psi}_{g,xi}^m$；$\psi_{g',xi}^{l,k,1} = \sum_m \omega^m P_l^k(\mu_m)\cos(k\varphi^m)\bar{\psi}_{g,xi}^m$；$\psi_{g',xi}^{l,k,2} = \sum_m \omega^m P_l^k(\mu^m)\sin(k\varphi^m)\bar{\psi}_{g,xi}^m$。

2.1.2.3 燃耗计算方法

燃耗计算是在已知材料中各种核素间转换关系的情况下，求解核素核子密度随时间变化特性的问题。在恒定通量水平的近似之下，该问题的数学模型退化为一阶常微分方程组。燃耗方程的一般形式为

$$\begin{aligned} \frac{\mathrm{d}N_i(t)}{\mathrm{d}t} = \lambda_j N_j(t) - \sigma_{a,i}\Phi N_i(t) - \lambda_i N_i(t) + \\ \sum_{l=1}^{L}\sigma_{c,l}\Phi N_l(t) + \sum_{m=1}^{M}Y_{m,i}\sigma_{f,m}\Phi N_m(t) \end{aligned} \tag{2-138}$$

式中：t 为时间(s)；$N_i(t)$ 为核子 i 在时刻 t 时的核子密度(cm^{-3})；λ_j 为核子 j 衰变成核子 i 的衰变常数(s^{-1})；$\sigma_{a,t}$ 为核子 i 在时刻 t 时的单群微观吸收截面(cm^2)；Φ 为单群中子通量密度($cm^{-2} \cdot s^{-1}$)；$\sigma_{c,l}$ 为核子 l 俘获产生核子 i 的单群微观俘获截面(cm^2)；$Y_{m,i}$ 为核子 m 裂变产生核子 i 的裂变产额；$\sigma_{f,m}$ 为核子 m 的单群微观裂变截面(cm^2)。

进一步写为矩阵形式如下：

$$\frac{dN(t)}{dt} = AN(t) \tag{2-139}$$

式中：t 为时间；$\boldsymbol{N}$ 为核子密度向量，在起始时刻的核子密度向量 $\boldsymbol{N}(0)$ 作为计算的起始条件是已知的；$\boldsymbol{A}$ 为燃耗转换矩阵，其非零元素的位置标示出转换关系，数值则为与该转换关系对应的转换系数；对角元是较为特殊的自我转换关系，其数值在这里称作消失系数(衰变与粒子驱动反应的加和效应)。

线性子链方法根据燃耗问题固有的线性特征，以及燃耗转换矩阵的稀疏性，可以将燃耗系统有效地表示为图论中有向图的形式；进而将燃耗问题的求解分解为线性化过程中搜索出的线性链的求解，而对应的线性链是有解析解的。

线性子链法计算燃耗的关键分为两点：① 将“网状”的燃耗转换系统分解为线性链形式的线性化过程；② 如何计算单个线性链对有关核素核子密度值的贡献。

图 2-4 中以小写字母标识核素，数字标识反应通道；对每种核素附带定义消失系数(即该核素核子密度对自身核子密度变化速率的影响系数，处于燃耗转换矩阵的对角线位置)，而对每条反应通道附带定义转换系数(即母核核子密度对子核核子密度变化速率的影响系数，处于燃耗转换矩阵的非对角线位置)；再配合各个核素的初始核子密度就完整描述了整个燃耗转换系统。

第一个例子中不包含环路，第二个例子中则包含环路；根据能量守恒原则，衰变通道组成的闭合路径是不存在的，所以只有在引入粒子通量时才可能出现环路。为简化问题起见，设定仅核素 a 具有非零核子密度，因此只需考虑以核素 a 为起始点的线性化过程和线性链求解。

1) 不含环路的示例

线性化过程(即线性链搜索过程)如图 2-4 所示：首先，从起始核素 a 出发，向下搜索子核，核素 a 有两个反应通道，选取第一顺位(该分支储存位置最靠前,没有其他特殊含义)的分支通道 1 到达子核 b,核素 b 只有一个反应通道 3 而到达子核 d,因核素 d 无后续子核,搜索过程自然终止,由此得到第一条线性链。然后沿线性链回溯到距链末尾最近的分支点,这里是核素 a,在上一条线性链中核素 a 的第一个分支通道 1 已经考虑过了,这时采用其第二个分支通道 2 到达子核 c,核素 c 通过通道 4 到达子核 d 而终止搜索,得到一条新的线性链。至此唯一的分支点 a 的两个分支通道都已经遍历,线性链上没有有效的分支点,线性化过程终止。

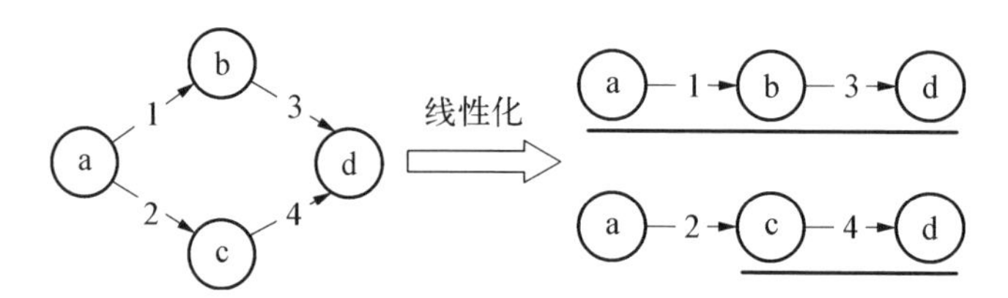

图 2-4　不含环路的燃耗链线性化

第一条线性链上的所有核素(图 2-4 中下划线标出的部分)均是首次出现,所以代入解析式求出的三种元素的核子密度值都计入线性链对结果的贡献。第二条线性链上则从核素 c 开始是区别于上一条链的,也就是还未纳入考虑的新的转换路径,所以只将核素 c 和核素 d 计入对结果的贡献。两条线性链的贡献线性累加后,就得到了核素 a 的核子密度经过特定时间后在所有可到达核素中的分配情况。

2) 含有环路的示例

线性化过程如图 2-5 所示:从起始核素 a 出发,经通道 1 到核素 b,再经通道 2 到核素 c,核素 c 有两个反应通道,按第一顺位通道 4 到核素 d,得到第一条线性链。这时最接近链末尾的分支点是处于第三号位置的核素 c,该分支点在上一条链中已经考虑了第一顺位的通道 4,则通过第二分支通道 3 到达核素 a,再经通道 1 到核素 b,经通道 2 到核素 c,再按第一顺位通道 4 到核素 d,得到第二条线性链。由图 2-5 可以看出搜索过程陷入无限循环中。

图 2-5 中下划线标识出的位置是各线性链中尚未被考虑到的转换路径,只需将该部分据解析式求出的核子密度纳入对结果的贡献。随着线性链的延伸,起始核素 a 能够有效到达的核子密度值越来越低,这样引入截断准则(cutoff 值)将重要性低的线性链截断,能够在控制精度的条件下避免线性链搜索中的死循环。根据实际经验,同一核素在一条链中出现三次以上的情况很少会发生。

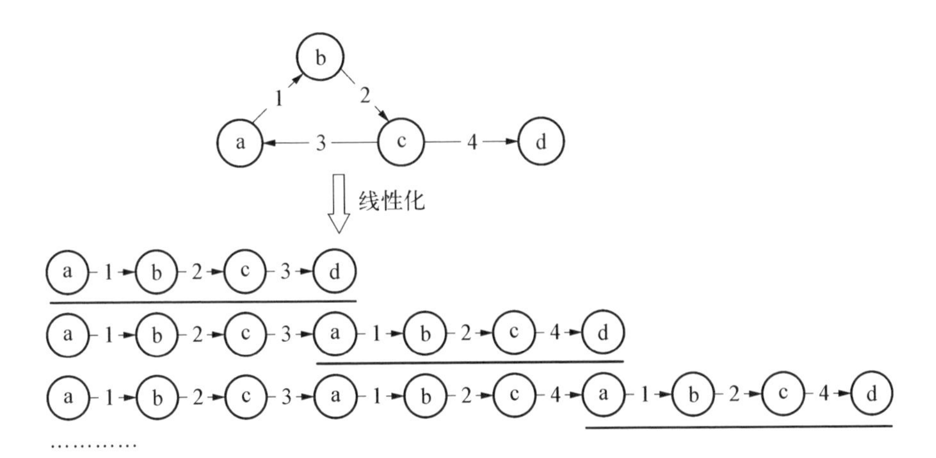

图 2-5　含环路的燃料链线性化

对于单个线性链问题，其控制方程为

$$
\begin{aligned}
&\frac{\mathrm{d}N_1}{\mathrm{d}t}=-\lambda_1 N_1 \\
&\frac{\mathrm{d}N_i}{\mathrm{d}t}=\lambda_{i-1}N_{i-1}-\lambda_i N_i \quad (i=2,\ \cdots,\ n)
\end{aligned}
\tag{2-140}
$$

初始条件设定 $N_1(0)\neq 0$，而其他核素初始核子密度均为零。

Bateman 采用了拉普拉斯变换的方法首先求出了线性链上每个核素的核子密度表达式，$N_m(t)$ 即线性链上第 m 个核素的核子密度时变函数：

$$
N_m(t)=\frac{N_1(0)}{\lambda_m}\sum_{i=1}^{m}\lambda_i\alpha_i \mathrm{e}^{-\lambda_i t} \tag{2-141}
$$

$$
\alpha_i=\prod_{\substack{j=1\\ j\neq i}}^{n}\frac{\lambda_j}{(\lambda_j-\lambda_i)} \tag{2-142}
$$

然而，上面的表达式对于在线性链中存在重复特征值的情况明显不再适用，因为零值会出现在与重复特征值相应 α_i 的分母上。在实际应用中，比如在有粒子通量存在的情况下可能会在燃耗系统中引入环路，从而会导致重复特征值的出现。这时，可以对每个重复出现的特征值乘以一个接近于 1 的因子进行错开处理，从而仍然近似地采用上述表达式，这种处理方式会在一定程度上影响结果的精度，并且当特征值重数较大时会带来数值不稳定的问题。

Cetnar 利用极限运算，从 Bateman 表达式出发推导出了允许重复特征值出现的广义解析表达式：

$$N_n(t)=\frac{A(t)N_1(0)}{\lambda_n}$$

$$A(t)=\sum_{i=1}^{n}\lambda_i\alpha_i \mathrm{e}^{-\lambda_i t}\sum_{m=0}^{\mu_i}\frac{(\lambda_i t)^m}{m!}\Omega_{i,\,\mu_i-m}$$

$$\alpha_i=\prod_{\substack{j=1\\ j\neq i}}^{n}\left(\frac{\lambda_j}{\lambda_j-\lambda_i}\right)^{m_j}$$

$$\Omega_{i,\,j}=\sum_{h_1=0}^{j}\sum_{h_2=0}^{j}\cdots\sum_{h_n=0}^{j}\prod_{\substack{k=1\\ k\neq i}}^{n}\binom{h_k+\mu_k}{\mu_k}\left(\frac{\lambda_i}{\lambda_i-\lambda_k}\right)^{h_k}\delta\left(j,\ \sum_{\substack{l=0\\ l\neq i}}^{n}h_l\right) \tag{2-143}$$

式中，m_i 表示的是第 i 个特征值的重数，而 $\mu_i=m_i-1$。

线性链的搜索过程是一种深度优先搜索，得到的绝大部分线性链都有与其共享重叠部分的其他线性链存在。利用这一特性引入动态规划的算法设计能够提高计算效率；这时需要递推形式的解析表达式。

对于 Bateman 给出的一般解析表达式，其递推形式如下：

$$N_n(t)=\sum_{i=1}^{n}\beta_{n,\,i}\mathrm{e}^{-\lambda_i t}$$

$$\beta_{1,\,1}=N_1(0)$$

$$\beta_{m,\,i}=\frac{\lambda_{m-1}\beta_{m-1,\,i}}{\lambda_m-\lambda_i}\qquad 2\leqslant m\leqslant n,\quad 1\leqslant i\leqslant m-1$$

$$\beta_{m,\,m}=N_m(0)-\sum_{i=1}^{m-1}\beta_{m,\,i} \tag{2-144}$$

2.1.3 反应性系数计算方法

对于反应性计算，直接法是最为简单直观的方法，计算扰动发生前后的两种堆芯状态，得出有效增殖因子，从而计算出反应性引入。直接法计算反应性引入简单直观，在反应性引入较大的情况下，由于计算不存在近似，所以计算精度很高。但是这种方法对于反应性引入非常小的问题，两种状态下计算出的有效增殖因子会非常接近，数值计算误差非常容易影响最后的计算结果。而且，直接法计算难以给出反应性引入贡献的空间分布。对于需要计算多种扰动时，直接法需要对每个扰动进行输运计算，花费较大。

但微扰理论可以很好地处理小反应性引入的计算问题，通过一次前向输运计算和共轭计算后就可以快速求解多种反应性引入，并且可以提供反应性引入贡献的空间分布，方便后续的堆芯瞬态安全分析程序进行计算。

微扰理论整体以中子输运方程的扰动方程为基础。扰动方程的基础形式可以写成式(2-145)的形式。相关的稳态中子输运方程和共轭方程可以分别写成式(2-146)和式(2-147)的形式。

$$\langle \phi^* \mid \delta(\boldsymbol{L}-\lambda \boldsymbol{F})\phi \rangle = 0 \tag{2-145}$$

式中：ϕ 为中子角通量密度；ϕ^* 为中子共轭角通量密度；L 为中子泄漏、吸收和散射算子；λ 为方程特征值；$\boldsymbol{F}$ 为裂变算子；δ 表示微扰算符。

$$\boldsymbol{L}\phi - \lambda \boldsymbol{F}\phi = 0 \tag{2-146}$$

$$\boldsymbol{L}^* \phi^* - \lambda \boldsymbol{F}^* \phi^* = 0 \tag{2-147}$$

假设系统引入了一个微小扰动，使得算子 $\boldsymbol{L}$ 和 $\boldsymbol{F}$ 发生相应的变化，从而引起特征值 λ 也发生变化。令 $\boldsymbol{L}' = \boldsymbol{L} + \delta \boldsymbol{L}$，$\boldsymbol{F}' = \boldsymbol{F} + \delta \boldsymbol{F}$，$\lambda' = \lambda + \delta\lambda$，并代入式(2-141)，可得

$$\langle \phi^* \mid \delta \boldsymbol{L}\phi \rangle - \langle \phi^* \mid \lambda \delta \boldsymbol{F}\phi \rangle - \langle \phi^* \mid \delta\lambda \boldsymbol{F}\phi \rangle = 0 \tag{2-148}$$

反应性可由式(2-149)计算得到

$$\rho = 1 - \lambda \tag{2-149}$$

式中，ρ 为反应性系数。

将式(2-148)代入式(2-149)，可以得到

$$\delta \boldsymbol{\rho} = \frac{\langle \phi^* \mid \lambda \delta \boldsymbol{F}\phi \rangle - \langle \phi^* \mid \delta \boldsymbol{L}\phi \rangle}{\langle \phi^* \mid \boldsymbol{F}\phi \rangle} \tag{2-150}$$

式(2-150)就是中子输运方程的扰动方程。各种宏观截面的微小扰动都可以体现在算子 $\boldsymbol{L}$ 和 $\boldsymbol{F}$ 的变化中，从而计算出反应性引入。

2.1.4　堆芯中子动力学

堆芯中子动力学包括中子动力学基础、点堆动力学、三维时空动力学。

2.1.4.1　中子动力学基础

在真实情况下，反应堆往往由于温度、燃耗、控制棒棒位等条件的变化而处于不稳定的状态，中子的产生与消失并不守恒，中子动力学主要就是用于分析堆内多种参数随时间的变化。

为了便于理解，首先考虑堆芯为均匀裸堆，不含外部中子源的情况，并且认为裂变中子都是瞬发产生的。反应堆初始状态 $k=1$(2.1.4 节中 k 指代 k_{eff}，即有效增殖系数，下同)，$t=0$ 时，k 有一微小变化，使反应堆超临界或次临界，并保持不变。

即 $t<0$ 时，$k=1$；$t\geqslant 0$ 时，$k=$常数。

设 t 时，平均中子密度为 n，一代过后中子增加 nk，净增加 $n(k-1)$，单位时间内的中子密度变化为

$$\frac{\mathrm{d}n}{\mathrm{d}t}=\frac{n(k-1)}{l_0} \tag{2-151}$$

式中，l_0 为中子平均寿命，指瞬发中子从产生到消失的平均时间。

$t=0$ 时的中子密度为 n_0，$t\geqslant 0$ 且 $k=$常数时，有解

$$n(t)=n_0\mathrm{e}^{\frac{k-1}{l_0}t} \tag{2-152}$$

则当 $k>1$ 时，即引入正反应性，堆芯超临界，中子密度 $n(t)$ 以 e 指数形式上升；

若 $k<1$，即引入负反应性，堆芯次临界，中子密度 $n(t)$ 以 e 指数形式减少；

若 $k=1$，堆芯处于临界状态，中子密度 $n(t)$ 不随时间变化，为常量。

对于 ^{235}U 和钠组成的无限大均匀快中子反应堆，仅考虑瞬发中子时，$l_0=2\times 10^{-7}$ s，$t<0$ 时，$k=1$；$t\geqslant 0$ 时，$k=1.001$，则 1 s 后有

$$\frac{n(1)}{n_0}=\mathrm{e}^{\frac{k-1}{l_0}t}=\mathrm{e}^{\frac{1.001-1}{2\times 10^{-7}}\times 1}\approx 5\times 10^4 \tag{2-153}$$

即中子密度激增至原先的 50 000 倍，功率也一样会变为原先的 50 000 倍，按照如此剧烈的速度变化，是无法控制反应堆的。但实际裂变中子中存在一小部分缓发中子，可有效增加平均的中子寿命，使得反应性变化时，功率的变化较为缓慢，才使控制反应堆成为可能。

在实际裂变过程中，占份额99%以上的瞬发中子会在10^{-17}～10^{-14} s的瞬间释放出来，还有不到1%的缓发中子会在裂变后几秒到几分钟内陆续发射出来。

对于常见的裂变核素，通常按其缓发中子先驱核的寿命分为6组，给出每组先驱核的半衰期以及衰变的中子产额，缓发中子总份额为各组份额之和。

$$\beta=\sum_{i=1}^{6}\beta_i \tag{2-154}$$

式中：β_i为第i组缓发中子份额；β为缓发中子总份额。

缓发中子初始能量平均值约为0.4 MeV，而瞬发中子平均能量约为2 MeV。因此瞬发中子的平均泄漏率要比缓发中子的大，且由于能量不同两者引发核裂变的概率也不同，考虑这个效应，通常会对缓发中子份额加以修正，得到缓发中子有效份额β_{eff}，在快堆中，通常缓发中子有效份额比缓发中子份额小约10%，这与反应堆的具体性质相关。

2.1.4.2 点堆动力学

对于均匀裸堆，与时间t、空间r相关的单群扩散方程为

$$\frac{\partial N(r,t)}{\partial t}=D\nu\boldsymbol{\nabla}^2N(r,t)-\Sigma_{\mathrm{a}}\nu N(r,t)+S(r,t) \tag{2-155}$$

式中：$S(r,t)$为中子源项，表示t时刻，单位时间内在r附近单位体积中产生的中子数，包含瞬发中子、缓发中子和外部中子源，且对于单群理论认为三者产生的中子具有相同的速率；$N(r,t)$为t时刻在r处的平均中子密度；$D\nu\nabla^2N(r,t)$为t时刻单位时间内在r附近单位体积中泄漏导致的中子消失项；$\Sigma_{\mathrm{a}}\nu N(r,t)$为$t$时刻单位时间内在$r$附近单位体积中发生吸收反应导致的中子消失项。

设β为缓发中子总份额，则t时刻单位时间内在r附近单位体积中瞬发中子的生成速率为

$$(1-\beta)k_{\infty}\Sigma_{\mathrm{a}}\nu N(r,t) \tag{2-156}$$

式中，k_{∞}为无限增殖因子。

缓发中子的生成速率主要取决于先驱核的衰变率，设$C_i(r,t)$为t时刻单位时间内r附近单位体积内第i组先驱核的原子数，λ_i为对应的衰变常数。所以t时刻单位时间内r处单位体积内缓发中子的生成速率为

$$\sum_{i=1}^{6}\lambda_i C_i(r, t) \tag{2-157}$$

所以式(2-157)可以写为

$$\frac{\partial N}{\partial t}=Dv\nabla^2 N-\Sigma_a vN+(1-\beta)k_\infty\Sigma_a vN+\sum_{i=1}^{6}\lambda_i C_i+S_0 \tag{2-158}$$

且各组先驱核密度满足关系

$$\frac{\partial C_i}{\partial t}=\beta_i k_\infty \Sigma_a vN-\lambda_i C_i \quad i=1, 2, \cdots, 6 \tag{2-159}$$

随后假定上述方程中的时空变量可以分离,则有

$$N(r, t)=f(r)n(t) \tag{2-160}$$

$$C_i(r, t)=g(r)c_i(t) \quad i=1, 2, \cdots, 6 \tag{2-161}$$

结合反应性的概念

$$\rho(t)=\frac{k(t)-1}{k(t)} \tag{2-162}$$

以及中子代时间的概念

$$\Lambda=\frac{l_0}{k} \tag{2-163}$$

式中:Λ 表示相邻两代中子平均代时间;l_0 表示有限大小介质中的平均寿命。最终可以得到点堆动力学方程

$$\frac{\mathrm{d}n(t)}{\mathrm{d}t}=\frac{\rho(t)-\beta}{\Lambda}n(t)+\sum_{i=1}^{6}\lambda_i c_i(t)+q \tag{2-164}$$

$$\frac{\mathrm{d}c_i(t)}{\mathrm{d}t}=\frac{\beta_i}{\Lambda}n(t)-\lambda_i c_i(t) \quad i=1, 2, \cdots, 6 \tag{2-165}$$

相比求解时空动力学方程组,求解点堆动力学方程的计算代价可以忽略不计,并且点堆模型仍然在核反应堆工程中有不少的应用。但必须明确的是,点堆模型是在引入近似和假设后才成立的,存在一定的适用范围。除了单群近似外,点堆模型中假设:

（1）中子密度、缓发中子先驱核浓度在反应堆偏离临界时，随空间和时间的变化规律相互独立，可变量分离。

（2）反应堆在扰动下偏离临界后，堆内中子通量密度的空间分布形状可维持临界时的基波特征函数不变。

（3）反应堆为均匀的。

（4）在瞬态过程下，中子密度和缓发中子先驱核浓度始终具有相同的空间分布形状。

对于临界下的反应堆，当反应性发生阶跃变化时，不考虑反馈效应，变化后的反应性 ρ 为常数，则问题变为对一阶线性常系数微分方程组的求解，可尝试用试函数法求解，假定解的形式为

$$n(t) = A\mathrm{e}^{\omega t} \tag{2-166}$$

$$C_i(t) = C_i\mathrm{e}^{\omega t} \tag{2-167}$$

式中，A、C_i、ω 均为待定常数，最终可得到

$$\rho = \frac{l\omega}{1+l\omega} + \frac{1}{1+l\omega}\sum_{i=1}^{I}\frac{\beta_i\omega}{\omega+\lambda_i} \tag{2-168}$$

该方程表征参数 ω 和反应堆特性参数之间的关系称为反应性方程，它是一个关于 ω 的 $i+1$ 次代数方程，在给定反应堆特性参数的条件下，可以确定出 $i+1$ 个可能的 ω 值。

对于任何的 $i>1$ 的情形，通过上述方程直接求解出根是比较困难的，但可以考虑通过图解法研究根的分布。

在有反应性阶跃引入时，可通过图解法确定出根 ω，可得到

$$n(t) = n_0(A_1\mathrm{e}^{\omega_1 t} + A_2\mathrm{e}^{\omega_2 t} + \cdots + A_7\mathrm{e}^{\omega_7 t}) \tag{2-169}$$

$$C_i(t) = C_i(0)\sum_{j=1}^{7}C_{ij}\mathrm{e}^{\omega_j t} \quad i=1,\ 2,\ \cdots,\ 6 \tag{2-170}$$

式中：n_0 为常数，是 $t=0$ 时刻的中子密度；ω_i 是反应性方程的 7 个根；A_i 为待定常数；$C_i(0)$ 是 $t=0$ 时的第 i 组先驱核浓度；C_{ij} 为待定常数。在阶跃扰动情况下，A_i 和 $C_i(0)$ 都可以通过解析方法确定。

2.1.4.3　三维时空动力学

点堆模型是在忽略和简化了许多因素，特别是忽略了中子空间分布随时间的变化之后才得到的。因此，仅通过点堆模型无法准确地描述瞬变过程中

反应堆内中子分布的真实情形。在反应堆安全的瞬变过程研究和事故分析中，常需要求出不同时刻反应堆内空间各点的中子通量密度分布，近些年，随着计算机性能的提升，以及新数值方法的出现，已可通过计算机求解时空多群中子扩散方程组，并逐渐应用于实际的工程实践中。

多群时空中子扩散方程为

$$\frac{1}{v_g}\frac{\partial \varphi_g}{\partial t}(r,t)=\nabla\cdot D_g(r,t)\nabla\varphi_g(r,t)-\Sigma_{t,g}(r,t)\varphi_g(r,t)+\sum_{g'=1}^{G}[\chi_g(1-\beta)(\nu\Sigma_f)_{g'}(r,t)]+\sum_{g'\neq g}^{G}\Sigma_{g'-g}(r,t)\varphi_{g'}(r,t)+\sum_{i=1}^{6}\chi_g\lambda_i C_i(r,t)$$

$$g=1,2,\cdots,G \tag{2-171}$$

式中：ν_g 为第 g 群的中子产额；φ_g 为第 g 群中子通量密度；D_g 为第 g 群扩散系数；χ_g 为第 g 群裂变谱；C_i 为先驱核浓度。

先驱核浓度满足

$$\frac{\partial}{\partial t}C_i(r,t)=\beta_i\sum_{g'=1}^{G}(\nu\Sigma_f)_{g'}(r,t)\varphi_{g'}(r,t)-\lambda_i C_i(r,t)\quad i=1,\cdots,6 \tag{2-172}$$

对于方程中时间变量 t 进行离散时，瞬发中子寿命远小于缓发中子的寿命，导致方程具有较强的刚性，从而限制了离散方法的步长以保证离散格式的稳定性。

下面讨论时空动力学方程的数值解法，主要是针对时间的离散方法，因为空间变量的离散和处理与稳态下基本一致，在瞬态计算分析中是同样适用的。

对于时间的离散主要分为显式差分和隐式差分两种方法。对于显式差分，其离散格式相对简单，但假定任意时刻堆内任一点的中子通量密度和先驱核浓度都与对应时刻下其他较远点的状态无关，只与前一时刻该点及周围各点的状态有关，前一时刻完全决定后一时刻。显式差分格式比较简单，每个时刻下的计算量很小，但为保证数值稳定对时间步长有严格的要求，需将时间划分得非常细。

为了克服时间步长的限值，可以考虑使用向后差分的隐式离散格式，其方程形式与稳态多群中子扩散方程组形式基本一致,可以将求解稳态多群中子扩散方程的数值方法,如有限差分方法、节块法等移植至求解过程中。隐式格式中的时间步长虽不受稳定性限制,计算时间点会减少很多,但每步计算耗时也是可观的。在此基础上,仍可考虑通过改进准静态方法进一步扩大时间步的范围大小,此外还可通过时间积分方法、θ 方法、预估修正准静态方法对时间进行离散。

2.2 堆芯基本要素设计

堆芯基本要素设计包括燃料组件设计、燃料组件相关组件设计和中子源设计。

2.2.1 燃料组件设计

燃料组件是反应堆内操作的最小堆芯部件,它的任务是与控制棒组件一起维持反应堆链式反应,提供合适、稳定的流道,将产生的裂变能量带出堆芯。燃料组件的设计必须保证其经受住铅铋反应堆堆芯内的高温和腐蚀、高快中子注量、各类运行载荷作用,直至寿期末仍能保持燃料组件结构完整,可进行正常的工艺运输操作。所以对燃料组件的设计,包括燃料组件结构设计、材料选择、力学设计、材料的堆内性能等提出很高的要求。设计上需要满足相关的设计准则,并进行设计验证。

国内外铅铋反应堆燃料组件普遍采用传统棒状燃料元件,正三角形排列,从而形成六角形截面燃料组件。

在铅铋冷却反应堆燃料组件设计中,通用的燃料元件设计及分析方法是适用的,此外还应着重考虑换料周期长、铅铋冷却剂对材料的腐蚀作用、高密度非透明铅铋冷却剂造成的浮力过大与换料操作不可见等问题。

2.2.1.1 燃料元件结构

1) 燃料元件直径

典型液态金属快堆燃料元件普遍采用棒状结构,主要是由于液态金属冷却剂传热能力强、出口温度高,而棒元件具有高铀密度、高温高燃耗运行、制造容易等优点。在结构上,燃料元件主要由一根无缝不锈钢包壳管和圆柱形芯块构成。燃料芯块柱位于棒内的中央段,燃料棒上端布置压紧弹簧,裂变气体储存腔布置在上方或下方或兼而有之,燃料棒两端是上、下端塞,构成封闭式燃料棒。由于传热能力和包壳温度限值的原因,铅铋堆燃料元件线功率密度和棒径与钠冷堆有显著差异。

(1) 钠冷快堆燃料元件线功率密度和棒径：燃料棒中心温度和线功率密度的关系为

$$q_1 = 4\pi \int_{T_s}^{T_0} \lambda_{f(T)} \, dT \tag{2-173}$$

式中：$\lambda_{f(T)}$ 为燃料热导率[W/(m·℃)]；T_0 为燃料中心温度(℃)；T_s 为燃料表面温度(℃)。

因为 T_0 必须低于燃料熔化温度,所以式(2-173)直接限制了燃料棒线功率密度,与燃料棒直径无关。在液态金属冷却快堆中,由于冷却剂传热能力强,压水堆的烧毁限值是不适用的。

快堆的一个设计目标如下：在燃料中心温度不超过熔点的条件下,使平均线功率密度尽量高,以提高堆芯比功率密度。典型的钠冷快堆最大线功率密度为 45 kW/m 左右,如表 2-1 所示。

表 2-1　钠冷快堆燃料棒直径和最大线功率密度

反　应　堆	燃料棒直径/mm	最大线功率密度/(kW/m)
哈萨克斯坦 BN-350	6.1	44
法国 Phenix	6.6	45
英国 PFR	5.6	48
德国 SNR-300	6.0	38
美国 FFTF	5.8	42
俄罗斯 BN-600	6.9	53
法国 Super-Phenix	8.5	47
日本 MONJU	6.5	36
英国 CDFR	6.7	42
德国 SNR-2	7.6	42

（续表）

反　应　堆	燃料棒直径/mm	最大线功率密度/(kW/m)
美国 CRBRP	5.8	42
中国 CEFR	6.0	43

钠冷快堆主要是从经济性方面考虑，其燃料棒直径较细，原因如下：比投料量是经济性的重要指标，快堆的主要设计目标是降低这个参数。裂变材料的比投料量为

$$\frac{M_0}{P}=\frac{\pi\rho_f eR_f^2}{q_1} \tag{2-174}$$

式中：e 为燃料中易裂变材料的质量份额(%)；ρ_f 为芯块密度(kg/m^3)；R_f 为芯块半径(m)。确定了线功率密度后，可通过变化 ρ_f、e、R_f 的值，使 M_0/P 达到最小。

线功率密度确定后，主要通过缩小燃料芯块半径，使裂变材料比投料量达到最小，因此，钠冷快堆的燃料棒偏细。但是，继续缩小燃料棒直径必然使栅径比增加，比投料量又可能会增加；同时会增加堆芯结构材料体积分数，降低增殖比，给中子经济性带来负面影响。当燃料棒直径低于一定限度后，包壳管的制造成本就会显著提高，制造经济性变差。因此，经济性成为钠冷快堆燃料棒直径的主要决定因素，在追求低比投料量目标的驱使下，快堆燃料棒直径普遍较小，但最佳直径还需考虑增殖比和制造成本等因素影响。

综上所述，快堆燃料希望提高线功率密度，线功率密度的确定主要考虑芯体熔点，由于冷却剂良好的导热能力，包壳烧毁不是限制因素。在追求小的比投料量的驱使下，燃料棒直径较小。直径小到多少为最佳，是由比投料量、增殖比、加工制造成本因素来平衡的。

(2) 铅铋快堆燃料元件线功率密度和棒径：金属钠的换热系数远高于铅铋合金，450 ℃时钠的换热系数约为铅铋的 7.5 倍。考虑堆内热点因素，包壳的峰值温度应不能超过腐蚀温度限值。铅铋反应堆燃料元件相比钠冷堆必须降低面功率密度，即降低线功率密度或者增大棒径。

国际上典型铅铋堆燃料元件设计参数如表 2-2 所示，线功率密度一般为

24 kW/m左右,棒径在8～12 mm范围内。以SVBR为例,其平均面功率密度(637 kW/m^2)约为CEFR(2 175 kW/m^2)的0.3倍[1]。

表2-2 铅铋堆燃料棒设计参数[2-3]

反应堆	冷却剂	线功率密度/(kW/m)	燃料棒直径/mm	包壳壁厚/mm	包壳外表面最高温度/℃	出口温度/℃
BREST-1	Pb	42.7(最高)	9.1	0.5	596	540
BREST-2		41.3(最高)	9.6	0.5	606	
BREST-3		35.3(最高)	10.4	0.5	614	
SVBR	Pb-Bi	24.3(平均)	12	0.4	600	490
ALFRED	Pb	34(最高)	10.5	0.6	550	480
ELSY	Pb	23.3(平均)	10.6	0.6	500	480
MYRRHA	Pb-Bi	—	6.55	—	—	410
PEACER	Pb-Bi	24.0(平均)	8.32	1	—	400

如果保持热工和包壳腐蚀裕量一定,随着棒径减小,总的趋势是需要燃料棒最高线功率密度减小,热工允许的体功率密度可显著增加,有利于提高转换比。

此外,棒径减小,则包壳体积份额略有增加,芯体份额略有减小,对反应性不利。最优的棒径设计需要在堆芯总体参数、包壳最高温度限值等确定的情况下,开展不同堆芯方案对比,主要由堆芯经济性来平衡。

2) 包壳壁厚

包壳壁厚通常考虑腐蚀和磨蚀、表面缺陷深度、包壳内表面与芯块的化学相互作用损失厚度、加工制造公差等因素,实际壁厚减去上述影响即为有效壁厚。同时,壁厚确定也需要平衡厚度和热应力之间的关系。

3) 气腔体积

气腔可以设置在活性段上方或者下方,为了燃料芯块和包壳之间良好的传热性能,在间隙填充氦气作为填充介质,以改善运行初期间隙的热传导性能,另外也方便密封性检漏。气腔大小主要考虑棒内裂变气体压力的建立,由于燃料工作温度高,通常假设所产生的裂变气体全部释放,此情况下计算包壳受到内压引起的应力时较为保守。

2.2.1.2　燃料组件结构

燃料组件结构完整性主要有如下要求。

(1) 通过合适的结构设计分别在反应堆中安装和固定燃料元件和燃料组件，并维持其径向、轴向位置，从而能在正常运行工况及预计运行工况下满足反应堆物理、热工等要求。

(2) 冷却剂通过堆芯引起的最大压降应低于循环泵的能力，并且在任何工况下均需保证燃料组件在堆芯中的有效定位。

(3) 在正常运行工况及预计运行工况下，各部件的结构设计必须保证有足够的冷却剂通过燃料组件，同时尽可能使流量分配均匀和减少冷却剂压力损失。

(4) 燃料组件在堆内应能承受来自径向和轴向载荷的作用，其变形应在设计限值之内，因载荷作用引起的反应性增加应能够限制在安保系统的能力之内。

(5) 设计应考虑燃料元件、燃料组件及其相邻的堆内构件有必要的轴向和径向膨胀以及弯曲和扭曲等变形，不应影响燃料组件倒料、换料和控制棒组件功能。

(6) 燃料组件结构设计应与堆内支撑栅板和约束系统共同满足停堆后燃料组件头部变形位移量不超过规定限值的要求。

(7) 堆芯中同类型燃料组件在结构上必须具有互换性。

(8) 组件结构材料应有良好的综合力学性能、耐辐照和抗腐蚀性能。

(9) 燃料组件在正常运行工况及预计运行工况下应能承受冷却剂流动造成的振动、磨蚀以及各种外界作用力。

国际上铅铋反应堆的主要设计特征及考虑如下。

(1) 国际上铅基反应堆燃料元件均为棒状，由燃料芯块、端塞、气腔、弹簧等组成，棒径一般为 8～12 mm。

(2) 大部分方案棒排列与典型钠冷快堆一致，为三角形排列，组件截面为六边形。

(3) 组件有开式结构，也有闭式结构。

(4) 稠密栅排列的均采用绕丝或肋定位，一般棒间隙小于 2 mm 时普遍采用绕丝定位棒束匹配组件盒的设计(SVBR 例外)，以实现棒束较好的径向限位；疏松排列的棒束(一般棒间隙大于 3 mm)，普遍采用格架定位，匹配开式组件或组件盒。

1）组件盒

绝大部分快堆燃料组件都有组件盒，其为闭式流道。闭式组件盒主要优点如下：其对运行及装换料操作时燃料棒束保护性好；组件通道布置测温装置，可以检测组件是否发生堵流；有进行功率-流量分配的设计改进潜力。

开式结构主要优点如下：减轻组件流道堵塞事故后果，减少结构材料占比。

2）栅距-棒径比

不同的栅距-棒径比$\left(\frac{P}{D}\right)$主要由反应堆初始燃料装量来平衡。当$\frac{P}{D}$较小时，堆芯紧凑，可减少燃料装量，但是太小的间距，对冷却剂的阻力过大，可能会造成燃料元件过热等问题。而$\frac{P}{D}$增大，所需燃料的装载量也随之增大。因此需要综合考虑。

3）燃料组件横截面尺寸

燃料棒直径和栅距-棒径比确定后，影响燃料组件横截面尺寸的主要因素是单个组件中棒的数量，确定一个组件中棒的数量，主要应考虑以下要点。

（1）一盒组件的反应性价值，希望组件的峰值反应性价值最小，以降低换料期间的反应性波动。

（2）组件的几何尺寸，较小时整个堆芯燃料占比减小，不利于经济性。

（3）衰变热的排出，单盒组件衰变热的排出应与换料设备能力匹配。

（4）组件的重量，在制造和倒换料操作中，组件重量应与相应设备能力匹配。

（5）辐照性能，大尺寸的组件，辐照后尺寸变形问题更严重。

（6）价格，大的组件可以降低平均造价。

（7）换料时间。

（8）运输和储存中的临界安全。

2.2.2 相关组件设计

铅铋反应堆相关组件由控制棒组件、反射层组件、屏蔽层组件等组成。

1）控制棒组件

铅铋反应堆控制棒组件一般占据一个燃料组件的位置，由不移动的导向装置和上下可移动的吸收体棒束两部分组成。吸收体棒束位于导向装置内，通过控制棒驱动机构在导向装置内上下自由移动，实现对反应堆剩余反应性的控制。

吸收体棒通常由 B_4C 吸收体和包壳管组成。密封式控制棒内需要留有一定空腔，以储存 B_4C 吸收体与中子反应产生的氦气。吸收体长度一般略长于活性段，它由 B_4C 吸收体芯块堆垛而成，装入不锈钢包壳管，上下通过端塞密封。

铅铋反应堆由于其冷却剂密度高，给控制棒下落设计带来较大挑战。通常采取的策略，一是给控制棒驱动线进行配重，二是借用铅铋的浮力，通过吸收体上浮使控制棒插入堆芯。

2）反射层组件

径向反射层组件布置在堆芯外围，其有以下功能：一是将逸出堆芯或转换区的中子反射回堆芯，提高中子利用率；二是对中子有一定屏蔽效果，减轻容器等的辐照；三是传递转换区组件与堆芯约束系统之间的载荷，或者传递转换区组件与屏蔽组件之间的载荷。

径向反射层一般也占据一个燃料组件位置，其外形与燃料组件相似，通常是由一束不锈钢棒装入一个六角形外套筒构成[4]。

3）屏蔽层组件

径向屏蔽组件布置在堆芯最外围，屏蔽组件的作用主要是为堆容器和容器内部部件提供中子和 γ 屏蔽。它在堆内也占据一个燃料组件的位置，外形与燃料组件相似，屏蔽材料一般选择 B_4C 或者含硼石墨。含上述屏蔽材料的棒束装入六角形外套筒，组成屏蔽组件。

2.2.3 中子源

中子源用于反应堆的启动，常用的中子源有锎源、锑铍源、镅铍源等。在压水堆中，中子源通常放在燃料组件的导向管中，而在液态金属冷却快堆中，中子源通常会单独设计成一个组件。中子源既可能布置在堆芯中心，也可能布置在堆芯活性区外围区域，满足对称布置的特点。

2.3 堆芯核设计

堆芯核设计的内容包括堆芯装料物理参数估算、堆芯装料布置方式、反应性控制设计、堆芯能谱设计、堆芯物理性能参数计算。

2.3.1 堆芯装料物理参数估算

堆芯装料物理参数主要包括堆芯铀装量、堆芯组件数量、组件内燃料棒数量、组件尺寸等。堆芯装料物理参数直接决定了堆芯可以放出的总能量，因此确定堆芯装料物理参数是堆芯核设计的第一步。

一般而言，在进行堆芯核设计前，需要给定堆芯热功率以及期望堆芯能够达到的寿期。在给定的热功率下，初步确定一组堆芯装料物理参数并进行堆芯物理计算，得到在这组堆芯装料物理参数下堆芯的安全参数(如功率峰因子、燃料棒最大线功率密度、堆芯寿期末最大燃耗等)及堆芯的寿期，最后判断安全参数是否未超过安全限值，堆芯寿期是否达到预期，以评价目前的堆芯装料物理参数是否合理。整个流程可以总结为“装料物理参数估计”“堆芯物理计算”“评估安全参数和寿期”的迭代过程。

一个简单的堆芯装料物理参数的确定过程如图 2-6 所示。为方便叙述起见，图中仅对燃料棒最大线功率密度 $L_{HR\max}$ 和堆芯寿期进行了评估，实际的

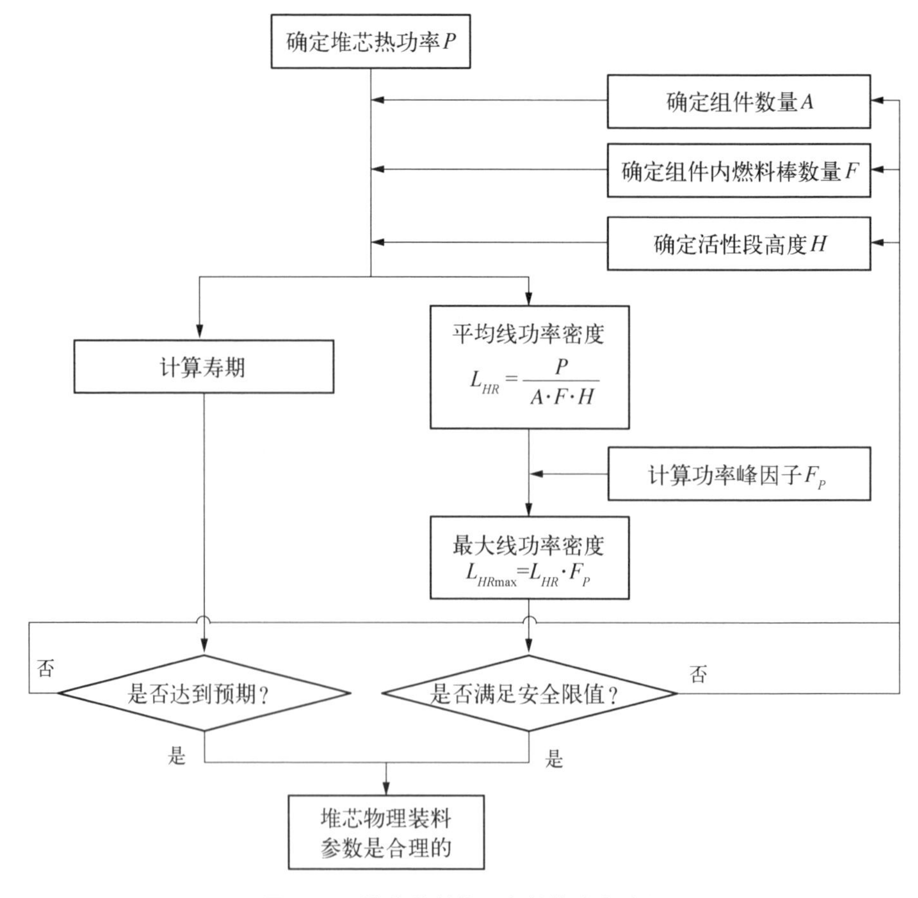

图 2-6　堆芯装料物理参数的确定过程

堆芯设计过程中需对涉及的所有安全参数进行评估。由于涉及的安全参数和堆芯装料物理参数多且复杂，这样的迭代过程可能需要进行多次，最终才能获得最合理的堆芯装料物理参数。

2.3.2　堆芯装料布置方式

寿期初堆芯装料时有不同的装料方式，按类型大致可分为三类：内-外布置、外-内布置、低泄漏布置。

在内-外布置中，堆芯自内向外分为三区，高富集度燃料放置在堆芯最内区，中富集度燃料放置在堆芯中间区，低富集度燃料放置在堆芯最外区。这种布置方案一般用于换料堆芯，循环寿期末将最外区燃料卸出堆芯，中间区燃料移至最外区，最内区燃料移至中间区，最内区装载新燃料，这种布置方式可以使燃料燃耗比较均匀，因而，相较于均匀装料可以获得较高的平均卸料燃耗深度，同时由于新燃料放在中子价值较高的中心区域，反应堆的中子泄漏损失较小，反应堆寿期较长。该换料方式的缺点如下：寿期初中心区域的中子通量密度很高，因而堆芯的功率峰因子较大，限制了反应堆的功率水平。

在外-内布置中，堆芯的燃料布置方式与内-外布置正好相反，高富集度燃料放置在最外区。这种布置方式用于换料堆芯时，循环末换料时，先把最内区燃料卸出，然后把中心区域以外的组件依次向内倒料。这种布置方式由于反应性最大的组件位于堆芯外围，而堆芯中心区域是反应性最小的组件，因此可以达到展平堆芯中子通量密度分布的目的，从而使堆芯功率峰因子下降。该换料方式的缺点：由于反应性最大的高富集度燃料位于堆芯最外区，因此泄漏出堆芯的中子较多，从而使堆芯的寿期缩短。

低泄漏布置吸取了以上两种布置方式的优点。在该种布置方式中，高富集度燃料多数布置在离开堆芯最外圈而靠近堆芯内部的位置，而把低富集度燃料布置在堆芯外圈的位置，中富集度燃料和其余低富集度燃料交替布置在堆芯内部位置。这种布置方式的优点：由于高富集度燃料布置在堆芯内区，堆芯最外圈布置的是低富集度燃料，堆芯边缘中子通量密度较低，中子泄漏较小，从而提高了中子利用的经济性和堆芯内部的反应性，在尽可能展平堆芯功率分布的同时延长了堆芯寿期。同时由于堆芯外围中子泄漏较小，快中子水平较低，减少了反应堆压力容器的积分中子通量密度，降低了对压力壳的热冲击，从而延长了压力壳和反应堆的使用寿命。

2.3.3 反应性控制设计

反应性控制设计包含反应性控制的目标、反应性控制原理、反应性控制系统布置方案。

2.3.3.1 反应性控制的目标

反应堆反应性控制的目的主要有几个方面：一是维持堆芯稳态运行，需要补偿燃耗及毒物带来的反应性变化，抵消温度效应引起的反应性变化；二是实现反应堆启动、停闭、升降功率等动作。

首先，在堆芯运行过程中，随着易裂变^{235}U等核素的逐渐燃耗以及裂变产物的积累，堆芯反应性会逐渐降低，因此在核设计时会在堆芯的寿期初预留较高的后备反应性。为了使得堆芯能够在较长寿期内稳定运行，需要采取反应性控制手段压制寿期初较高的后备反应性，并在寿期中补偿因为燃耗而减少的反应性。

其次，堆芯燃料、慢化剂、冷却剂等材料的温度发生变化会造成堆芯反应性变化，该现象统称为温度效应；此外，调节堆芯功率也会造成堆芯反应性变化，该现象称为功率反馈。在堆芯发生扰动后需要继续维持其稳态运行，就需要采取反应性控制手段抵消温度效应与功率反馈。

最后，堆芯的启动、停闭、功率调节等行为都需要借助外部力量，也就是人为引入反应性的方式来实现。通过控制引入反应性的大小和速率，可以使反应堆安全地达到目标功率，或是安全地停堆。

通过合理地布置反应性控制手段，可以保证堆芯长时间安全、稳定地运行，在紧急状态下能够快速安全地停闭。在反应性控制的目标上，铅铋堆与其他反应堆堆型并无不同，不同的堆型仅在采取的反应性控制手段上有所区别。

2.3.3.2 反应性控制原理

所谓反应性控制，是指通过移动或改变能够影响反应堆堆内核物理过程的相关材料的数量、类型、体积、方向、形状的方式，达到影响链式核裂变反应过程中子增殖速率的目的。

反应性控制的相关物理量包括剩余反应性、停堆裕量、控制棒微积分价值、硼微分价值等。

堆芯的剩余反应性一般是指不考虑所有中子控制毒物时的堆芯反应性。常用的反应性控制手段有控制棒、旋转鼓以及可燃毒物等。控制棒可以提出堆芯，其控制优点是控制速度快，灵活机动且可靠有效；但其缺点是因吸收中子强烈，其移动对堆内中子通量密度分布的扰动较大，而且往往导致中子通量密度不均匀性增加。同时控制棒设计中需要满足“卡棒”准则，即寿期内任一时刻，最大价值一束棒被卡在堆芯外部不能插入堆芯，而剩余其他控制棒插入堆芯，堆芯应具有一定的停堆深度（一般要求堆芯 k_{eff} 小于 0.99）。旋转鼓一般在圆形鼓表面部分添加中子吸收体，在旋转鼓旋转过程中，当中子吸收体靠近堆芯时，为堆芯带来负的反应性，当中子吸收体远离堆芯时，为堆芯带来正的反应性。可燃毒物一般包括 B_4C、Gd_2O_3 等固体可燃毒物。固体可燃毒物一般采用分离式可燃毒物棒，如硼玻璃管等；或一体式可燃毒物棒，如含钆燃料棒等。随着反应堆运行燃耗加深，可燃毒物原子核数目逐渐减少，这就相当于堆芯有反应性逐渐“释放”，从而达到控制堆芯反应性的目的。由于固体可燃毒物在堆芯内运行时，其毒物含量随燃耗加深而变小，故称为可燃毒物。

2.3.3.3　反应性控制系统布置方案

旋转鼓与控制棒的中子价值、应用区间及优化策略存在差异，应根据实际情况，进行控制棒设计或旋转鼓设计，形成反应性控制系统布置方案。

1）控制棒设计

控制棒通常在燃料元件或组件间布置，控制棒材料中包含中子吸收材料，如 B_4C 等，当控制棒插入堆芯时，堆芯反应性下降，反之堆芯反应性上升。

2）旋转鼓设计

旋转鼓通常布置在堆芯外围且外表面部分包含中子吸收材料，如 B_4C 等，当转动旋转鼓使中子吸收材料朝向堆芯活性区时，堆芯反应性下降，反之堆芯反应性上升。

3）旋转鼓与控制棒价值对比分析

旋转鼓与控制棒的中子价值区别主要如下：控制棒可布置在堆芯活性区内，价值设计区间较大；而旋转鼓只能布置在堆芯外围径向，不仅受空间限制，数目不能太多，而且由于堆芯外围中子通量水平相对较低，旋转鼓价值不会太大。因此进行铅基堆芯反应性控制系统布置方案设计时需要综合考虑两者的应用区间。

4）应用区间及优化策略研究

旋转鼓由于布置在堆芯外围，适用于堆芯活性区尺寸相对较小的堆芯，且由于采用旋转鼓设计可以使燃料区更集中布置，可以进一步降低堆芯的燃料装量。

控制棒由于可以布置在堆芯活性区内,适用于堆芯活性区相对稍大的堆芯。根据堆芯活性区的尺寸大小,还可根据需要设计相应数量的控制棒,用于控制堆芯剩余反应性。

2.3.4 堆芯能谱设计

堆芯能谱直接影响反应堆内材料的各种反应截面,进而影响堆芯的反应性以及燃料利用率等参数,因此需要根据堆芯的功率寿期等总体需求参数进行堆芯能谱设计,提高堆芯的安全性和经济性。

1) 堆芯能谱的选择

首先定义一个变量"功率产出",即堆芯热功率×堆芯寿期,以兆瓦·年表示。它表示堆芯总的能量输出。对于一个已经确定了装载材料与尺寸的堆芯,其功率产出基本为定值,与堆芯额定功率关系不大。

堆芯的功率产出与堆芯能谱、堆芯初始装料量等因素有关。当堆芯能谱较软时,由于^{235}U等易裂变核素在热中子区具有更大的裂变截面,堆芯能够在较低的尺寸下达到临界;但同时由于中子能谱较软,燃料增殖性能较差,初始燃料装量就决定了堆芯寿期,即最终的功率产出。而当堆芯能谱较硬时,堆芯临界尺寸更大,但是同时由于此时燃料增殖性能好,导致堆芯k_{eff}随燃耗降低速度较慢,能够有效延长堆芯寿期。对于一个活性区直径与轴向高度比为1∶1、以铅铋及不锈钢作为反射层的简单的铅铋堆堆芯,当轴向高度大于80 cm后,快谱堆芯的功率产出将超过热谱堆芯,此时功率产出为200～300兆瓦·年。

因此,堆芯能谱的选择需要根据实际的能量输出需求来确定,一般而言,铅基反应堆核电站具有极高的能量输出需求,且经济性要求较高,往往采用快谱堆芯;而应用于特殊场景的反应堆,总能量输出需求不高,且对堆芯尺寸有严格限制,往往采用热谱堆芯[5-6]。

2) 铅铋堆的慢化材料

若确定堆芯能谱为热谱,需通过调整堆芯装载燃料与慢化材料的比例,来获得最理想的堆芯中子能谱。

铅铋堆中往往采用固体慢化剂来进行中子慢化,慢化效果最为优异的是各类含氢金属化合物,如ZrH_x、YH_x等,其氢原子占比越高,慢化效果越好。此外,铍以及氧化铍也有不错的慢化效果,常作为铅基反应堆反射层材料。需要注意的是,由于含氢金属化合物本身的晶格效应,其温度反应性系数可能为正，需要通过调整堆芯布置方案，或者引入特殊中子毒物的方式，来消减正温度系数带来的影响。

2.3.5　堆芯物理性能参数计算

堆芯物理性能参数计算包含功率分布、反应性系数、中子动力学参数。

2.3.5.1　功率分布

堆芯功率分布是描述堆芯功率状态的重要堆芯物理量，可分为轴向功率分布（一维）、径向功率分布（二维）和三维堆芯功率分布。堆芯功率分布不仅影响堆芯铀燃耗的均匀性，从而影响堆芯经济性（堆内装入的铀的利用率），还影响堆内热量能否有效导出。分布过于畸形的功率将导致局部区域过热，无法及时导出的局部热量将导致堆芯局部的偏离泡核沸腾，甚至是堆芯融化和放射性物质的释放，是物理热工联合设计过程中必须重视的情况。

为进一步描述堆芯功率分布的关键特征量，定义了 F_Q 与 $F_{\Delta H}$，F_Q 为堆芯功率峰因子，是全堆最大功率点相对于全堆平均功率的比值，F_Q 代表了全堆功率最危险的点。$F_{\Delta H}$ 为热通道热流密度因子，是全堆最热通道同全堆各通道平均焓升的比值，$F_{\Delta H}$ 定义了全堆最危险的热通道。

两个因子定位了堆芯功率分布的重要特征，给出了堆芯最危险的功率位置，即点和通道，用以表征堆芯功率分布的基本状态，是堆芯物理热工设计考察的关键参变量，是保证堆芯安全的关键参变量之一。

为展平堆芯功率分布，尽量降低 F_Q 与 $F_{\Delta H}$，扩大热工设计裕量和增强堆芯安全特性，工程师开发了众多的堆芯功率展平策略。

（1）燃料的分区布置，包括富集度的轴向分区和径向分区。

（2）可燃毒物的分区布置，也包括轴向分区和径向分区。

（3）可燃毒物的优化设计，包括核素选型优化，具有各种吸收截面特性的可燃毒物载入量、载入位置和搭配使用优化以及毒物的布置方式优化，包括弥散型、涂层型、WABA 型、IFBA 型等。

（4）反应性控制装置的优化设计，包括位置的选定、控制棒毒物选择、控制棒分组、控制棒几何类型等。

（5）反应性控制装置动作次序的优化设计。

（6）慢化棒类型和位置的优化设计。

（7）反射层的优化设计，包括反射层材料的选择，反射层厚度的优化等，通常反射能力越强的材料，越有利于堆芯功率分布的展平。

(8) 燃料组件内的优化设计,包括富集度分区,导向管布置数量、位置优化,慢化棒数量、位置优化,可燃毒物棒的位置、数量优化等。

2.3.5.2 反应性系数

对于正常运行中的铅铋堆,中子通量的变化将直接引起裂变功率的变化,进而引起温度变化,这反过来又导致反应性的变化,上述机制称为反应性反馈,反应性系数用于定量分析反应性反馈的强弱。反应性反馈与反应堆结构设计、材料选择等密切相关,由中子数目与堆内各种材料的温度、密度、几何变形等因素的耦合响应导致。在铅铋堆中,反应性反馈主要通过燃料多普勒效应、冷却剂效应以及堆内各构件的几何变形效应体现。

1) 反应性系数的定义及计算方法

各类反应性反馈可由反应性系数定量分析,反应性系数定义为

$$\alpha = \frac{\partial \rho}{\partial \Delta} = \frac{\partial}{\partial \Delta}\left(\frac{k-1}{k}\right) = \frac{1}{k^2}\frac{\partial k}{\partial \Delta} \approx \frac{1}{k}\frac{\partial k}{\partial \Delta} \tag{2-175}$$

式中:α 表示反应性系数;ρ 表示反应性;Δ 表示引起反应性反馈的物理量(如温度、空泡、形变等)。反应性可根据微扰理论计算,也可通过比较采用不同温度截面的临界计算结果得出。根据微扰理论,假设某个物理量变化引起的扰动足够小,不会显著地改变中子通量,那么扰动前和扰动后的中子扩散方程[式(2-43)]同时乘以共轭中子通量 ϕ_g^* 后,两个方程相减并对空间和能群积分可得与物理量扰动相关的反应性变化的微扰理论估计值,即

$$\rho = \frac{\sum_{g=1}^{G}\int\left[\phi_g^* \nabla\cdot(\Delta D_g \nabla \phi_g) - \phi_{g\Delta}^* \Delta\Sigma_{rg}\phi_g + \phi_g^* \sum_{g'\neq g}^{G}\Delta\Sigma_{g'\to g}\phi_{g'} + \phi_g^* \chi_g \sum_{g'=1}^{G}\Delta(\upsilon\Sigma_{\mathrm{f}g'})\phi_{g'}\right]\mathrm{d}V}{\sum_{g=1}^{G}\int\left(\phi_g^* \chi_g \sum_{g'=1}^{G}\Delta(\upsilon\Sigma_{\mathrm{f}g'})\phi_{g'}\right)\mathrm{d}V} \tag{2-176}$$

式(2-176)定量地将物理量变化归结为两个扰动项,即 $D_g \to D_g + \Delta D_g$ 和 $\Sigma_g \to \Sigma_g + \Delta\Sigma_g$,其中 Δ 项包含了物理量变化引起的密度的变化、能量平均截面数据的变化、能量自屏的变化、空间自屏的变化和几何形状的变化。

2) 多普勒效应

铅铋堆内的中子能谱涵盖了易裂变燃料核素和非易裂变燃料核素的共振

区。燃料温度的升高将导致共振峰和吸收峰的宽度随温度上升而加大，这种现象称为多普勒展宽。如图 2-7 所示，峰的展宽伴随着其高度的降低且共振的面积保持不变，但由于共振区中子平均通量密度随温度升高而增大，表现为核素的有效共振吸收截面和裂变截面随温度升高而增加。

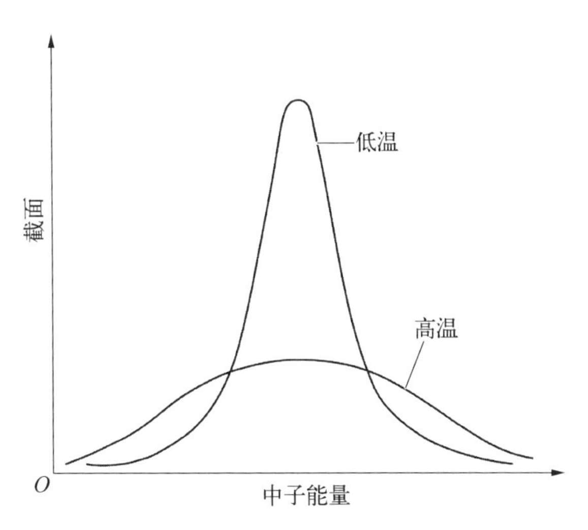

图 2-7　温度增加后共振的多普勒展宽

燃料温度的增加同时引起裂变截面和吸收截面增加，多普勒效应引起的反应性变化可能是正的，也可能是负的，取决于材料的成分。多普勒反应性可根据微扰理论计算，或者通过比较采用不同温度截面的临界计算结果得出。根据微扰理论，多普勒反应性可表示为

$$\rho=\frac{-\int\sum_{g}\phi_{g}^{*}\delta\Sigma_{ag}\phi_{g}\,\mathrm{d}V+\int\sum_{g}\phi_{g}^{*}\chi_{g}\left[\sum_{g'}\delta(\upsilon\Sigma_{\mathrm{f}})_{g'}\phi_{g'}\right]\mathrm{d}V}{\sum_{g}\phi_{g}^{*}\chi_{g}\left[\sum_{g'}(\upsilon\Sigma_{\mathrm{f}})_{g'}\phi_{g'}\right]\mathrm{d}V}\tag{2-177}$$

其中，$\delta\Sigma_{\mathrm{a}}$ 和 $\delta(\upsilon\Sigma_{\mathrm{f}})$ 表示吸收截面和裂变截面的变化，式中分式的分子第一项表示易裂变核素和增殖核素的有效吸收截面的增量，第二项表示易裂变核素的有效裂变截面的增量。由多普勒反应性，可将多普勒温度系数 $\alpha_{T_F}^{D}$ 表示为

$$\alpha_{T_F}^{D}=\frac{\partial\rho}{\partial T_F}\tag{2-178}$$

3）冷却剂密度效应和空泡效应

对于铅铋堆，由于冷却剂密度变化或者由于发生沸腾、事故下冷却剂丧失导致空泡产生引起的反应性变化都可分为泄漏、吸收和谱三个分量，其中泄漏分量和谱分量分别对应方程式(2-176)中的ΔD_g和$\Delta\Sigma_{g\to g'}$，吸收分量对应方程中的$\Delta\Sigma_{rg}$和$\Delta(\upsilon\Sigma_{fg})$。冷却剂变化前后燃料裂变截面的变化比较小，吸收分量可简化为俘获分量，泄漏分量总是负的，但通常小于其他项。由于铅铋冷却剂的沸点极高，在正常情况下几乎不会产生空泡，相比之下，由于冷却剂温度变化导致的密度效应更需加以关注。

4）几何变形效应

堆内结构的几何变形主要涉及燃料在轴向和径向膨胀导致的变形(同时将冷却剂从堆芯排出)，结构材料的膨胀变形，径向的膨胀从中心逐渐向外侧累积，导致燃料在径向上逐渐外移引起堆芯尺寸的增加等一系列变化。因此，几何变形效应在很大程度上与核反应堆的结构设计有关，通过适当的简化可以估计这一效应引入的反应性及其大小。

5）快、热反应堆反应性系数对比

在典型设计下，快堆与热堆的反应性系数对比如表2-3所示。由表可见，相比热堆，快堆的总反应性系数(如总温度系数或总功率系数)相对较小，堆芯几何变形引入的反应性超过了其他反应性因素的影响，而在热堆中，慢化剂效应占主导，这主要是由于快堆和热堆工作在不同的中子能谱和温度区间范围，且堆芯结构、材料、冷却方式等有较大差异。

表2-3　典型热堆与快堆反应性系数对比

相关效应	反应性系数/(pcm/K)	
	压水堆	快堆(氧化物燃料)
多普勒	−4～−1	−3
慢化剂	−50～−8	+1
膨胀	≈0	−11

2.3.5.3　中子动力学参数

反应堆物理常见的动力学参数为有效缓发中子份额与中子平均寿命。其中缓发中子引起裂变的总平均数之比为缓发中子有效份额 β_{eff}，反应堆中中子慢化和扩散的时间为中子平均寿命。缓发中子的存在对于反应堆堆芯事故分析、控制系统设计有重要的意义，有效缓发中子份额与中子平均寿命直接关系到反应堆的安全分析和动态特性。

铅基快堆与热堆相比，堆芯燃料富集度高，能谱硬，多普勒效应比热堆小，且快堆有效缓发中子份额较小，约为 3×10^{-3}，接近热堆有效缓发中子份额的一半。中子平均寿命为 10^{-7} 量级，中子代时间短，自平衡能力较弱。因此，对快堆的控制系统的响应速度和控制精度提出了更高的要求。与热堆相比，虽然快堆的中子寿命短且缓发中子份额小，但仍有足够的负温度反应性系数可保障快堆的安全稳定运行。

2.4　堆芯临界物理试验

临界物理试验的堆芯功率一般在千分之一瓦到数十瓦之间，用于开展中子学特性研究及验证程序与设计方案的正确性。临界物理试验按照目的和用途主要分为两类：Ⅰ类主要用于确认设计程序以及鉴定计算偏差，该类装置与目标堆中子学特性高度相似，在该装置上进行相关试验，可以验证程序系统用于目标堆芯设计的临界安全性，量化程序计算偏差并将其传递至目标堆芯。传统意义上压水堆的临界物理模拟试验、1∶1组件零功率临界物理试验、“启明星Ⅲ”铅铋临界试验多属此类。Ⅱ类通常指1∶1堆芯临界物理试验，用于在进一步检验设计程序正确性的同时检验设计方案的正确性，该1∶1堆芯零功率物理试验堆芯布置与目标堆芯完全一致，可获得具有重要价值的工程试验数据，一般在目标堆芯装料升功率前开展。

为宏观表征临界试验对目标堆芯的技术代表性，压水堆一般采用1∶1组件开展Ⅰ类小堆临界物理试验。快谱反应堆在堆芯能谱、堆芯成分、燃料装量、技术成熟度等方面与热谱堆差别较大，压水堆利用1∶1组件开展Ⅰ类临界物理试验，若快谱反应堆堆芯也采用1∶1组件，将面临时间周期长、进度紧张、经济成本高、技术成熟度相对低、无定量评价方法等问题，因此快谱反应堆通常运用相似性设计方法设计临界物理试验。对于新型反应堆，需通过零功率试验装置来验证设计的正确性，其中包括验证理论设计方法是否正确，所采用的核截面数据是否合理等，所以零功率试验装置设计是研究设计新型反应堆不可缺少的阶段。零功率试验堆可分为实验性和模拟性两类，其中模拟性零功率试验堆需尽可能模拟目标反应堆的中子学特性。建造模拟性零功率试验装置的主要目的是验证最新技术和程序系统及数据库的正确性和可靠性，检验目标反应堆堆芯方案的可行性，提供可信的试验数据。零功率物理试验方便灵活，风险和进度可控，受堆芯结构限制小，可作为新技术验证和设计风险释放的重要手段。

2.4.1 铅铋快堆临界物理试验设计难点

铅铋快堆临界物理试验设计难点主要有快堆反应堆临界质量大、快谱反应堆组件研制技术成熟度低、无定量评价方法。

2.4.1.1 快谱反应堆临界质量大

快谱反应堆(简称快堆)是以平均中子能量比压水堆的热中子高百万倍的0.1 MeV及以上的快中子引起裂变链式反应的反应堆。堆芯中子能量的不同，与^{235}U发生反应的截面大小也不一样。图2-8给出^{235}U裂变截面与中子能量变化特性，可知在低能区(约为0.025 3 eV，目前压水堆的常温平均中子能量)，^{235}U裂变截面较大，平均约为1 000 b；在高能区(约为0.1 MeV，目前快堆平均中子能量)，^{235}U裂变截面较小，为1～3 b。裂变截面的不同使得在相同几何尺寸条件下，快谱反应堆芯的临界质量约为热谱堆芯的100倍，此时如果仍沿用压水堆设计思路采用1∶1组件开展小堆临界物理试验，面临巨大的经济成本、燃料制造成本。因此在设计快谱反应堆芯临界物理试验时，亟须降低最小临界质量。

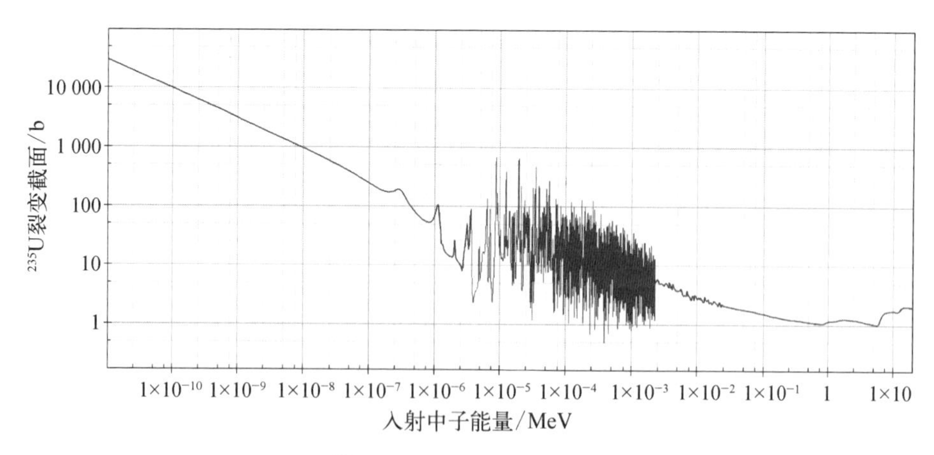

图2-8 ^{235}U裂变截面随中子能量变化的特性

2.4.1.2 快谱反应堆组件研制技术成熟度低

快谱反应堆Ⅰ类临界物理试验如果沿用压水堆1∶1组件方式开展，需组件研制技术最终定型，但燃料组件是反应堆的核心，涉及芯块、燃料棒及组件三个维度的设计技术、制造技术、材料技术、辐照考验技术等。这些技术研发难度大、时间周期长，需投入大量人力、物力，进行长达数十年的关键技术攻关。目前常见快谱反应堆有钠冷快堆、铅基快堆、气冷快堆、热管堆等，除钠冷快堆在国外大规模商用外，其他快谱反应堆相关技术包括组件研制技术均处于研发阶段，有些甚至在起步阶段。如果沿用压水堆1∶1组件开展Ⅰ类临界物理试验设计，快谱反应堆在科研阶段开展临界物理试验变得不可能，相当长时间内不能对反应堆物理程序、设计方案开展验证；但核设计是整个反应堆系统设计的龙头，如果其正确性不能得到保证，整个反应堆系统设计就会面临被颠覆的风险。临界物理试验开展得越早，整个反应堆系统设计的可靠性、正确性越高，因此寻求新的临界物理试验设计方法，将其与组件研制技术同步开展，是所有新堆型研发包括快堆研发需要解决的问题。

2.4.1.3 无定量评价方法

从综合考虑临界试验有效性、经济性和时间进度的角度出发，临界物理试验通常不是1∶1完全模拟，临界试验堆芯燃料装量过多将造成浪费(包括时间和资金的浪费)，堆芯装量过少，达不到验证程序的目的。如何确定合理的试验所需燃料装量，关键在于对“度”的把握。设计临界物理试验方案的传统方法是根据一些特征参数，如材料组分、物质形态、水铀比等作为评价指标，采用专家评价的方式评估，但该方法无量化的评价标准，且受人因影响显著；甚至会出现在某个或某些评价指标上相似，而在另外的评价指标上出现不相似的情况。

为宏观表征临界试验与目标堆芯在材料成分上的一致性，压水堆尽量采用1∶1组件开展小堆临界物理试验；同时在堆芯几何尺寸上，为确保临界物理试验具有技术代表性，采用有效增殖因子程序背靠背计算的方式评估：利用自身设计程序和输运方法计算程序(如国际上通用的MCNP程序，认为MCNP程序已经过试验数据验证，将其结果作为基准解)，同时计算不同组件种类自小到大的多个临界试验方案，当两个程序的有效增殖因子计算结果趋于一致(相对偏差小于1%)，所对应的最小堆芯尺寸即为有效尺度，所含的燃料装量即为Ⅰ类临界物理试验所需的燃料数量。如果快谱反应堆临界物理试验仍采用传统程序背靠背校正的方法，不仅面临计算量大的问题(堆芯大，网格化分多），而且面临无基准程序参考的问题：目前国际上针对快谱堆的临界试验装置较少，蒙特卡罗程序中针对快谱反应堆常用冷却剂铅、铋、钠、锂、钾等核素截面也未经过大量宏观试验数据检验，其正确性不能得到有效保证。

2.4.2 临界物理试验研究现状

欧洲原子能协会于2011—2016年进行了混合应用的快堆实验项目（fast reactor experiments for hybrid applications, FREYA），在项目进行期间建造了VENUS-F（vulcan experimental nuclear study-fast facility）零功率试验装置。该试验装置由堆芯及包裹堆芯的固体铅构成，可以运行于临界及次临界状态，临界状态用于模拟包括ALFRED与MYRRHA在内的铅基快堆的中子学特性，从而为铅基快堆的进一步研究提供参考。

法国建造了快热耦合零功率试验装置（zero power experimental physics reactor, ZEPHYR），并在ZEPHYR试验装置的研究基础上形成了钠基快堆的零功率试验装置ZEPHYR-S（见图2-9）及铅基快堆的零功率试验装置ZEPHYR-L（见图2-10）。

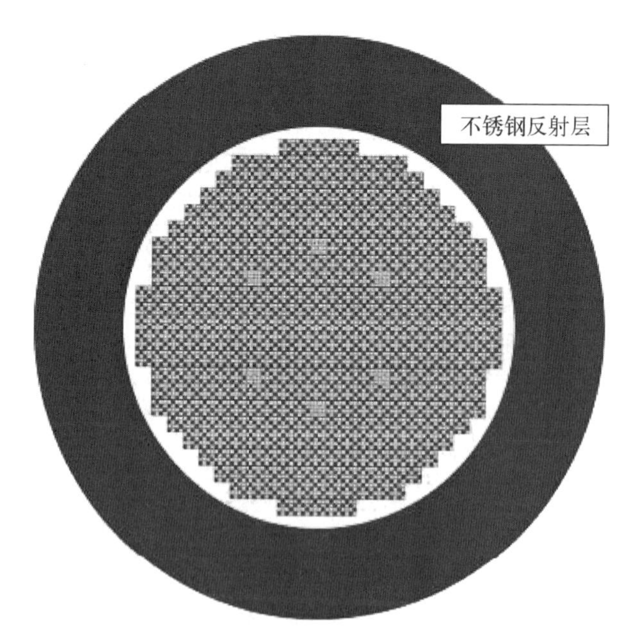

图2-9 ZEPHYR-S堆芯示意图

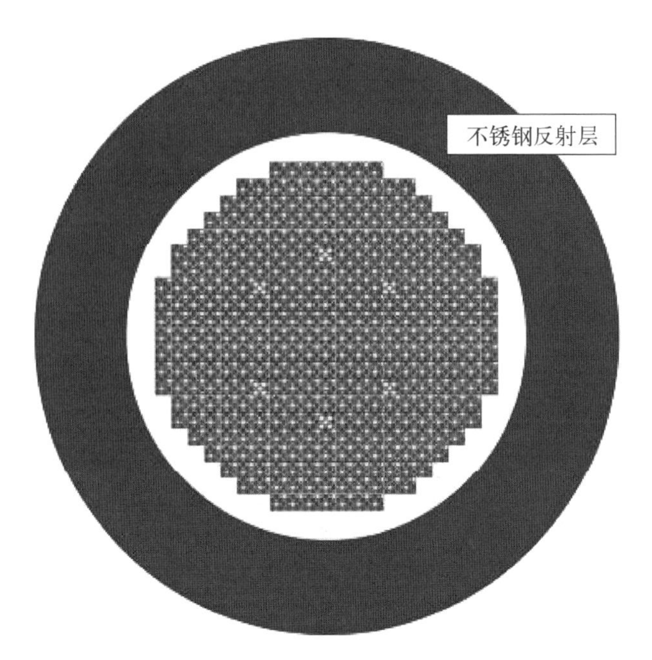

图 2－10　ZEPHYR－L 堆芯示意图

2.4.3　快谱反应堆临界物理试验相似性分析方法

相似性理论与方法是一种研究系统间属性和特征相似性的科学方法，强调的是系统结构与功能等多个特性综合的相似性，而不是个别特征现象的相似性，系统间具有相似特性的要素为相似要素，相似要素在系统间构成相似元。利用相似性分析方法，通过建立问题的相似准则，给出系统的全尺寸原型与其缩放模型的对应关系，通过对缩小的、廉价的、易于实现的系统模型的试验，推断原型的特性。目前相似性理论已在航天、船舶、计算机仿真等领域广泛应用，而快谱反应堆Ⅰ类临界物理试验的目的正是通过缩比的方案、尽量低的成本模拟目标堆芯特性，完全具备利用相似性分析方法评估两个系统相似度的条件。

常用的相似度计算方法有皮尔逊相关系数方法、余弦相似度方法、杰卡德相似系数方法等[7]。其中余弦相似度又称为向量相似性，由于效果精确，已经证实为一种标准的度量体系。这种度量标准利用两个 n 维向量之间的夹角来测量相似度。夹角越小，表示这两个向量越相似。将两个向量用对应的评分向量 $\boldsymbol{a}$ 和 $\boldsymbol{b}$ 来表示，其相似度可以定义为

$$\mathrm{sim}(\boldsymbol{a},\ \boldsymbol{b})=\frac{\boldsymbol{a}\cdot b}{|\boldsymbol{a}|\cdot|\boldsymbol{b}|} \tag{2-179}$$

式中：$\boldsymbol{a}\cdot b$ 表示向量间的点积，$|\boldsymbol{a}|$ 表示向量的欧拉长度，即向量自身点积的平方根。利用余弦相似度方法，相似度介于－1 和 1 之间，其值越接近 1 表示两者越相似。

2.4.3.1　快谱反应堆临界物理试验与目标堆芯相似要素

反应堆物理关键特性参数包括临界棒位、停堆深度、控制棒价值、中子通量分布、功率分布、中子能谱、反馈系数、中子寿命、缓发中子份额等。其中，临界棒位、停堆深度的直观表现形式为堆芯有效增殖因子 K_{eff} 和控制棒价值。由相似性分析方法可知物理特性参数和相似性要素是对应的，因此研究确定临界物理试验与目标堆芯的相似性要素包括堆芯有效增殖因子 K_{eff}、控制棒价值、中子通量分布、功率分布、中子能谱、反馈系数、中子寿命、缓发中子份额等。

2.4.3.2　影响要素相似度的关键参数

进行Ⅰ类临界物理试验的主要目的是检验设计软件平台的正确性，而程序平台主要由数据库、数学-物理模型两部分内容构成，程序的计算偏差也由这两部分的不确定性引起。快谱反应堆为考虑中等质量核素复杂共振自屏等现象，一般采用中子输运方法，基于玻尔兹曼中子输运理论建立的核反应堆物理计算程序平台，数学-物理模型能够准确、真实地描述中子的迁移、碰撞和核反应的各种微观行为，认为数学-物理模型基本不会给程序带来偏差，而数据库作为核反应堆物理计算最基础的输入参数，由于微观试验测量和核物理理论模型存在一定的不确定性，其评估结果也不可避免地引入了不确定度，成为核反应堆物理计算结果不确定度的主要来源。因此，针对临界物理试验方案与目标堆芯开展相似性设计时，将误差主要来源的截面数据与宏观相似性要素结合起来，成为最直观的设计思路。

2.4.3.3　基于宏观参数的截面敏感性和不确定性相似性分析方法

临界物理试验与目标堆芯相似性要素和“截面”的敏感性可表达为式(2-180)

$$S_{R,\,m}=\frac{\sigma_m}{R}\,\frac{\partial R}{\partial \sigma_m}\quad (m=1,\ 2,\ \cdots,\ M) \tag{2-180}$$

式中：R 为两个系统间某同一种相似要素；σ 为不同核素数、不同反应道数和不同中子能群数顺序排列的多群截面向量；m 的最大值为核素数、反应道数、中子能群数的乘积；$S_{R,m}$ 代表了相似要素 R 关于所有相关反应截面数据的敏感性向量值。$S_{R,m}$ 值的大小反映了相似要素 R 对第 m 种截面反应的敏感程度，值越大代表第 m 种截面数据对其越敏感，越重要；该变化规律受反应堆材料组分、空间布置和堆芯中子学性能的综合影响，是核反应堆系统本质的变化规律。

由相似性分析式(2-179)可知，基于敏感性分析方法的两个系统间的相似度可使用系统敏感性向量的角余弦来定量评价，则系统 i 和系统 j 的敏感性相似度指标可表示为

$$E_{R,i,j}=\frac{\boldsymbol{S}_{R,m,i}^{\mathrm{T}}\boldsymbol{S}_{R,m,j}}{|\boldsymbol{S}_{R,m,i}||\boldsymbol{S}_{R,m,j}|} \tag{2-181}$$

式中，$\boldsymbol{S}_{R,m,i}$ 和 $\boldsymbol{S}_{R,m,j}$ 分别为 i、j 两个不同系统同一种相似要素 R 的敏感性系数向量。$E_{R,i,j}$ 指标取值为 -1～1。

式(2-180)中核截面数据 σ 来源于微观试验装置的测量和核物理理论模型计算，其评估过程不可避免地存在试验测量误差和理论模型误差，即本身存在一定的不确定度，为将这种截面的不确定度引入两个系统的相似性分析，引入不确定度相似性指标 $C_{R,i,j}$，其计算式为

$$C_{R,i,j}=\frac{\boldsymbol{S}_{R,m,i}^{\mathrm{T}}\boldsymbol{C}_{aa}\boldsymbol{S}_{R,m,j}}{\sqrt{\boldsymbol{S}_{R,m,i}^{\mathrm{T}}\boldsymbol{C}_{aa}\boldsymbol{S}_{R,m,i}}\sqrt{\boldsymbol{S}_{R,m,j}^{\mathrm{T}}\boldsymbol{C}_{aa}\boldsymbol{S}_{R,m,j}}} \tag{2-182}$$

式中：$\boldsymbol{S}_{R,m,i}$ 和 $\boldsymbol{S}_{R,m,j}$ 分别为 i、j 两个不同系统同一种相似要素 R 的敏感性系数向量；$\boldsymbol{C}_{aa}$ 为所对应的相对协方差矩阵，其对角线元素为响应的相对协方差矩阵、非对角性元素为不同响应之间的相对协方差。$C_{R,i,j}$ 指标取值为 -1～1。

临界物理试验与目标堆芯的相似性要素包括有效增殖因子 K_{eff}、反馈系数、中子寿命、缓发中子份额等，是两个系统的宏观单一总参数，与几何尺寸、能群数均无直接关系，均可利用式(2-181)、式(2-182)计算其在两个系统间的相关性；而控制棒价值、中子通量分布、功率分布、中子能谱等与两个系统的能群划分或几何相对位置有直接关系，是向量或矩阵，如果仍利用式(2-181)、式(2-182)会引入大量的计算，此时可利用目标程序对临界物理试验与目标堆芯分别进行建模计算，获得各自相似要素的计算结果，再利用式(2-183)进

行相似性评估：

$$P_{R,i,j}=\sum_{g=1}^{G}\frac{S_{R,g,i}+S_{R,g,j}}{2}\frac{\min(S_{R,g,i},S_{R,g,j})}{\max(S_{R,g,i},S_{R,g,j})} \quad (2-183)$$

式中：$S_{R,g}=\frac{\Phi_{R,g}}{\sum\Phi_{R,g}}$ 为相似要素R 的归一化结果；$\Phi_{R,g}$ 为系统中第g 区间的值；G 为区间数；i、j 分别代表临界物理试验方案和目标堆芯。针对中子通量密度，G 可为两个系统轴向某一层或径向某一几何位置划分的能群数；针对控制棒价值、功率，G 可为轴向或径向某一方向划分的几何区间数；针对能谱，G 可为整个堆芯划分的能群数。P 指标取值为 0～1。

2.4.4 相似性试验设计

以热功率为 280 MW 的铅铋快堆为目标对象，研究相似性分析方法在快谱反应堆临界物理试验设计上的应用。铅铋快堆临界物理试验目标堆芯是一个热功率为 280 MW 的纯铅铋快堆，燃料为 UO_2，燃料^{235}U 平均富集度约为 16.5%，为满足核不扩散要求，燃料最高富集度为 19.75%，包壳材料为铁素体-马氏体钢，燃料棒以三角排列的方式构成一个带组件盒的六角形组件，整个堆芯由 150 个六角形燃料组件构成，整个堆芯活性区高 900 mm，铀的总装量为 9 562.1 kg，^{235}U 装量为 1 577.74 kg。

临界物理试验与目标堆芯的相似性要素包括堆芯有效增殖因子 K_{eff}、控制棒价值、中子通量分布、功率分布、中子能谱、反馈系数、中子寿命、缓发中子份额等。其中临界性和堆芯能谱是核反应堆系统最基本的特性，故将有效增殖因子 K_{eff} 和能谱作为评价铅铋快堆临界物理试验与目标堆芯相似性重点考虑的要素。

利用 1∶1 组件开展临界物理试验是目前常用的设计方法，设计铅铋快堆临界物理试验方案时，也以此为基础展开。同时，为减少堆芯铀装量，快谱反应堆堆芯设计时可通过添加反射层减少堆芯泄漏或减少堆芯结构材料让燃料更聚集两种方式实现。因此，在 1∶1 组件临界物理试验方案基础上，利用相似性分析方法开展了含 BeO 反射层 1∶1 组件临界物理试验方案、1∶1 燃料棒临界物理试验方案、包壳减薄 1∶1 燃料棒临界物理试验方案的研究。

表 2-4 给出了四种临界试验方案与目标堆芯的相似性计算结果。由表 2-4 可知，包壳减薄 1∶1 燃料棒方案、1∶1 燃料棒方案、1∶1 组件方案在中子学

特性方面与目标堆芯相似度较高，符合设计要求。但BeO反射层1∶1组件方案由于堆芯外围布置了反射层，改变了中子能谱，使得此方案与目标堆芯的相似性小于0.9，不满足相似性分析方法的要求。

表2-4　四种临界试验方案与目标堆芯中子学相似性分析结果

方　　案	C_k	E	P
包壳减薄1∶1燃料棒	0.996	0.986	0.895
1∶1燃料棒	0.998	0.993	0.925
含BeO反射层1∶1组件	0.998	0.996	0.947
1∶1组件	0.986	0.955	0.895

敏感性及不确定性相似性分析方法的基础是基于有效增殖因子K_{eff}、中子能谱等关键物理宏观参数与主要输入参数截面的内在关系，而截面的本质是中子与堆芯核素发生反应的概率。宏观物理参数的相似性表征的是临界试验方案与目标堆芯在几何、核素种类等方面的相似，因此为验证相似性分析方法用于临界物理试验设计时的正确性，统计了上述四种临界试验方案堆芯与目标堆芯在核素种类及能谱等方面的实际计算结果。

表2-5给出不同核素对K_{eff}不确定度的贡献值，可知不同临界物理试验方案中，对有效增殖因子K_{eff}不确定度贡献较大的均为燃料核素(^{235}U、^{238}U)、包壳材料核素(^{56}Fe、^{54}Fe、^{52}Cr、^{57}Fe)、冷却剂核素(^{209}Bi、^{208}Pb、^{206}Pb、^{207}Pb)，累计贡献值达到99.99%以上；不同试验方案，相同核素的贡献值与目标堆芯相比也基本都在同一量级，这与几种试验方案的K_{eff}敏感性与不确定相似系数均大于0.95相符，验证了相似性分析方法的正确性。

表2-5　不同核素对K_{eff}不确定度的贡献值

核素种类	目标堆芯	1∶1 组件方案	含BeO反射层 1∶1组件方案	1∶1 燃料棒方案	包壳减薄1∶1 燃料棒方案
^{235}U	96.2348%	97.2859%	97.4258%	96.7718%	95.6547%
^{238}U	3.4773%	2.3908%	2.4507%	2.9556%	4.0524%

（续表）

核素种类	目标堆芯	1∶1 组件方案	含 BeO 反射层 1∶1 组件方案	1∶1 燃料棒方案	包壳减薄 1∶1 燃料棒方案
^{56}Fe	0.179 1%	0.130 1%	0.078 3%	0.056 8%	0.007 1%
^{209}Bi	0.035 0%	0.044 4%	0.019 1%	0.054 6%	0.073 0%
^{208}Pb	0.026 5%	0.089 6%	0.008 5%	0.110 5%	0.151 0%
^{54}Fe	0.017 6%	0.012 3%	0.006 3%	0.004 2%	0.000 5%
^{206}Pb	0.008 0%	0.017 1%	0.002 4%	0.019 1%	0.029 4%
^{207}Pb	0.006 0%	0.017 2%	0.002 1%	0.022 9%	0.031 4%
^{52}Cr	0.005 5%	0.005 6%	0.002 6%	0.002 3%	0.000 3%
^{57}Fe	0.005 3%	0.003 9%	0.002 0%	0.001 2%	0.000 1%
合计	99.995 2%	99.996 7%	99.997 8%	99.998 9%	99.999 9%

图 2-11 给出了不同临界物理试验方案堆芯中子能谱统计结果。由图可知，4 种临界物理试验方案堆芯能谱均为快中子谱，但含 BeO 反射层 1∶1 组

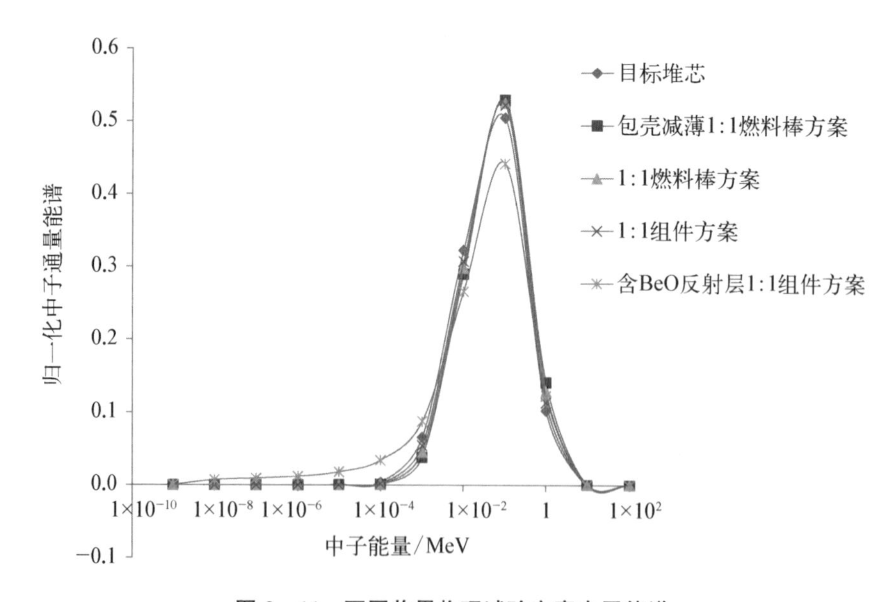

图 2-11　不同临界物理试验方案中子能谱

件方案的中子能谱与目标堆芯相比相对偏软；其他三种方案的中子能谱与目标堆芯更接近，这与相似性分析方法计算得到的含 BeO 反射层 1∶1 组件方案中子能谱与目标堆芯相似度低于 0.9，其他三种方案大于 0.9 一致，再次证明相似性分析方法用于指导临界物理试验方案设计的正确性。

参考文献

[1] Guo C, Lu D, Zhang X, et al. Development and application of a safety analysis code for small lead cooled fast reactor SVBR 75/100[J]. Annals of Nuclear Energy, 2015, 81: 62 - 72.

[2] Toshinskii G I, Komlev O G, Martynov P N, et al. Lead-bismuth cooled fast reactor for regional power generation[J]. Atomic Energy, 2012, 111(5): 361 - 365.

[3] Wallenius J, Suvdantsetseg E, Fokau A. ELECTRA: European lead-cooled training reactor[J]. Nuclear Technology, 2012, 177(3): 303 - 313.

[4] Suvdantsetseg E, Wallenius J. An assessment of prompt neutron reproduction time in a reflector dominated fast critical system: ELECTRA[J]. Annals of Nuclear Energy, 2014, 71: 159 - 165.

[5] Wallenius J, Qvist S, Mickus I, et al. Design of SEALER, a very small lead-cooled reactor for commercial power production in off-grid applications [J]. Nuclear Engineering and Design, 2018, 338: 23 - 33.

[6] Wallenius J, Qvist S, Mickus I, et al. SEALER: A small lead-cooled reactor for power production in the Canadian Arctic[C]//FR17, June 26, 2017, Yekaterinburg, Russian Federation.

[7] 宁通，周琦，朱庆福，等. 相似性分析方法在零功率堆物理设计上的应用[J]. 原子能科学技术，2018，52(9)：1671 - 1676.

第3章
铅铋反应堆热工与安全

从1942年第一座核反应堆首次达到临界至今，人类对核能的利用已持续了70余年。其中，以水作为冷却剂和慢化剂的热中子反应堆由于相对易于控制、技术较为成熟，在过去的数十年间得到广泛的应用。

但是，随着热中子反应堆的大量建设及持续运行，两个主要问题开始凸显：一是可供热中子堆作为燃料使用的易裂变核素仅占天然铀矿资源的1%以内，铀资源利用率极低；二是随着持续运行，大量含长寿命放射性重同位素的乏燃料累积带来了额外的风险，而目前采用的掩埋等处置方法并不能从本质上消除乏燃料放射性泄漏风险。

此外，历史上的几次重大核事故，也迫使人们对核能的安全性和经济性提出了越来越高的要求。因此，第四代国际核能论坛(GIF)对未来第四代反应堆提出了如下标准：① 经济上具有竞争性；② 具有固有安全性；③ 尽量减少核废物的产生；④ 能够防止核扩散；⑤ 社会效益良好。

而快中子堆依靠高能快中子，可将可裂变核素转换为易裂变核素，从而将铀资源的利用率由普通热中子反应堆的不足1%提高到60%～70%，从而能有效利用铀资源，缓解其枯竭威胁。同时，利用快中子还可将普通热中子堆乏燃料中的长寿命放射性重同位素(如锕系元素)嬗变为短寿命的同位素[1]。因此，快堆非常适合目前的发展形势及未来反应堆的总体要求。在GIF提出的6种可能的第四代反应堆堆型中，快堆在其中占3种。

为了不使快中子慢化并提供足够的冷却效率，快中子反应堆的冷却剂一般选用液态金属或气体。其中，液态金属相对于其他工质具有更高的热导率和较低的比热容，传热性能优异，同时不会使中子慢化，这使其成为快中子反应堆的理想冷却剂。同时，液态金属一般具有较高的沸点，因此反应堆一回路系统可在常压下运行，从而极大地降低了一回路边界破裂而导致冷却剂泄漏的风险,同时冷却剂发生沸腾的可能性极低[2]。这种安全上的固有优势,极大地降低了反应堆对安全系统的需求,可有效降低反应堆的建造成本,在确保安全的同时又能大幅提升经济性。

3.1 铅铋流体属性

自 20 世纪 50 年代初,美国和苏联几乎同时开始了液态金属冷却堆(liquid metal reactor, LMR)的研发[3-4]。此后,世界各国陆续展开了对液态金属作为反应堆冷却剂的持续的研究。

在研究过程中,人们发现液态金属虽然在流动特性上与水和空气等一般流体具有相似性,但在传热特性上存在着显著的差异。从物性上来说,其运动黏度(即动量扩散率)与水相近,但由于液态金属导热性能强,导致其热扩散率远高于水等一般流体。因此,液态金属的普朗特数(Pr,流体动量扩散率与热扩散率之比)远小于 1,属于低普朗特数流体。表 3-1 给出了典型的液态金属与空气、水等一般流体的典型普朗特数。

表 3-1 不同流体的典型普朗特数[5]

流　体	铅铋*	铅*	钠*	钠钾+	水银+	空气+	水+
普朗特数	0.014 7	0.017 4	0.004 8	0.017 9	0.016 2	0.700 3	1.761

注:* 指 450 ℃下的数据;+指 100 ℃下的数据。

低普朗特数的液态金属,意味着分子导热主导的能量交换远大于分子黏性主导的动量交换,依靠分子导热从加热表面传递热量的作用大得多,影响深远得多。从边界层角度看,即热边界层厚度远大于流动边界层。

在层流条件下的强制对流系统中,热能的传递由分子导热实现,与流体是否是液态金属或其他牛顿流体无关。因此,尽管液态金属的普朗特数很低,但用于描述一般流体层流传热的无量纲关系式应同样适用于液态金属。但是,在湍流条件下,热量的湍流传导效应变得十分重要,流体不同流动区域的传热过程同时取决于分子传导和湍流传导。对于空气和水等一般流体,分子导热仅作用于贴近壁面附近的层流底层,对湍流区分子导热的影响可以忽略。而对于液态金属,即使是湍流中心,分子导热与湍流传导也具有相同量级。图 3-1 给出了相同速度场下不同 Pr 流体的温度分布。可以明显看出对于空气和水

等 Pr 近似为1的一般流体，温度场与速度场的形态基本相似。但对于液态金属等低 Pr 流体，温度场与速度场出现了分离，说明分子导热在湍流区也占主导作用。

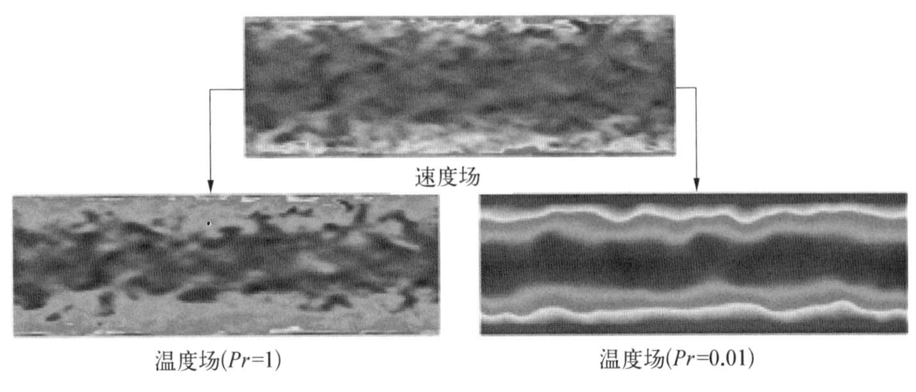

图3-1　相同速度场不同普朗特流体的温度场比较

因此，液态金属的传热机理与空气和水等一般流体有着较大的差异。空气和水等流体的湍流传热无量纲关系式不再适用于液态金属，需要针对液态金属等低 Pr 流体开发适用的湍流传热关系式。

然而，自 Lyon 于1949年得到半理论半经验的努赛尔数(Nu)关系式以后，目前已有的传热关系式均基于 Lyon 关系式的结构，由实验数据得到拟合的经验关系式。到目前为止，并没有从理论上得到液态金属的传热关系式结构，且各实验得到的经验关系式仅在各自实验范围内符合较好。同时，现有的液态金属传热实验数据之间偏差较大，且绝大多数实验开展时间较早，实验条件的可靠性和可溯性难以保证。因此，有必要从理论上对液态金属等低普朗特数流体的传热特性进行研究，阐述其传热的机理；同时，开展必要的液体金属传热实验研究以获得其传热特性。

3.1.1　热工物性

铅铋合金(简称 LBE)属于重金属，为铅和铋的共晶合金，密度约为水的10倍。常温下铅铋为固态，整体呈铅灰色，熔化后呈黑褐色。根据 Smithells 的铅铋合金相图，铅铋共晶点的质量分数成分为44.5% Pb 和55.5% Bi，在共晶点处铅铋合金的熔化温度最低(见图3-2)。

表3-2给出了铅铋合金物性参数的典型关系式和适用范围情况。

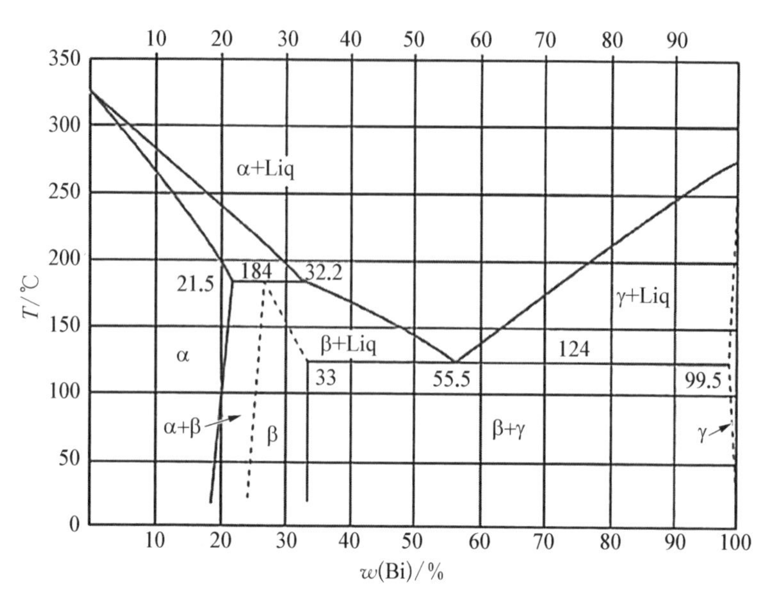

图 3-2 铅铋合金相图

表 3-2 铅铋合金物性参数典型关系式[6]

物 性 参 数	单 位	关 系 式	温度范围/K
熔点	K	$T_{melt}=397.7$	NA
熔化潜热	kJ/kg	$Q_{melt}=38.6$	NA
沸点	K	$T_{boil}=1\,943$	NA
沸腾潜热	kJ/kg	$Q_{boil}=854$	NA
饱和压力	Pa	$p_s=11.1\times10^9\times\exp\dfrac{-22\,552}{T}$	508～1 943
表面张力	N/m	$\sigma=(437.1-0.066T)\times10^{-3}$	423～1 400
密度	kg/m³	$\rho=11\,096-1.323\,6T$	403～1 300
声速	m/s	$u_{sound}=1\,773+0.104\,9T-2.873\times10^{-4}T^2$	403～1 300
绝热弹性模量	Pa	$B_s=(35.18-1.541\times10^{-3}T-9.191\times10^{-6}T^2)\times10^9$	430～605

（续表）

物性参数	单位	关系式	温度范围/K
定压比热容	J/(kg·K)	$c_p=159-2.72\times10^{-2}T+7.12\times10^{-6}T^2$	430～605
动力黏度	Pa·s	$\eta=4.94\times10^{-4}\times\exp\dfrac{754.1}{T}$	400～1 100
电阻率	Ωm	$r=(86.334+0.0511T)\times10^{-8}$	403～1 100
热导率	W/(m·K)	$\lambda=3.61+1.517\times10^{-2}T-1.741\times10^{-6}T^2$	403～1 100
凝固/熔化时的体积变化*	—	$\Delta V_m/V_m\approx0$	NA

注：* 指缓慢熔化(准平衡条件)下的体积变化平均值。

由表 3-2 可知在反应堆正常运行温度范围内，LBE 热导率为 10～14[W/(m·K)]，约为压水堆满功率运行时水的热导率的几十倍。热导率是表征物体分子导热能力的重要参数，因此包括 LBE 在内的液体金属有远超一般流体的分子导热能力。此外，热导率还参与构成了另一个重要的物理量，即热扩散率 a，其定义为

$$a=\frac{\lambda}{\rho c_p} \tag{3-1}$$

式中：λ 为热导率；ρ 为密度；c_p 为定压比热容。

热扩散率表征的是物体某点温度变化向其他方向传播的能力，热扩散率越大意味着物体内部温度越容易趋于平均。钠、LBE 等液态金属的热扩散率能达到水的数十至数万倍。因此对于液态金属，壁面的热边界条件影响范围更广，不同的流道几何结构和壁面边界条件(等壁温或等热流密度)，均会对液态金属的传热行为产生影响。

热扩散率是与传热相关的重要物理量，而运动黏度则是与流动相关的重要物理量，表征了流体的动量传输能力，也称为动量扩散率。同时，运动黏度是构成表征流体流动状态重要无量纲数雷诺数(Re)的唯一物性参数。在流道尺寸和流速一定的情况下，运动黏度相同的流体具有相同的 Re。铅铋的运动

黏度与水相近，因此铅铋的流动特性与水是相似的。

利用 LBE 等液态金属与水的热扩散率、动量扩散率不同可知，对于 LBE 等液态金属，其动量传输能力远小于热传输能力。两者的比值构成了边界层理论中最重要的一个无量纲数——普朗特数(Pr)，其定义为

$$Pr = \frac{\upsilon}{a} \tag{3-2}$$

式中：υ 为运动黏度。对于 LBE 等液态金属，其 Pr 远小于 1，属于低 Pr 流体，其 Pr 值约为水的 1%，甚至更低。低普朗特数流体热边界层范围远大于速度边界层范围，即温度场受速度场的影响并不如水、空气等普朗特数约为 1 的普通流体大。因此，铅铋等液态金属的传热特性与水、空气等普通流体有着较大的区别。

铅铋的密度大约是水密度的 10 倍。较大的密度一方面限制了反应堆装置的尺寸(考虑到抗震要求)，另一方面当发生严重事故导致堆芯熔化时，因燃料和包壳材料密度比铅铋冷却剂低，熔化后将在浮力作用下漂浮于铅铋冷却剂自由液面上，因此不会发生类似水堆那样熔融物堆积于压力容器底部导致其熔穿的风险。

此外，铅、铋及铅铋合金熔化前后的体积变化率极低，因此在固态与液态的相转变过程中，几乎不发生体积变化，极大降低了凝固及再熔化时对压力容器和堆内构件材料的应力损伤风险。

3.1.2 化学属性

铅铋合金化学性质稳定，与空气和水接触不会发生化学反应。但是铅铋合金对于结构材料具有腐蚀性，腐蚀方式包括化学腐蚀和物理腐蚀，主要有如下几种形式：① 溶解；② 氧化；③ 冲蚀；④ 磨蚀；⑤ 温度梯度传质。溶解使结构金属析出至冷却剂形成氧化物和杂质；氧化使结构材料表面形成氧化层，且视氧化程度不同分别形成致密、疏松、多孔氧化层；冲蚀和磨蚀使氧化层剥落，并导致 LBE 向结构材料内部进一步渗透，从而加速溶解和氧化腐蚀；温度梯度传质使高温区溶解的结构金属、杂质和氧化物随冷却剂流动至温度较低的区域，并形成不溶解核心，在结构材料表面沉积、黏附、生长。

图 3-3 给出了溶解、氧化及温度梯度传质的过程。

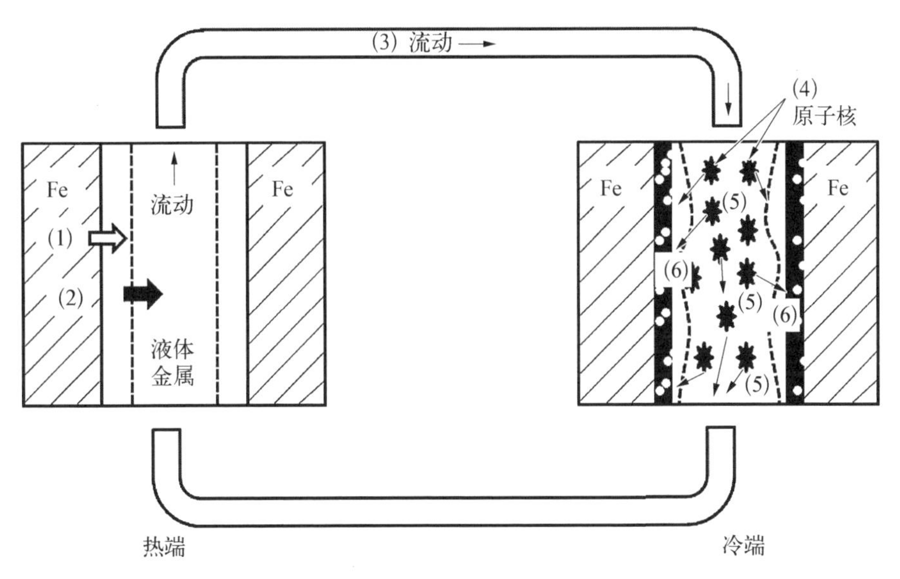

1—溶解；2—扩散；3—溶解金属的转移；4—成核；5—晶粒迁移；6—结晶与结块。

图3-3　温度梯度传质过程

目前的研究表明，冲蚀、磨蚀主要受流速的影响，而溶解、氧化主要受铅铋合金中氧含量及温度的影响。因此，在寻找到新的耐腐蚀材料或发展出有效的抗腐蚀技术前，为保证铅铋反应堆的设计寿命，需要对设计流速和最高运行温度加以限制。通常，在铅铋反应堆装置设计中，LBE 最大流速应设计在 2 m/s 以下，堆芯出口温度通常不超过 500 ℃。

3.1.3　辐照特性

600 MeV 能量级的中子可诱发铅(Pb)和铋(Bi)的散裂反应，这些反应将产生与铅和铋原子质量相近的散裂产物。因此，在铅铋合金受快中子辐照过程中，可能出现多个非弹性反应，产生同位素产物。这些核素中有一些具有挥发性，比较危险且半衰期相当长。例如，铅辐照时可产生汞同位素(约从^{180}Hg 到^{206}Hg)，更严重的是铋在辐照过程中可产生钋同位素(^{209}Po 及^{210}Po)，其中^{210}Po 具有 α 放射性，半衰期为 138 天。

辐照时产生的钋(Po)同位素最终可能形成铅钋化合物、氧化钋以及挥发性钋化氢。当反应堆维修或运行期间发生铅铋合金泄漏事故时，辐照时累积的放射性钋将以气溶胶及挥发性钋化氢的方式向外界释放，从而对人员产生放射性伤害，增加了铅铋快堆的运行和维修难度。

3.2 铅铋反应堆热工问题研究

由前一章节铅铋合金的热物性可知，铅铋合金属于低普朗特数流体，其传热行为与水、空气等普通流体存在本质区别，并带来一些特殊的现象。此外，铅铋合金为重金属，且运行范围内始终为单相，密度随温度的变化率较低，有可能对自然循环产生不利影响。最后，一些特定的事故工况也将带来特殊的热工与安全问题。

3.2.1 研究现状

前一节对LBE等液态金属的属性进行了介绍，液态金属由于其较强的传热性能，及常压/低压下较高的沸点，使得以液态金属作为冷却剂的反应堆可以不需要在一回路中维持高压，从而极大地降低了一回路泄漏的风险。此外，其较低的中子慢化能力，使其成为快中子反应堆较为理想的冷却剂材料之一。主要的液态金属冷却反应堆(LMR)冷却剂包括钠冷却剂、铅铋冷却剂及铅冷却剂。

20世纪50年代初，美国和苏联几乎同时开展液态金属反应堆研究。美国最初考虑到钠在燃料增殖上的巨大优势，建造了钠冷反应堆的地面原型实验堆。但是，钠冷却剂具有较高的化学活性，与空气和水接触有火灾和爆炸的危险性，在经过多次事故后被拆除退役。此后，美国开始开展铅铋反应堆的研究与开发工作。

苏联则从开始就选择相对于钠安全性更高的铅铋合金作为液态金属冷却剂。铅铋合金的沸点比钠更高，事故下沸腾风险极低，同时对空气和水具有化学惰性，安全性更高。苏联成功实现了铅铋堆的工程应用，并在长达15年左右的系统工作中解决了冷却剂技术、结构材料耐腐蚀和传质等复杂问题，从而可确保铅铋堆长期可靠运行。基于这些工程实践和经验总结，俄罗斯研究设计了SVBR-75/100型铅铋冷却反应堆。

虽然美国和苏联对铅铋合金等液态金属反应堆的早期探索均遭遇了失败，但液态金属，尤其是铅铋合金的巨大优势，仍然驱使着人们不断对其进行研究。早期发现的问题部分已得到解决，但仍有部分需要进一步深入研究。

3.2.2　流动与传热

核反应堆流动与传热分析中首先需要开展低普朗特数流体流动传热问题以及传热关系式研究。

3.2.2.1　低普朗特数流体流动传热问题

在研究传热特性之前，有必要先研究流动特性，因为流动对于传热有显著的影响。由铅铋合金的热物性可知，其运动黏度 (υ) 与水较为接近，即不同速度流体中的分子间动量输运速率与水相近。因此，在相同流道结构(L)和流速(u)条件下，铅铋合金的雷诺数(Re)与水相近。而 Re 是描述流体流动特性的重要无量纲数，其表达式如下：

$$Re = \frac{uL}{\upsilon} \tag{3-3}$$

Re 表征的是惯性力与黏性力的比值，故铅铋合金与水等普通流体的流动特性是相近的。现有的研究结果也表明，液态金属的流动特性与非金属流体没有太大差别。Zheng 等的研究进一步证实了这一点，其研究结果表明：在稳态和瞬态条件下，铅铋流动特性均可以用水来近似模拟。

因此，一般流体的流动关系式，如压降关系式等，可以适用于液态金属流动问题上。

但是，液态金属的热物性相较于一般流体，其具有极高的热导率 λ、更低的定压比热容 c_p，与水相近的运动黏度 υ。这些参数可以组合成为一个特征量，即普朗特数 Pr，其定义如下：

$$Pr = \frac{\rho \upsilon c_p}{\lambda} = \frac{\upsilon}{a} \tag{3-4}$$

式中：$a = \dfrac{\lambda}{\rho c_p}$，称为热扩散率。

普朗特数描述了动量扩散能力与能量扩散能力的比值。对于液态金属，普朗特数的范围为 $10^{-3} \sim 10^{-2}$ 量级。而传统介质，如空气或水的普朗特数约为 1；机油的普朗特数为 $10^{2} \sim 10^{6}$ 量级。

但是，在湍流条件下，热量的湍流传导十分重要，流体不同流动区域的传热过程同时取决于分子传导和湍流传导。对于空气和水等一般流体，分子导热仅作用于壁面附近的层流底层。而对于液态金属，即使是湍流中心，分子导热与湍流传导也具有几乎相同的量级。因此，层流底层的厚度对于液态金属的传热过程不太重要，其热阻只占总热阻的很小部分。由于分子导热的影响十分深远，液态金属的热阻并不是集中于层流底层或缓冲层，而是比较均匀地分布于整个流道截面。因此，液态金属传热机制的细节与空气和水不同。

液态金属的这种特殊性质，对于传热有很大影响。

(1) 一般流体湍流传热系数的关系不再适用于液态金属，因为两者的湍流传热机理不同。

(2) 在湍流条件下，由于液态金属流动中的分子热传导更为重要，壁面的热边界影响范围更深远，因此不同热边界（如等温边界和等热流密度边界）的传热存在区别。

(3) 对于水等一般流体，湍流下主要依靠涡流运动传热，温度场极大地受到速度场的影响，因此在结构不同但基本流动形态相同的系统中，可以利用水力直径的概念套用传热关系式，如圆管的传热关系式在具有相同水力直径的槽道或棒束流动传热中也能使用。但对于液态金属，分子导热在湍流区仍有重要影响，其温度分布更多受到壁面热边界的影响，因此不能随意用水力直径关联传热数据。

(4) 在湍流条件下，液态金属的热入口效应比普通流体大得多，加热面的热流分布情况对传热系数有很大的影响。

3.2.2.2 传热关系式研究

1) 圆管

Lyon 基于 Martinelli 的思想，认为液体金属的导热不可忽略，同时假设径向上物性和涡流特性为常数，最早提出了光滑圆管充分发展湍流下液态金属管内流动的 Lyon - Martinelli 积分关系式，并通过数值积分得到了拟合的半经验传热关系式：

$$Nu = 7.0 + 0.025\left(\frac{Pe}{Pr_t}\right)^{0.8} \tag{3-5}$$

式中：Nu 为努塞尔数，是跨越边界的对流热量与传导热量的比率；$Pe=Re\cdot Pr$ 为贝克莱数；$Pr_t=\frac{\varepsilon_M}{\varepsilon_H}$ 为湍流普朗特数，表征涡流动量扩散率与涡流热扩散率的比值。

式(3-5)基本奠定了圆管内充分发展湍流下液态金属的传热关系式结构，即

$$Nu=A+BPe^CPr^D \tag{3-6}$$

式中：Pr^D 项仅少数学者用到，以区分碱金属和重金属，但实验中并未观测到此区别。同时由于液态金属 Pr 非常低，此项的影响不大。基于此结构的 Nu 各种常数如表3-3所示。

表3-3　等热流密度边界下圆管充分发展湍流液态金属传热关系式常数

编号	作者及年份	A	B	C	D
1	Lyon (1949,1951)	7	0.025	0.8	0
2	Stromquist (1953)	3.6	0.018	0.8	0
3	Lubarsky (1955)	0	0.625	0.4	0
4	Hartnett (1957)	5.33	0.015	0.8	0
5	Sleicher (1957)	6.3	0.016	0.91	0.3
6	Kutateladze (1959)	3.3	0.014	0.8	0
7	Kutateladze (1959)	5	0.002 1	1.0	0
8	Kutateladze (1959)	5.9	0.015	0.8	0
9	Ibragimov (1960)	4.5	0.014	0.8	0
10	Subbotin (1963a)	5	0.025	0.8	0
11	Skupinski (1965)	4.82	0.018 5	0.827	0
12	Notter (1972)	6.3	0.016 7	0.85	0.08
13	Chen (1981)	5.6	0.016 5	0.85	0.01

（续表）

编号	作者及年份	A	B	C	D
14	Siman - Tov (1997)	0	0.685	0.3726	0
15	Kirillov (2001)	4.5	0.018	0.8	0

对于等温壁面边界，由于相关实验数据非常少，尽管也发展了不少关系式，但这些关系式缺乏足够的实验验证，表 3-4 给出了一部分等壁温边界下的传热关系式常数。

表 3-4　等温壁面边界下圆管充分发展湍流液态金属传热关系式常数

编号	作者及年份	A	B	C	D
1	Seban (1951)	5.0	0.025	0.8	0
2	Harnett (1957)	3.85	0.015	0.8	0
3	Sleicher (1957)	4.8	0.015	0.91	0.3
4	Azer (1961)	5.0	0.05	0.77	0.25
5	Notter (1972)	4.8	0.015 6	0.85	0.08
6	Chen (1981)	4.5	0.015 6	0.85	0.01
7	Reed (1987)	3.3	0.02	0.8	0

Tricoli 基于表面更新的概念，提出对于不可压缩高 Pe 低 Pr 的流体，等温壁面 ($T_w = \text{const}$) 和等热流密度壁面 ($q_w = \text{const}$) 的当地温度梯度之比为常数，从而得到下列关系式，并用有限的实验数据进行了验证：

$$\frac{Nu\,|_{T_w=\text{const}}}{Nu\,|_{q_w=\text{const}}} = \frac{\pi^2}{12} \tag{3-7}$$

对于等温壁面边界条件下的圆管内液态金属充分发展湍流的传热，可结合式(3-7)进行预测。

2）环管

对环管的研究可解决以下两类问题：一类是套管式换热器的内外管间环

形流道的传热；另一类是特定排布的燃料组件，可考虑采用环管结构解决单棒问题。

表 3-5 给出了部分同心环管液态金属的传热实验数据。表中 r^* 为内管(r_i)与外管(r_o)的半径比，即 $r^* = \dfrac{r_i}{r_o}$。$r^* = 0$ 和 $r^* = 1$ 分别代表圆管和槽道。

表 3-5　同心环管液态金属的传热实验数据

编号	作者及年份	流　体	r^*	Pe	热边界条件
1	Trefethen (1951)	Hg	0.432 5；0.572 1；0.717 4；0.719 7；0.855 8；0.857 0	100～2 000	内壁冷却 外壁绝热
2	Khabakhpasheva (1961)	NaK	0.476 2；0.588 2；0.714 3	300～1 100	两面加热 一面加热
3	Petrovichev (1961)	Hg	0.483 3；0.643 1	700～5 000	两面冷却
4	Subbotin(1961)	Hg	0.917 4；0.952 4	200～3 500	两面加热 一面加热
5	Baker (1962)	NaK-44	0.476 2	60～1 500	内壁冷却 外壁绝热
6	Dwyer (1966)	Hg	0.359 7	不适用	内壁加热
7	Borishanskii (1969 d)	Na	0.65；0.734	400～4 000	两面加热 一面加热
8	Rensen (1982)	Na	0.540 9	30～350	内壁加热
9	Lefhalm (2004) Zeiniger (2009) Marocco (2012)	LBE	0.136 7	450～7 000	内壁加热
10	Ma (2011)	LBE	0.431 6	不适用	内壁加热

Rensen 通过实验(内壁加热外壁绝热)得到了经验关系式，其适用范围为 $Re = 6\times10^3 \sim 6\times10^4$：

$$Nu = 5.75 + 0.022Pe^{0.8} \tag{3-8}$$

而通过 Hartnett 的研究得到同样热边界条件下的理论关系式为

$$Nu = 4.2 + 0.015Pe^{0.8} \tag{3-9}$$

不难发现，其结果比 Rensen 的实验关系式结果低。因此，Hartnett 的理论关系式过于保守，与实验偏差较大。

同时，工程应用上更希望得到对任意半径比 r^* 下的通用关系式。Dwyer 给出了如下的半经验公式：

$$Nu = \alpha + \beta\left(\frac{Pe}{Pr_t}\right)^{0.8} \tag{3-10}$$

式中：α 和 β 为经验系数，Pr_t 由 Dwyer 的圆管模型中给出：$Pr_t = 1 - \dfrac{1.82}{Pr\left(\dfrac{\varepsilon_H}{\upsilon}\right)_{max}^{1.4}}$。虽然该式确定的湍流普朗特数在 $Re < 10^4$ 时为负，但实际中液态金属极少出现如此低雷诺数的情况。

基于 Rothfus 提出的速度分布，上式的经验系数可表达为 r^* 的函数。基于此思想，Dwyer 随后提出了相关经验系数的具体表达。

(1) 内壁加热，外壁绝热：

$$\begin{aligned} \alpha_1 &= 4.82 + \frac{0.697}{r^*} \\ \beta_1 &= 0.0222 \\ \gamma_1 &= 0.758(r^*)^{-0.053} \end{aligned} \tag{3-11}$$

式(3-11)被证明在 $0.005 < Pr < 0.03$ 及 $3 \times 10^2 < Pe < 1 \times 10^5$ 范围内，其结果与 Resen 的实验数据偏差为 10%～15%。Marocco 也证实该式与他们的实验数据符合良好，此外他们还发现 Chen 等提出的等热流密度边界下的圆管关系式也与环管实验结果符合良好。

(2) 外壁加热，内壁绝热：

$$\begin{aligned} \alpha_2 &= 5.54 + \frac{0.023}{r^*} \\ \beta_2 &= 0.0189 + \frac{3.16 \times 10^{-3}}{r^*} + \frac{8.67 \times 10^{-5}}{(r^*)^2} \\ \gamma_2 &= 0.758(r^*)^{0.0204} \end{aligned} \tag{3-12}$$

该模型与 Petrovichev 的实验数据(Hg)符合非常好，但 Baker 的 NaK 实验数据比该模型的结果高 15%以上，尽管其实验的流动可能未充分发展。

3）棒束

工程上最为关心的是燃料棒的传热特性，因此对棒束的传热关系式研究较多。表 3-6 给出了调研到的一些三角排列和六边形排列的碱金属和 Hg 的相关实验数据。数据涵盖了 $1.0 \leqslant \frac{P}{D} \leqslant 1.95$、$20 \leqslant Pe \leqslant 4\,500$、7～37 棒的范围。

表 3-6　碱金属及水银的三角排列和六边形排列裸棒棒束传热实验

编号	作者及年份	流体	棒数	$\frac{P}{D}$	Pe	温度测量
1	Friedland (1961a)	Hg	19	1.38;1.75	190～4 000	中心棒，多个轴向及方位角位置
2	Borishanskii (1963)	Na	7	1.2	30～345	中心棒
3	Borishanskii (1964)	Na	7	1.5	28～172	中心棒
4	Maresca (1964) Nimmo (1965)	Hg	13	1.75	150～4 000	中心棒，多个轴向及方位角位置
5	Kalish (1967)	NaK-44/56	19	1.75	250～1 200	中心棒，多个轴向及方位角位置
6	Pashek (1967)	Na	7	1.2	20～120	中心棒
7	Zhukov (1967)	Hg	7	1.1;1.2;1.3;1.4;1.5	150～3 000	中心棒，可转动到任意方位角
8	Hlavac (1969)	Hg	13	1.75	550～3 800	中心棒，多个轴向及方位角位置
9	Borishanskii (1969b)	Na ($Pr=0.03$)	7	1.1;1.3;1.4	65～2 200	作者未提及
10	Subbotin (1971)	Na	37	1.1	20～1 800	中心棒、边角棒，可以旋转
11	Gräber (1972)	NaK-44/56	31	1.25;1.60;1.95	106～4 300	11 根不同棒，每根在数个方位可测

基于这些实验数据，提出了很多的经验和理论关系式，大多数都采用下列结构(具体可参见表 3－7)：

$$Nu\left(\frac{P}{D},\ Pe\right)=A\left(\frac{P}{D}\right)+B\left(\frac{P}{D}\right)Pe^{C\left(\frac{P}{D}\right)} \tag{3-13}$$

表 3－7 液态金属流过三角排列棒束的传热关系式

编号	关系式	
式 1	$Nu=7.0+3.8\left(\frac{P}{D}\right)^{1.52}+0.027\left(\frac{P}{D}\right)^{0.27}\left(\frac{Pe}{Pr_t}\right)^{0.8}$	$Pr_t=1-\frac{1.82}{Pr\left(\frac{\varepsilon_H}{\upsilon}\right)_{max}^{1.4}}$
式 2	$Nu=6.66+3.126\frac{P}{D}+1.184\left(\frac{P}{D}\right)^2+0.0155\left(\frac{Pe}{Pr_t}\right)^{0.86}$	$Pr_t=1-\frac{1.82}{Pr\left(\frac{\varepsilon_H}{\upsilon}\right)_{max}^{1.4}}$
式 3	$Nu=\begin{cases}Nu_1, & Pe<200\\ Nu_1+Nu_2, & Pe>200\end{cases}$	$Nu_1=24.15\lg\left[-8.12+12.75\frac{P}{D}-3.65\left(\frac{P}{D}\right)^2\right]$ $Nu_2=0.0174\left\{1-\exp\left[-6\left(\frac{P}{D}-1\right)\right]\right\}(Pe-200)^{0.9}$
式 4	$Nu=0.25+6.2\frac{P}{D}+\left(0.32\frac{P}{D}-0.007\right)Pe^{0.8-0.024\frac{P}{D}}$	
式 5	$Nu=4.0+0.16\left(\frac{P}{D}\right)^{5.0}+0.33\left(\frac{P}{D}\right)^{0.38}\left(\frac{Pe}{100}\right)^{0.86}$	
式 6	$Nu=7.55\frac{P}{D}-20\left(\frac{P}{D}\right)^{-13}+\frac{3.67}{90}\left(\frac{P}{D}\right)^{-2}Pe^{0.19\frac{P}{D}+0.56}$	
式 7	$Nu=0.047\left\{1-\exp\left[-3.8\left(\frac{P}{D}-1\right)\right]\right\}(Pe^{0.77}+250)$	

需要注意的是，表 3－7 中关系式的系数随节径比$\frac{P}{D}$线性变化，这使得它

们的结果与各自适用范围内的实验数据符合良好,但在适用范围之外的数据并不完全适用。为此,IPPE 研究了普朗特数接近零,包壳内壁为均匀热流密度的情况,认为此种情况下平均 Nu 受温度和热流密度方位变化的影响,并定义该影响变量:

$$\varepsilon_K = \frac{\lambda_2}{\lambda_3} \frac{1-\Lambda_0\left(\frac{r_1}{r_2}\right)}{1+\Lambda_0\left(\frac{r_1}{r_2}\right)}$$

$$\Lambda_0 = \frac{\lambda_2 - \lambda_1}{\lambda_2 + \lambda_1} \tag{3-14}$$

式中:下标 1、2、3 分别表示燃料芯块、包壳和冷却剂,ε_K 表示定义为考虑普朗特数接近零、热流密度为均匀加热边界条件下的对努塞尔数 Nu 的影响,$\varepsilon_K \to 0$ 表示包壳导热低于冷却剂,可近似为均匀热流密度。对于 $\varepsilon_K \to \infty$ 的情况,Ushakov 给出了下列关系式:

$$Nu = Nu_{\mathrm{lam}} + \frac{3.67}{90\left(\frac{P}{D}\right)^2}\left[1 - \frac{1}{\frac{1}{6}\left[\left(\frac{P}{D}\right)^{30} - 1\right] - \sqrt{1.24\varepsilon_K + 1.15}}\right] \cdot Pe^{m_l} \tag{3-15}$$

$$Nu_{\mathrm{lam}} = \left[7.55\frac{P}{D} - \frac{6.3}{\left(\frac{P}{D}\right)^{17\left(\frac{P}{D}\right)\left(\frac{P}{D}-0.8\right)}}\right]\left[1 - \frac{3.6\frac{P}{D}}{\left(\frac{P}{D}\right)^{20}\left(1+2.5\varepsilon_K^{0.86}\right)+3.2}\right] \tag{3-16}$$

$$m_l = 0.56 + 0.19\frac{P}{D} - 0.1\left(\frac{P}{D}\right)^{-80} \tag{3-17}$$

式(3-15)~式(3-17)的适用范围为 $1.0 \leqslant \frac{P}{D} \leqslant 2.0$、$1 \leqslant Pe \leqslant 4\,000$、$0.01 \leqslant \varepsilon_K \leqslant \infty$。在此范围内,与作者的试验数据偏差为±15%。由上述关系式,当 $\frac{P}{D}$ 增加时,边界条件的影响降低。当 $\frac{P}{D} > 1.3$ 时,式(3-15)~式(3-17)简化为表 3-10 的式 6。

研究表明，随着 $\frac{P}{D}$ 增加，公式中层流 Nu 的贡献显著增大，而指数项几乎不变，接近 0.8。然而，Weinberg 综述了实验研究，发现得到的关系式对表面杂质沉积、润湿性和表面粗糙度颇为敏感，这些公式只在各自验证范围内可用。

4）温度分布和格架影响

裸棒平均 Nu 适用于反应堆堆芯棒束的工程分析和设计，但是对于事故和瞬态情况，更关注的是局部峰值温度。为此，Subbotin 提出了下列关系式描述峰值温度（$T_{\mathrm{w}}^{\max}$）和最低温度（$T_{\mathrm{w}}^{\min}$）间的差值：

$$T_{\mathrm{w}}^{\max}-T_{\mathrm{w}}^{\min}=\frac{q_w''D}{2\lambda}\frac{\Delta\theta_{\max,\,\mathrm{lam}}}{1+\gamma Pe^{\beta}}$$

$$\Delta\theta_{\max,\,\mathrm{lam}}=\frac{0.022}{\left(\frac{P}{D}\right)^{3\left(\frac{P}{D}-1\right)^{0.4}}-0.99}\left\{1-\tanh\left[\frac{1.2\exp\left(-26.4\left(\frac{P}{D}-1\right)\right)+\ln\varepsilon_K}{0.84+0.2\left(\frac{\frac{P}{D}-1.06}{0.06}\right)^{2}}\right]\right\}$$

$$\gamma=0.008(1+0.03\varepsilon_K)$$

$$\beta=0.65+51\frac{\lg\frac{P}{D}}{\left(\frac{P}{D}\right)^{20}}\tag{3-18}$$

该模型适用范围为 $1.0<\frac{P}{D}\leqslant 1.15$、$1.0<Pe\leqslant 2\times 10^{3}$。

液态金属堆一般采用格架和绕丝对燃料棒进行定位，以确保燃料棒间距。部分学者对带格架和绕丝的棒束进行了研究，但尚未得到通用的关系式。同时，由于格架和绕丝的存在能加强湍流搅混，强化传热，因此裸棒的关系式可作为保守关系式用于工程设计，此处不再对格架和绕丝进行论述。

3.2.3 自然循环不稳定性

由前文铅铋合金物性可知，铅铋为重金属，密度较大，且根据密度与温度的变化关系式：

$$\rho = 11\,096 - 1.323\,6T \tag{3-19}$$

知其密度随温度的变化率非常低，每 100 ℃的温度变化（如由 400 ℃升温至 500 ℃），仅导致密度变化约 1.25%。而即使是单相的水，每 100 ℃的温度变化（如 15.5 MPa 下由 200 ℃上升至 300 ℃），密度变化率为 16.96%。因此，单纯从冷却剂本身的密度特性方面，在相同的回路条件下，铅铋冷却剂的自然循环能力明显低于水冷却剂。但是，铅铋合金的其他热工属性可以弥补这个缺陷，如没有沸腾临界危机的风险可以高效地传热。

同时，为增强铅铋快堆的自然循环能力，防止铅铋合金对能动机械泵叶轮的腐蚀，有研究者提出采用气体提升泵的概念。其中，对日本的直接接触沸水快堆（PBWFR）的研究最多。该堆通过将水注入堆芯上部，与高温的铅铋合金直接接触而沸腾，沸腾产生的气泡在浮力的作用下上升产生提升泵的效应，增强自然循环能力。Takahashi 等发表了多篇文章对其进行了介绍，Novitrian 及 Vaclav 等也对此开展了相关研究。

此外，Takahashi 等在 PBWFR 的基础上，提出了一种新的压水铅铋冷却快堆（PLFR）概念，同样采用了气体提升泵的概念。

3.2.4　热分层现象

对于包括铅铋合金在内的液态金属而言，由于其热导率较高，另一个需要注意的问题是热分层现象。过大的热分层温度梯度，将导致主容器和堆内构件的热应力损伤。

Hiroyasu 等对“Monju”堆在 45%热负荷时跳机导致紧急停堆后上腔室内的热分层现象开展了研究。分析结果表明：在低于 0.3 m/s 的流动状态下，上腔室发生了明显的热分层，且随着时间的推进，热分层的边界逐渐上移，但热分层现象仍然较为明显。

针对矩形水平管道内的 LBE 流动传热行为，进一步研究了浮升力对热分层的影响。研究发现在低 *Re*（低流速）和高 *Gr*（即浮升力占主导）时，均发生了明显的热分层，图 3－4 中间列为温度分布，由上至下 *Re* 或 *Gr* 增大）。

M. Tarantino 等基于 ICE 试验回路，研究了铅铋池式堆的热工水力行为。其中，在对堆芯流动传热的数值研究中，同样发现了明显的热分层现象。在其他学者的研究中，也发现了热分层的现象，此处不再详细列出。

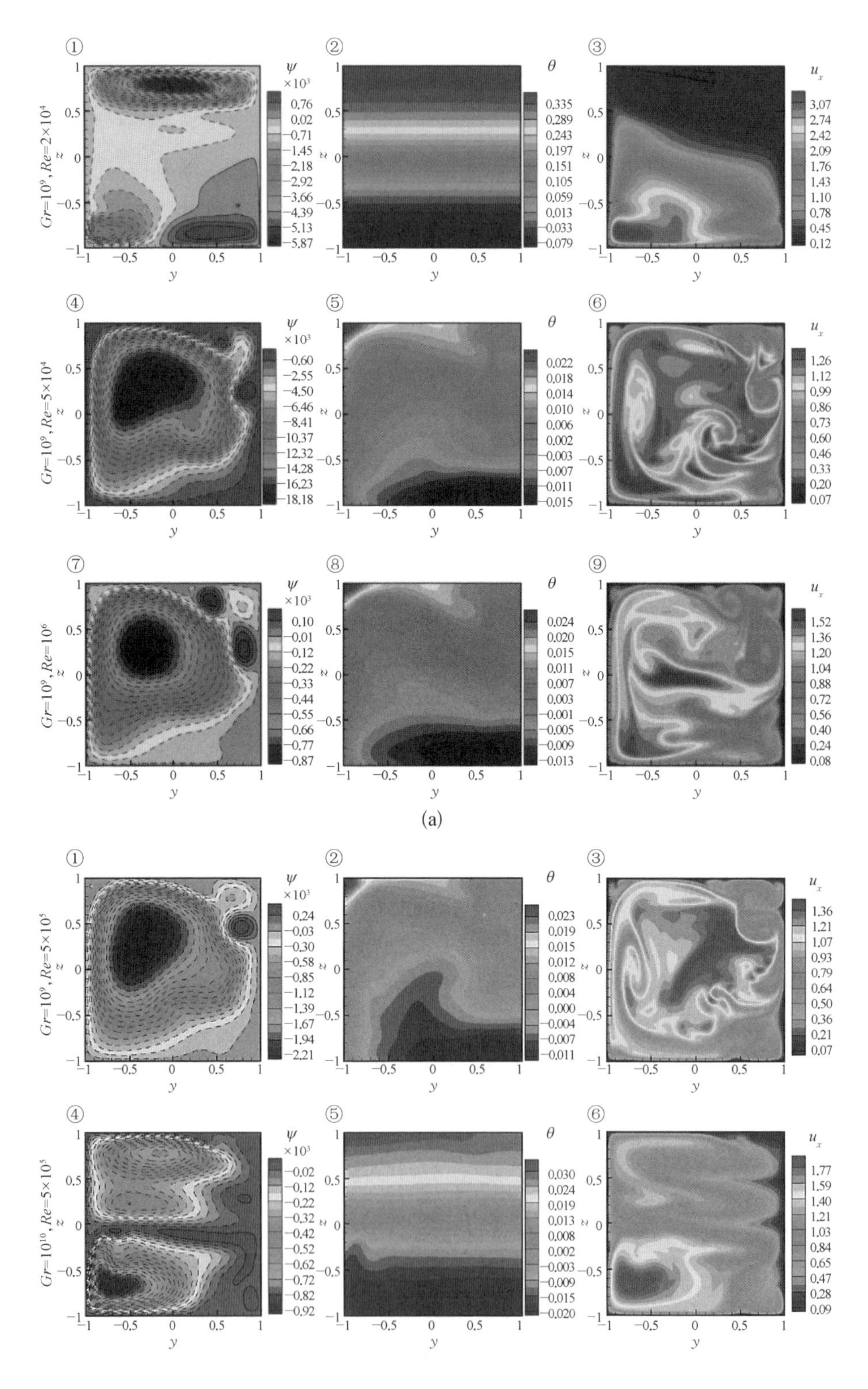
①
②
③
④
⑤
⑥
⑦
⑧
⑨
Gr=10^9, Re=2×10^4
Gr=10^9, Re=5×10^4
Gr=10^9, Re=10^6
Gr=10^9, Re=5×10^5
Gr=10^10, Re=5×10^5
ψ ×10^3
θ
u_x
y
z

(a)

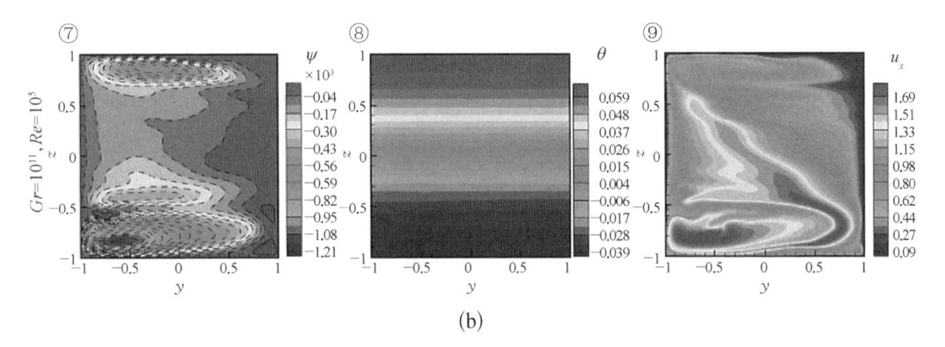

图3-4　不同 *Re* 及 *Gr* 对速度场、温度场等的影响

(a) 不同 *Re* 的影响；(b) 不同 *Gr* 的影响

3.3　铅铋反应堆安全

铅铋反应堆安全需要平衡安全性与经济性，以及冷却剂安全属性、铅铋反应堆固有安全。

3.3.1　安全性与经济性

在核能利用发展的几十年历程中，反应堆安全一直是人们关心的问题，反应堆发生严重事故的概率很低，但一旦发生将会造成严重的放射性污染，并且会带来很大的经济损失。

(1) 1979 年美国三哩岛的二号反应堆(TMI-2)的事故。由于技术故障(安全阀保持打开状态)和不恰当的人员操作导致一回路冷却剂丧失，导致了堆芯局部熔化的严重事故，释放出来的小范围的放射性物质已经被限制。

(2) 1986 年 4 月 26 日苏联发生的切尔诺贝利灾难。四号反应堆因瞬发中子失控引发爆炸，并且向大气释放了大量的放射性物质。事故的发生是由于违反操作规则以及反应堆设计存在缺陷，所以瞬发中子失控并引发了爆炸。

(3) 2011 年，日本福岛核电厂因为地震引发的海啸和长时间停电引发了灾难，最终导致堆芯熔化的严重后果，并且蒸汽-锆反应生成氢气和空气混合爆炸气体。福岛核事故所产生的影响非常深远，直到 10 多年后的今天，全球都还在为福岛核事故所带来的核污染问题困扰和担忧。

导致这些核事故的初因事件都不同，如人员失误、技术故障、设计缺陷、极端外部影响等。但是，这些普通原因都造成了严重事故，并且带来了很大的影响。

随着大家对各种核事故发生的原因进行详细分析，可以得出产生的这些后果都来源于储存在反应堆及反应堆冷却剂系统中的各种能量（这里把其称作“势能”），例如水冷却剂压缩能量、锆和水蒸气反应之后产生的化学能量等。

由于在过去的几十年中发生了三次严重核事故，很多国家、团体对核能发电的安全性已经失去了信心。所以为了获得大家的信心，必须在未来的核能开发利用中找到一种最安全、最经济的实现方式。

俄罗斯的谢尔盖·基里延科（俄罗斯国家原子能公司原总负责人）在2011年核电站发展国际会议全体特别会议（ICAPP 2011，法国尼斯）的演讲中对福岛核电厂1号机组事故作出了分析，并且明确地提出了三个响应策略，其中一个就是设计建造天然安全（固有安全）的反应堆，从而消除各种严重事故影响。

反应堆的有关危害主要由两个因素决定：

（1）辐射潜在累积，如反应堆中包含的总放射性物质。

（2）不同事故发生时，可能释放到环境中的放射性物质。

第一个因素与反应堆类型的关系不大，因为包含在反应堆中的放射物主要取决于裂变产物的数量以及反应堆的热功率和这个功率级上的总持续时间。

第二个因素主要取决于反应堆类型和聚集在反应堆材料中的反应性裕量、反应性反馈作用、设计特点和势能（核能、内部热能、冷却剂压缩能、化学能），这些能量的释放会导致放射物污染环境。因此，与反应堆相关的危害（相同功率级和操作时间）主要取决于第二个因素。

反应堆事故发生时会释放出反应堆储存的势能，所以反应堆设计阶段应使其危害降低到最低限度。储存在反应堆冷却剂内的势能（非核）与冷却剂固有的属性直接相关，并且该属性无法通过工程方法来解决。

传统反应堆核电厂安全要求设计建造一系列的安全系统和纵深防御屏障，这样才能降低严重事故发生的概率，但是不能实际消除事故发生的后果以及事故影响。同时，评估事故发生的概率时，基本设备故障、安全系统、保护屏障和人员过失被当作随机事件。但是，概率安全分析（PSA）方法应用于概率很低的严重事故（每个反应堆一年的概率为10^{-6}甚至更低）分析时，得到的结果中还存在着大量不确定性，这些结果的可信度不在规定范围内。因此，设计建造具有高固有安全特性的反应堆，从根本上消除严重事故的后果及严重放射性影响，是核能发展的唯一出路。

但是，实际上安全性和经济性要求本身是相互矛盾的，储存在冷却剂中的势能不仅影响安全性能，而且还影响核电厂的经济性能。强调安全要求时，安全系统、纵深防御屏障的数量和效能的增加会导致核电厂经济性变差，为确保安全性所设置的多道且复杂的防御屏障，都会对经济性指标参数提出挑战。在传统反应堆核电厂，反应堆及反应堆冷却剂系统中存储的势能很高。因此，根本之计就是采用革新设计使冷却剂储存的势能值最低，而且反应堆固有的安全性能可以达到最高程度，在提高核电厂安全性的同时提高其经济性。

高固有反应堆安全性，可确定性地消除压水反应堆型所有最严重的事故，从而可以不用配置以下大量的安全功能：一回路浓硼补水、一回路硼水储存，一回路破裂情况下冷却剂的冷却和回收，氢气风险消除。这些也使得反应堆对可靠的电力供应系统的需求大大降低，因为在反应堆中冷却剂提供了固有安全性，铅铋反应堆设计没有对可靠交流电源的需求。因此，采用铅铋冷却剂的反应堆在运行维护方面将大大简化，这样也同步提升了电厂的经济性。

在快堆中没有中毒效应，负温度反应性系数低，燃料燃耗补偿和裂变产物形成过程的钚，以及燃料组件的部分换料，使得较低的运行反应性裕量变得可能，且减少了反应性事故发生的风险，比缓发中子份额小，并以这种方式排除了瞬发中子的失控。液体金属冷却剂的高沸点特性允许一回路即使在高温下也可常压运行。

分析表明，采用铅铋合金作为冷却剂的反应堆设计目前认为是同时达到上述安全性、经济性同步提升并平衡的实现方式。这类反应堆具备着固有的鲁棒性，不仅可以增强单一设备故障或人为失误时的稳定性，而且还能应对安全系统在备用模式下出现的各种限制性工况。同时，在存在恐怖主义威胁的部分国家，对核电厂的建造也同样具有重要价值。

3.3.2　冷却剂安全属性

反应堆冷却剂决定着反应堆设计和核电厂供电装置的安全性和经济性能。所使用或拟用的冷却剂都存在着各自的优缺点；反应堆的用途和外部环境决定着它们的重要性。在冷却剂的长期控制过程中，其缺点已通过技术手段和设计措施得到了改善，在可以采用应急措施的情况下，这些措施能够从不同程度去影响冷却剂的技术和经济性能。

冷却剂单位容积所储存的势能是冷却剂的最重要特性。这个参数决定了反应堆和核电厂供电装置的安全等级。以下属性体现了不同冷却剂的主要优点和缺点。

(1) 水冷却剂,由于水在过去的电力应用中得到了很好的应用,所以核能利用中水冷却剂占据着主导位置。水可以传递热量,而且成本相当低。水冷却剂的缺点如下:一回路中需要高压力;暴露在有放射物和锆的化学反应事故条件下,水会和锆发生化学反应产生氢气。

(2) 钠冷却剂,钠的热力和物理性能非常好,因此钠可以为反应堆堆芯和钚的倍增时间提供大功率密度,所以在快中子增殖反应堆中没有物质可以替代钠。钠和其他液态金属的优势在于不需要在一回路中维持高压。原材料资源不受任何限制。钠冷却剂的缺点如下:高化学活性,遇空气或遇水都会引发事故,高诱发放射性会妨碍设备的长期保养和维修(2～3 周)。

(3) 铅铋冷却剂(LBC),铅铋冷却剂的优势如下:对空气和水的化学惰性,无须在一回路中维持高压,具有高原子能物理特性。铅铋冷却剂的缺点是放射性^{210}Po 在操作过程中会堆积。铋资源受到限制,但是足以进行铅铋冷却剂冷却反应堆的实际开发。

(4) 铅冷却剂,铅冷却剂具备与铅铋冷却剂一样的优势,但是钋的活动性较低(四个数量级)。铅冷却剂的成本比铅铋冷却剂的低,而且原材料资源更容易得到。铅冷却剂的缺点在于熔点高(327 ℃),比铅铋冷却剂(123.5 ℃)高了逾 200 ℃,铅的这个缺点导致对材料要求非常高。

储存在冷却剂中的潜在势能(非核)可以导致冷却剂丧失、使冷却剂停止从反应堆堆芯带走热量、损害安全系统和保护屏障,并且向环境排放放射性物质。

早期的核装置安全分析中就已经研究出势能(非核)会在受到外界影响的情况下释放出来,并且在已经发生的三次严重事故中得到了验证。冷却剂中聚集着大量的势能,可能在一回路出现故障时释放出来,并且恐怖分子很可能将其作为政治威胁工具。

分析势能影响,可以得到如下结论。

(1) 对于水冷却剂来说,一些储存的热能可以转化成蒸汽膨胀的动能,并且蒸汽膨胀会对设备造成机械性破坏,同时水蒸发会导致堆芯失去冷却作用。此外,如果发生严重事故,金属锆与蒸汽会在高温下发生锆水反应产生氢气,同时还释放出大量的热量,这些氢气会成为危害的主要来源。

(2) 钠冷却剂与空气接触时会使化学势能释放出来并引起火灾,最不理想的情况下还会使堆芯失去冷却;而与水接触时会释放出大量的氢气。

(3) 至于重液态金属冷却剂(铅铋合金、铅),储存的热能不会转化为机械能。冷却剂与空气、水和结构材料接触时不会释放出大量的能量。系统气密性出现失效的情况下,堆芯冷却不会丧失。

从上面提到的结论来看,反应堆中有冷却剂(水、钠)时,势能储存较大,其相对安全性低于重液态金属冷却剂(铅铋合金,铅),当然,对于水、钠等要达到与铅铋堆所要求的同等安全等级可以通过设计一系列纵深防御屏障和安全系统来实现。但是,这样将影响到其经济效益。

同时,低冷却剂势能的安全设计理念,其"透明度"比通过概率安全分析方法进行分析更高,其结果也更容易得到社会的认可。

与金属钠相比,由于其具有化学惰性和较高的沸点,铅铋冷却剂可以达到比金属钠更好的快堆安全性。同时,铅铋冷却剂(热力、化学和潜在压缩能量)中积累的能量与其他冷却剂相比是最小的。铅铋冷却剂的固有安全性能够消除传统类型反应堆装置特有的大量安全系统及支持系统。这种反应堆在确保高安全性的基础上显著提高了经济性,实现了二者兼具的目标。因此,使用铅铋冷却剂的反应堆设计满足最大可实现固有安全性、经济性概念的要求。

3.3.3 铅铋反应堆固有安全

切尔诺贝利事故发生后,与其他要求相比,实现反应堆安全优先级的要求变得明显。核电厂未来新概念的深入发展在全世界开始蔓延,它们的安全性在很大程度上首先是基于核反应堆的固有安全。它允许确定性的消除发生最严重事故的可能性,这些事故可能源自系统故障、操作失误、恐怖袭击等。

目前,确保反应堆安全性的方法有两种。

第一种方法为传统的方式,是基于增加系统数量,提高各种保护和本地化系统及设备的效率,从而降低重大事故发生的可能性并减少其后续的危险。这种方法的实际实现导致更复杂、更昂贵的设施,恶化了其他特性,且原则上不排除由于其实现的内部原因没有估计到而造成严重事故的概率。

第二种方法是基于确保反应堆自我保护的反应堆固有(自然)安全性的概念,其中确定性排除了自然规律造成严重事故的原因。通过这种方式,不需要构建保护和定位系统。不需要通过在严重事故进展的抽象场景框架下进行多重计算和实验调查,并通过构建大型实验设施,以复杂的方式对安全性进行确保。这种理念是充分利用自然安全特性、以简化设计的方式实现反应堆的安全。这种方法是美国的 A. Weinberg 教授和俄罗斯的 Orlov 教授经经不断研究后提出的。

无论是第一种还是第二种方法都不是以纯粹的方式实现，因为它们各自有对方的元素。然而，从发展先进的反应堆的现代哲学的安全性出发，就最重要的事故应对考虑而言，根据固有安全来确保反应堆的安全更值得推荐。在第一种方法中，采用反应堆安全性结果的概率安全分析(PSA)，将技术设备故障和作业人员的错误视为偶然事件，由于统计数据不足，有很大的不确定性，这个概率是估计的。严重事故的发生可能性很小，既不能证明其不可能发生，也不能说成千上万年以后一定会发生，严重事故的发生存在很大的不确定性和不可预计或不可统计性。另外，由于人的不良行为或故意为之，这些事件将不是偶然的，在这种情况下，概率安全分析结论本身就没有统计基础了。而且一旦发生，就意味着相应后果。所以，具有固有安全特性的反应堆，才是反应堆安全的本质。

苏联切尔诺贝利事故发生后，引发了世界各国对于核反应堆的发展和安全性的关注，2011 年福岛核事故带来的影响至今仍存在。核反应堆的安全性在很大程度上是基于其固有的安全特性，固有的安全特性可以确定性地消除最严重的事故，不论是技术安全系统故障和工作人员失误的情况，还是恶意行动、自然灾害、武装袭击等情况。因此，当前对于先进反应堆的设计，最首要的就是要求反应堆具有高的固有安全特性，确保能够对抗各种严重威胁挑战，即使面临极端事故工况都能保障反应堆不会对环境造成严重影响。用液态金属冷却剂冷却的快中子反应堆，由于其具有的独特固有安全特性，是作为当前先进的反应堆设计最具优势的选择。

当前主流的以水作为冷却剂的反应堆，安全壳是作为纵深防御设计的非常重要的一道安全屏障，但在铅铋反应堆设计中，其安全功能降级，只作为一个额外的屏障，主要防止外部行动；另外，因其安全功能需求降低，可大大提高经济性。铅铋反应堆潜在能量的低存量限制了外部动作条件下的反应堆破坏规模。所以，内在势能高低决定了最后的后果及影响，铅铋反应堆特有的极高的安全潜力，即使当诸如安全壳破坏和反应堆故障之类的事件同时发生，反应堆也不会失控，且向环境的放射性释放实质上将远低于要求人口撤离的水平。

因此，高固有安全特性和经济性也可确保拓展其应用场景，不仅可以用于核电厂的发电，而且可以在核供热电厂附近同时产生热量，并将其定位在大城市附近，也可以用于海水淡化等。

正因为铅铋冷却剂具有的安全属性，使铅铋反应堆设计具有高的固有安全特性，主要体现在常压设计、化学惰性、运行维护简化降低人因风险等方面。

3.3.3.1　常压设计

铅铋合金作为反应堆冷却剂，因其具有高沸点（1 670 ℃）和潜在蒸发热，即使在冷却剂紧急过热的情况下加热到非常高的温度时，也没有一回路超压风险，实际消除了内压引起的反应堆热爆反应的可能性，这是因为没有了蒸发导致的压力剧烈变化。因此，即使在严重的超设计基准事故的情况下，高沸点实际上排除了在具有限制性工况下燃料组件中冷却剂沸腾的可能性。

由于其非常高的沸点，即使当出口冷却剂温度达到 400～500 ℃时，一回路也可以采用常压设计。一回路中的低压要求，能够减小反应堆容器的壁厚，并且可用强度较低的奥氏体钢作为结构材料，在运行条件下耐辐射脆化，不会对热循环强度的温度变化率施加强的限制，从而可以让反应堆运行更加灵活。这些特点简化了反应堆的设计，并提高了可靠性。

在一回路气体系统密封丧失的情况下，由于冷却剂不可能沸腾而排除了冷却剂喷放丧失的可能性，以及排除了由此对安全厂房的高能释放和承压厂房的设计需要。由于不可能发生冷却剂沸腾，堆芯的散热可靠性和安全性都得到了提高，因为不再存在水堆的临界传热危机现象；同时，因为冷却剂难以蒸发损失和高的热导率，有利于燃料元件的热量传递，不存在散热危机。

3.3.3.2　化学惰性

铅铋冷却剂的低化学活性，反应堆可以使用两回路传热方案，可使其技术和经济指标同时提高。此外，在发生 SGTR 事故时，不会发生氢气排放或相关的事故进程。同时，通过监测 SG 传热管小破口、及时隔离故障 SG 的方法，可有效限制冷却剂泄漏事故的后果。在 SG 传热管破损情况下，它们才有接触的可能，但不会发生爆炸和火灾，同时通过设计能够监测 SG 传热管的小破损可以及时隔离故障 SG，从而可以有效限制其发生的后果。铅铋冷却剂反应堆的运行经验显示，在少量蒸汽发生器泄漏条件下的一段时间内，反应堆的安全运行参数与设计参数没有明显的偏差。这个事实提供了在非紧急情况且方便时再进行必要维修措施的可能性。大的蒸汽发生器泄漏所可能引起的水或蒸汽进入堆芯和容器超压，可通过冷却剂循环流程设计实际消除。通过这种设计，蒸汽和水滴在冷却剂上升流被抛出到冷却剂自由液面以上。因此，在高于冷却剂液面的气体空间中产生有效分离，蒸汽进入以非能动运行的紧急冷凝器。

由于冷却剂具有化学惰性、较高的沸点、对多种裂变产物和锕系元素具有较好的包容性等特点，大大降低了反应堆事故条件下的辐射规模。在堆芯和反应堆容器中，没有任何材料会由于辐照或者冷却剂的化学反应而释放出氢气。因此，化学爆炸和火灾作为内部事件的可能性几乎消除了。

3.3.3.3 运行维护简化降低人因风险

铅铋冷却剂熔点约为 125 ℃。在所有反应堆运行条件下都保持液态的铅铋冷却剂可通过在二回路上使用具有蒸汽-水混合物循环的蒸汽发生器来提供，因此，供应到蒸汽发生器的入口水的温度高于铅铋冷却剂熔点。蒸汽或电加热系统可以用于初始加热，并将一回路保持在堆芯低排热水平下的热状态。

对于金属堆，一个重要的现实问题是，在长时间停堆过程中可以根据需要在反应堆中使铅铋冷却剂多次“凝固—重熔”。这是源于铅铋冷却剂在固化状态下具有非常低的收缩率，并且在固体状态下具有低强度的高塑性，从而可以实现铅铋冷却剂从液体转化为固体的过程中，结构材料不会发生损坏，并可进一步冷却至环境温度。

在进行维修和反应堆换料时，不需要对一回路净化，即不需要考虑大量液体放射性废物的收集、储存、运输和再处理。

运行维护简化，可以从根源上降低人员失误风险；同时，简化铅铋反应堆的设计，也可从本质上简化系统，减少维护需求。因此，这些也可看作铅铋反应堆的一种固有安全特性。

3.4 铅铋反应堆核安全关键技术问题研究

阻碍核能发展的问题来源于要求提供安全处理放射性废物和降低核裂变材料扩散风险的社会和政治压力。不同国家和地区的经济需求可能会有所不同，但是，对于提供安全能源、抑制核扩散、处理长寿命放射性废物的需求，是世界的共同期盼。一旦违背，可能会带来灾难性后果。而且这些安全要求必须确保核能能为公众所接受。因此，核能的发展必须确保这些安全要求能够达到，使放射性物质排放总量及浓度保持在规定限值以内并可合理达到的尽量低的水平。

三哩岛、切尔诺贝利及福岛严重事故发生后，安全要求也随之大大提高。为了满足这些要求，核电厂需配备大量安全系统，以预防灾难性核事故发生，并在核事故发生后缓解其影响程度。因此，核电厂建设资金成本显著增加，竞争力随之降低。所有传统核能利用技术的典型矛盾便在于经济效益和安全要求之间的冲突。

使用铅铋金属快堆的创新核能利用技术可以消除安全要求和经济效益之间的冲突，并且凭此找到普通压水堆存在的固有安全问题的有效解决方案。

本节提倡的核能技术将为发达国家和发展中国家带来经济效益。从短期来看，当天然铀的成本降低时，核能技术的实施将确保核能的竞争优势；从长远来看，当快堆（FR）在封闭式核燃料循环（NFC）的燃料自给模式下运行或通过消耗廉价的天然铀来源实现增殖时，核能技术的实施也将确保核能的竞争优势。

3.4.1　蒸汽发生器传热管破裂事故

在 FR 系统中，正如前面章节所述，反应堆铅铋冷却剂侧可常压状态下运行，而动力转换系统常常是处于高压状态（不管是使用水作为介质的朗肯循环或者使用超临界二氧化碳介质的布雷顿循环），如果在反应堆与动力转换系统之间的传热交界面发生破损，高压的动力转换系统的介质将通过破口喷放到反应堆铅铋冷却剂侧，导致铅铋冷却剂侧压力升高。对于采用传热管作为传热界面的设计，发生破裂的事故，我们通常称为蒸汽发生器传热管破裂事故（steam generator tube rupture, SGTR），本节主要针对这种事故问题进行介绍。

发生 SGTR 事故的风险较高，事故发生后所产生的不利影响如下：一是产生的气泡被夹带入堆芯，引入空泡反应性，同时对堆芯传热产生影响；二是破口引起的压力波对破口处产生进一步破坏，导致破口进一步扩大，压力波还会对一、二回路的结构造成损坏。

液态金属与水发生接触传热主要分为两大类，一是熔融金属落入水池中发生接触传热，也就是常说的燃料-冷却剂相互作用（fuel-coolant interactions, FCI），这主要针对传统的压水核电站发生严重事故时，熔融堆芯材料落入下腔室或地坑中与水发生激烈的传热过程；二是冷却水或蒸汽的混合物以喷射的形式进入液态金属冷却剂熔融池中发生接触传热，这里简称为冷却剂-冷却剂相互作用（coolant-coolant interactions, CCI），这主要针对 FR 和 ADS 这些使用液态金属冷却剂的新型核反应堆系统发生 SGTR 时的水与液态金属之间的传热过程。

三哩岛核电站和切尔诺贝利核电站严重事故发生后，熔融金属与冷却剂相互作用机理研究成为国际研究的热点，研究认为堆芯熔融物与冷却剂相互作用可以分为四个阶段：粗混合、触发、传播、膨胀，各国学者针对每个阶段都进行了大量的研究。研究认为 FCI 导致蒸汽爆炸发生的过程如下：高温熔融物喷入低沸点液体，首先碎裂成颗粒；颗粒与低沸点液体相混合，并为蒸汽膜包围；汽膜的不稳定触发颗粒碎化；颗粒碎化不断传播；形成高压蒸汽，导致蒸汽爆炸。

对于熔融物表面失稳碎化现象，研究者认为液柱的碎化机理主要为表面波，可分为 Kelvin-Helmholtz 不稳定和 Rayleigh-Taylor 不稳定两种。研究表明 Kelvin-Helmholtz 不稳定是最有可能的碎化原因。有研究人员认为表面波动的形成发展与周围流体的速度密切相关。在触发阶段的研究主要为对蒸汽膜坍塌破裂的实验和机理研究，各国学者根据各自的实验现象提出了多种爆炸理论模型。但是目前没有一种可以完全解释熔融物与冷却剂相互作用机理的模型。

对于水与铅铋合金相互作用导致的蒸汽爆炸过程，研究人员基本沿用 FCI 的理论：喷射水柱碎裂、与液态金属混合、液滴继续破碎、传播膨胀，最终导致高压蒸汽。由于铅铋合金是不透明的，该类实验的观测难度较高，实验数据较少。

日本的 Sibamoto 进行了过冷水（25～90 ℃）注入铅铋合金（530 ℃）的实验，利用高频中子照相技术拍摄其下落过程，水进入液态金属过程中，交界面产生汽膜，汽膜导致不稳定，液态水再次与液态金属接触，导致局部的汽化和局部压力增加。

欧洲的研究机构通过 LIFUS 5 实验装置开展了一系列铅水相互作用的实验及程序验证工作，并为 SIMMER 程序的整体验证提供实验结果的支持。德国 KIT 进行了加速器驱动系统二回路过冷水喷射进入一回路后的初步试验以及程序计算。水的压力范围为 2.5～24 MPa，容器内的铅总共 300 kg，温度为 480 ℃。大多 CCI 实验都是采集温度、压力等宏观参数，少数实验进行了机理研究，并未对喷射水的喷放、扩散过程进行深入研究。

综合国内外的研究情况，虽然熔融金属进入水池发生接触传热的研究开始较早且比较多，但是针对水注入液态金属池相互接触这种形式下发生激烈传热的研究不多。首先，饱和水在高温铅铋合金环境下的喷放过程，以及喷放时水发生的相变过程，需要进一步研究。其次，对于水进入高温液态金属的激烈传热传质特性、水柱碎化、相界面变形等过程的发生机理认识不够，有待进一步深入研究。最后，关于水进入高温液态金属后的流动特性，气泡在压力容器内的迁移过程以及进入堆芯的气泡的份额与分布等方面的研究匮乏，需要进行深入研究。

3.4.2　腐蚀问题

如前文所述，铅铋合金对于结构材料具有腐蚀性，腐蚀方式包括化学腐蚀和物理腐蚀，主要有如下几种形式：① 溶解；② 氧化；③ 冲蚀；④ 磨蚀；⑤ 温度梯度传质。由于铅铋合金腐蚀问题对于工程设计应用的重要性，大量的腐蚀实验得以广泛开展。实验对象主要为 Fe - Cr 钢（SCM420、P22、F82H、STBA28、T91、NF616、ODS - M 等）以及奥氏体钢（D9、316L、304L、14Cr - 16Ni - 2Mo 等）。实验条件覆盖了 300～650 ℃，100～10 000 h，氧质量分数由 10^{-12} %到饱和。实验形式主要包括静止腐蚀方式和流动腐蚀方式[7]。

根据这些实验数据，至少可得到四种不同的腐蚀结果：① 明显的溶解；② 相对薄的氧化膜和溶解区域共存；③ 剥落和 LBE 渗透区域并存的厚氧化膜；④ 明显的氧化。此外，对于大多数 Fe - Cr 和 Fe - Cr - Ni 钢在 500～550 ℃的温度区间（不同钢材的抗腐蚀温度不同）形成的表面氧化层具有保护性，尤其对于氧质量分数大于 10^{-6} %的中短期情况更是如此；而奥氏体钢的氧化膜较薄，当氧质量分数低于 10^{-6} %时，大多数的奥氏体钢会发生溶解，这是因为镍在 LBE 中的溶解度较高。通常而言，在温度高于 550 ℃时，难以确定氧化层的保护性，且随着长时间的溶解，其保护性最终会丧失。

结构材料在 LBE 中腐蚀问题的应对方式主要有如下几种。

(1) 氧含量控制：将氧含量控制在可以氧化结构材料（形成表面保护性致密氧化层）而又不会引起 LBE 本身氧化（形成 PbO 沉淀）的程度，但此种方法在温度高于 500 ℃时可能失效。

(2) 表面涂层技术：在结构材料表面人为预先进行涂层处理，又可分为合金涂层和耐腐蚀涂层。合金涂层是将铝和硅合金元素以合适的浓度扩散在结构材料表面，与溶解在 LBE 中的氧反应形成薄的、稳定的保护性氧化膜。从实现工艺上，主要包括 GESA 脉冲电子束工艺和扩散合金化工艺，前者通过脉冲电子束将覆盖在材料表面的铝箔熔化在金属熔体中，从而形成合金保护层，后者则通过材料基体与液态铝的相互扩散形成合金保护层。由于铝在马氏体钢中的扩散速度较快，扩散合金化工艺将形成厚铝层，在退火后铝的活性高，易发生溶解腐蚀。因此扩散合金化工艺仅能适用于奥氏体钢，而 GESA 表面合金化工艺可以应用于任何钢材中。

耐腐蚀涂层则是将耐高温的金属、合金或化合物涂在钢表面形成的保护层。耐高温金属包括钨、钼、钽等，可通过等离子喷涂的方法形成表面保护层，但该方法仅针对钼的效果较好，因为等离子束氧含量高，而 MoO_3 在喷涂过程中直接蒸发，从而不会沉淀于钢材表面。化合物涂层包括氧化物、碳化物和氮化物涂层，其在工业上已有广泛的应用。但此类涂层的主要问题在于涂层没有自修复能力且易于在热膨胀等作用下产生裂缝和剥落。此外，也有部分学者对陶瓷涂层进行了研究，但仍不能解决上述问题。

(3) LBE 缓蚀剂：缓蚀剂从定义上说是指一种加到化学系统中的少量物质，它会与反应物反应以降低反应速率。因此，LBE 中溶解的氧也可以归为缓蚀剂之内。除此之外，还可以向 LBE 中添加锆或钛，达到抑制腐蚀的效应。Weeks[8] 的实验结果表明缓蚀剂的抑制效果明显，但 Park 认为在缓蚀剂方法大范围使用前，还需要在大型设备上进行长期测试。

综上所述，在 LBE 快堆装置中，通过维持合适的氧浓度而抑制腐蚀的方法是较好的选择。但在堆芯等高温区域，如包壳等材料则需要寻求其他的方式，如 GESA 合金化工艺。但是，相对于反应堆装置的设计寿命而言，目前的实验时间仍不充分，在工程应用之前，可能还需要进行实验验证。

3.4.3 快堆反应性问题

对于快中子反应堆，如果引入大的正反应性，会导致瞬发超临界，设计上应予以规避。引入的正反应性超过 1 $ (元)可能来源于控制棒失控抽出或者反应性反馈效应。要消除这些原因所致的反应性事故，首先应在控制和保护系统中提供技术手段：限制控制棒抽出速度，在短周期或功率增加时启动多渠道(不低于三个渠道)非开关电源式紧急保护系统(EP)。紧急停堆保护控制棒反应性必须超过满功率到反应堆冷态下的总反应性效应。抽出紧急停堆保护控制棒之前，应通过技术手段消除控制棒的抽出概率。

还有一个方法可从理论上消除反应性事故出现的概率，与反应堆的设计相关，使反应堆寿命内的反应性裕量不超过 1 $，计算表明这在快堆中是可以实现的。但在工程实现方面，要重点考虑以下因素可能带来的不确定性影响。

(1) 为确保消除反应性事故出现的概率，有效增殖系数 K_{eff} 任何时候都不能超过(1+1＄)。此外，为了提供反应堆的临界性，无论在任何时候，K_{eff} 都需要稍微超过 1，且有一定裕量。在铀-钚燃料平衡成分中，其堆芯增殖比值接近 1，1＄约等于 0.004。如果上述提到的裕量为 0.001 5(非常乐观的数值)，那么整个寿命时间内，K_{eff} 应在很小的范围内：$1.001\,5 \leqslant K_{eff} \leqslant 1.002\,5$。

(2) 由核物理常数的不确定性导致的 K_{eff} 的误差和寿期内的变化不低于 0.005；同时，因堆芯材料装量不确定性所致的 K_{eff} 技术误差不低于 0.005。此外必须考虑镎的反应作用，反应堆每次停堆后，K_{eff} 都大约增加了 0.001 0～0.001 5。同时必须考虑钚同位素在新燃料中的差异，不可避免地由化学处理之后不同的冷却时间引起，导致半衰期为 14 年的 ^{241}Pu 的含量不同。而且还必须考虑燃料含量误差和使用热反应堆乏燃料中提取的钚对 K_{eff} 的影响，因为同位素的含量会出现不同，并且这些差异取决于再处理之前的燃耗深度和冷却时间。

(3) 反应堆在低功率下运行特别是启堆时，反应裕度一定要超过 1＄，因为功率反馈效应肯定是负的。

这些原因分析表明，上述情况会让消除瞬发中子失控的方法达不到既定的目标，不过可以通过控制和保护系统提供的负反馈消除瞬发中子失控。

国际上 SVBR - 100 设计使用氮化铀燃料可满足这些要求，而且整个生命周期内计算得到的反应裕度低于 1＄。

核能在目前看来，仍然是未来能源发展中具有竞争力的一种能源形式，特别是在福岛第一核电站核事故发生后，人类对能源的安全问题更加关注和重视。作为 21 世纪最具发展潜力和优势的铅铋核反应堆，核蒸汽供应系统(NSSS)的设计既简化并具备高度的固有安全功能和非能动安全性，从而能实现简化反应堆的操作要求和人员条件，又能在确保安全性的同时有效提升电厂的经济性，因为铅铋快堆的设计从传统的压水堆反应堆中去除了很多安全系统及其支持系统，同时 NSSS 系统具有高效和简化的优点(不像钠冷快堆需要防止钠水反应而设置中间回路和相关配套系统)。

同时也可以看到，铅铋快堆具有非常高的固有安全特性，但是在热工和安全方面还存在较多需要持续并详细研究的问题，诸如流动传热、安全运行等。一旦相关问题得到解决，铅铋快堆作为当前最具发展潜力的能源解决方式将为社会、经济发展提供不可估量的价值。

参考文献

[1] 徐銤,李泽华.快堆物理基础[M].北京:中国原子能出版传媒有限公司,2011.

[2] Todreas N E, MacDonald P E, Buongiorno J, et al. Medium-power lead alloy reactors: missions for this reactor technology[J]. Nuclear Technology, 2004, 147(3): 305 - 320.

[3] Gromov B F, Belomitcev Y S, Yefimov E I. Use of lead-bismuth coolant in nuclear reactors and accelerator-driven systems[J]. Nuclear Engineering and Design, 1997, 173(1 - 3): 207 - 217.

[4] Gromov B F, Subbotin V I, Toshinsky G I. Application of lead-bismuth eutectic and lead melts as nuclear power plant coolant[J]. Atomic Energy, 1992, 73(1): 19 - 24.

[5] Smithells C J. Metals reference book[M]. 2nd ed. New York: Interscience Publishers Inc., London: Butterworths Scientific Publ., 1955.

[6] Sobolev V, Benamati G. Handbook on lead-bismuth eutectic alloy and lead properties, materials compatibility, thermal hydraulics and technologies[R]. Paris: OECE/NEA, May 2007.

[7] Schroer C, Konys J, Furukawa T, et al. Oxidation behaviour of P122 and a 9Cr - 2W ODS steel at 550℃ in oxygen-containing flowing lead-bismuth eutectic[J]. Journal of Nuclear Materials, 2010, 398(1 - 3): 109 - 115.

[8] Weeks J R, Gurinsky D H. Liquid metals and solidification[M]. Ohio: American Society for Metals, 1958: 106 - 161.

第 4 章
铅铋反应堆源项与屏蔽设计

铅铋反应堆属于快中子反应堆，快堆的屏蔽和辐射与热堆差异较大。因此本章将根据铅铋反应堆源项的特点和屏蔽要求，介绍铅铋反应堆屏蔽设计相关的问题和方法。

4.1 铅铋反应堆源项

铅铋反应堆运行产生的辐射源项具有显著特点，^{210}Po 是铅铋反应堆辐射防护设计需要重点关注的对象。

4.1.1 铅铋反应堆源项特点

铅铋堆运行产生的辐射源项可划分为以下几类：裂变过程产生的中子和γ射线、燃料中的裂变产物源项、一回路中的裂变产物源项、一回路中的腐蚀活化产物源项、一回路中的冷却剂活化源项。

1）裂变过程产生的中子和γ射线

反应堆裂变会产生大量的中子和γ射线。中子和γ射线具有很强的穿透性，中子在穿透过程中还会不断产生γ射线，对反应堆附近的工作人员产生外照射，必须设置相应的屏蔽，以减少这些射线的贯穿辐射。

2）燃料中的裂变产物

反应堆裂变同时产生大量的放射性核素，包含裂变产物、锕系核素、活化产物等，这些核素存在于堆芯燃料中，经过衰变释放α、β、γ射线。燃料中的裂变产物主要包含氪、氙、碘、铯等核素，反应堆运行时其放射性贡献是可忽略的；在乏燃料储存、运输和后处理过程中，需要进行屏蔽防护。

3）铅铋冷却剂中的裂变产物

一回路中的裂变产物主要与燃料包壳外表面的铀沾污和破损有关。在反应堆运行中，少量裂变产物可能通过密封性丧失或者破损的燃料包壳进入一回路冷却剂中。

4）铅铋冷却剂中的腐蚀产物

铅铋反应堆中主要的结构材料为不锈钢，结构材料的腐蚀可能会形成腐蚀产物，在中子的活化作用下具有放射性。铅铋冷却剂中腐蚀产物主要包含^{55}Fe、^{59}Fe、^{58}Co、^{60}Co、^{51}Cr等。

5）铅铋冷却剂中的活化产物

铅铋冷却剂材料因中子的活化而具有放射性，如^{210}Bi、^{210}Po、^{209}Pb、^{204m}Pb等。在反应堆运行过程中，这些核素释放的α、β^-粒子很容易被阻挡，无法穿出反应堆容器。

铅铋反应堆冷却剂的活化源项虽然高于压水堆，但大部分为α和β^-衰变，放出的γ射线强度较低。另外，由于铅铋合金本身具有对γ射线的良好屏蔽性能，故在一体化反应堆结构形式下，铅铋冷却剂活化源项的贡献是非常低的，具有明显的优势。

^{16}N和^{17}N是压水堆冷却剂系统的主要辐射来源。铅铋反应堆在运行中其冷却剂需要保持一定的含氧量，以减少对管道设备的腐蚀。因此，铅铋堆冷却剂中的氧元素也会产生放射性核素^{16}N和^{17}N。相比于压水堆，其氧含量很少，每克冷却剂的含氧量约为10^{-9} g，因此^{16}N和^{17}N平衡浓度不足压水堆的1%，基本可忽略不计。

4.1.2　钋-210源项特点

分析^{210}Po源项特点，需要剖析钋的化学特性，及其在铅铋反应堆中的产生与扩散，由反应堆铅铋冷却剂向上方覆盖气体的蒸发扩散，从覆盖气体向厂房迁移。

4.1.2.1　钋的化学特性

钋(Po)，原子序数为84。钋为一种银白色软金属，极易挥发(在55 ℃条件下，24小时内在空气中可挥发50%)，能在黑暗中发光，其理论密度为9.4 g/cm^3，熔点、沸点分别为254 ℃和962 ℃。能溶于浓硫酸、硝酸、稀盐酸、王水和稀氢氧化钾溶液。

钋在地壳中的含量为一百万亿分之一，天然的钋存在于所有铀矿石、钍矿石中，是构成天然放射性本底的重要成分之一。每吨铀矿石约含^{210}Po 100 μg，每克镭中约含0.2 mg。已发现质量数为192～218的全部钋同位素，除质量数为210、211、212、214、215、216、218的钋以外，其余核素都是人工核反应合成。

钋同位素中最普遍的是^{210}Po。^{210}Po是一个纯α放射体，半衰期为138.4天，其衰变释放的α粒子能量高达5.3 MeV，衰变产物为稳定的^{206}Pb，并伴随低强度的γ射线发射，吸入内照射剂量转换因子为3×10^{-6} Sv·Bg^{-1}（M类）。^{210}Po为极毒放射性核素，强α放射体，强挥发性，容易通过吸入、食入或经皮肤接触进入体内，导致体内污染、中毒或急性放射病。

^{210}Po是铅铋反应堆中的主要活化产物，辐射防护设计中需要重点关注。

4.1.2.2　铅铋堆中钋-210的产生与扩散

铅铋冷却剂中，铋元素在受到中子辐照时会产生易挥发强放射性核素^{210}Po，是铅铋堆的主要活化产物[1]，主要产生过程如下：

$$^{209}\mathrm{Bi}\xrightarrow{(\mathrm{n},\gamma)}{}^{210}\mathrm{Bi}\xrightarrow{\beta^-}{}^{210}\mathrm{Po}\quad(T_{\frac{1}{2}}=138\ \mathrm{d})$$

随着反应堆的运行，^{210}Po在冷却剂中不断累积，绝大部分被滞留在铅铋冷却剂中，少量(约10^{-11}份额)的^{210}Po蒸发进入覆盖气体中，其主要化学成分为PbPo，少量为钋(Po)单质。

在反应堆中^{210}Po由^{210}Bi衰变产生，而^{210}Po自身也会衰变。其原子数量满足如下质量平衡方程

$$\begin{cases}\dfrac{\mathrm{d}N_{^{210}\mathrm{Bi}}}{\mathrm{d}t}=R_{\mathrm{reaction}}-\lambda_{^{210}\mathrm{Bi}}N_{^{210}\mathrm{Bi}}\\[2ex]\dfrac{\mathrm{d}N_{^{210}\mathrm{Po}}}{\mathrm{d}t}=\lambda_{^{210}\mathrm{Bi}}N_{^{210}\mathrm{Bi}}-\lambda_{^{210}\mathrm{Po}}N_{^{210}\mathrm{Po}}\end{cases}\tag{4-1}$$

式中：$\lambda_{^{210}\mathrm{Bi}}=1.60\times10^{-6}\ \mathrm{s}^{-1}$，$^{210}Bi$衰变常数；$\lambda_{^{210}\mathrm{Po}}=5.80\times10^{-8}\ \mathrm{s}^{-1}$，$^{210}Po$衰变常数；$R_{\mathrm{reaction}}$，铅铋冷却剂(LBE)中$^{210}Bi$的产生率。

(1) 可以在冷却剂中建立如下钋(Po)源项迁移方程(即输运方程)：

$$\frac{\partial c_{i,\ \mathrm{LBE}}}{\partial t}+\nabla\cdot(-D_{i,\ \mathrm{LBE}})+\boldsymbol{u}\cdot\nabla c_{i,\ \mathrm{LBE}}=R-\lambda_{\mathrm{decay}}c_{i,\ \mathrm{LEB}}-\bar{\omega}_i\alpha S\tag{4-2}$$

式中：α为冷却剂中的活度浓度(Bq/m^3)；R为冷却剂中钋(Po)的源项[mol/

$(m^3 \cdot s)$]，即 $\frac{dN_{Po}}{dt}$；$c_{i,\ LEB}$ 为冷却剂中物质 i 的浓度(mol/m³)，物质 i 可能为 Po 或 PbPo；$D_{i,\ LBE}$ 为冷却剂中物质 i 的扩散常数(m²/s)；$\tilde{\omega}_i$ 为物质 i 的蒸发速率；S 为冷却剂与覆盖气体之间的蒸发表面积(m²)；$\boldsymbol{u}$ 为流体速度场，来自上述流动传热模型的输入。

(2) 可以针对覆盖气体建立如下钋(Po)源项迁移方程(即输运方程)：

$$\frac{\partial c_{i,\ gas}}{\partial t} + \nabla \cdot (-D_{i,\ gas}) + \boldsymbol{u} \cdot \nabla c_{i,\ gas} = -\lambda_{decay} c_{i,\ gas} + \tilde{\omega}_i \alpha S \tag{4-3}$$

式中：$c_{i,\ gas}$ 为覆盖气体中物质 i 的浓度(mol/m³)，物质 i 可能为 Po 或 PbPo；$D_{i,\ LBE}$ 为覆盖气体中物质 i 的扩散常数(m²/s)。

4.1.2.3 钋-210 由反应堆铅铋冷却剂向上方覆盖气体的蒸发扩散

钋(Po)与 PbPo 蒸气可以视为理想气体。依据亨利定律，一定温度下，稀溶液溶剂的蒸气压等于纯溶剂的蒸气压乘以溶液中溶剂的摩尔分数。以 430 ℃为例，可求得

$$P_{Po} = x_{Po} P_{Po}^{*} = 52.7 x_{Po} \mathrm{Pa} \tag{4-4}$$

$$P_{PbPo} = x_{PbPo} P_{PbPo}^{*} = 6.33 \times 10^{-2} x_{PbPo} \mathrm{Pa} \tag{4-5}$$

式中：

P_{Po} 为钋在 LBE 中的蒸气压；

$P_{Po}{}^{*}$ 为钋的饱和蒸气压，是关于温度的函数，其经验公式：

$$\lg P_{Po}(\mathrm{Pa}) = -\frac{5\,440}{T(\mathrm{K})} + 9.46 \qquad (368 \sim 604\ ℃) \tag{4-6}$$

P_{PbPo} 为 PbPo 在 LBE 中的蒸气压；

P_{PbPo}^{*} 为 PbPo 的饱和蒸气压，是关于温度的函数，其经验公式：

$$\lg P_{PbPo}(\mathrm{Pa}) = -\frac{6\,790}{T(\mathrm{K})} + 8.46 \qquad (400 \sim 550\ ℃) \tag{4-7}$$

$$\lg P_{PbPo}(\mathrm{Pa}) = -\frac{7\,270}{T(\mathrm{K})} + 9.06 \qquad (640 \sim 850\ ℃) \tag{4-8}$$

其中 PbPo 与 Po 的摩尔分数 x 与总活度 A 之间的关系，可用以下方程来表示：

$$x_{\mathrm{PbPo}}=99.8\%\cdot\frac{\dfrac{A_{\mathrm{Po}}}{\lambda_{^{210}\mathrm{Po}}\cdot N_{\mathrm{A}}}}{\dfrac{m_{\mathrm{LBE}}}{M_{\mathrm{LBE}}}} \tag{4-9}$$

$$x_{\mathrm{Po}}=0.2\%\cdot\frac{\dfrac{A_{\mathrm{Po}}}{\lambda_{^{210}\mathrm{Po}}\cdot N_{\mathrm{A}}}}{\dfrac{m_{\mathrm{LBE}}}{M_{\mathrm{LBE}}}} \tag{4-10}$$

式中：A 为活度，m 为 LBE 的总质量，M 为 LBE 的摩尔质量，N_{A} 为阿伏加德罗常数，λ 为衰变常数。

由此可得 $p_{\mathrm{Po}}^{\mathrm{total}}=p_{\mathrm{Po}}+p_{\mathrm{PbPo}}=84.29x_{\mathrm{Po}}$，由于蒸气含量极低可视为理想气体，故而由理想气体公式以及活度定义可得，平衡状态下^{210}Po 蒸气的活度为

$$A_{^{210}\mathrm{Po}}^{\mathrm{gas}}=\frac{p_{\mathrm{Po}}^{\mathrm{total}}V}{RT}\lambda_{^{210}\mathrm{Po}}N_{\mathrm{A}}\approx 3.33\times 10^{-11}A_{^{210}\mathrm{Po}} \tag{4-11}$$

式中：A 为活度，p 为分压，R 为理想气体常数，T 为温度，N_{A} 为阿伏加德罗常数，λ 为衰变常数。真空下 Po 及 PbPo 的蒸发速率是温度 T 的函数。同时，在覆盖气体存在的条件下，Po 及 PbPo 的蒸发速率会下降约三个数量级。

真空下的蒸发速率：

$$\lg\omega_{\mathrm{Po}}=-\frac{2\,929}{T}+2.664 \tag{4-12}$$

$$\lg\omega_{\mathrm{PbPo}}=-\frac{4\,793}{T}+2.476 \tag{4-13}$$

4.1.2.4　钋-210 从覆盖气体向厂房迁移

反应堆厂房中的放射性^{210}Po 主要来自覆盖气体的泄漏，其动态平衡还要考虑反应堆厂房的通风净化速率，厂房中^{210}Po 的沉降，^{210}Po 自身的衰变以及厂房本身的泄漏[2]。

综合这些影响因素反应堆厂房的^{210}Po 的放射性总活度可以用如下公式表达：

$$\frac{\mathrm{d}A_{\mathrm{Po}}^{\mathrm{building}}}{\mathrm{d}t}=g_{\mathrm{leak}}A_{\mathrm{Po}}^{\mathrm{gas}}-\Lambda^{\mathrm{room}}A_{\mathrm{Po}}^{\mathrm{room}} \tag{4-14}$$

式中：$\frac{\mathrm{d}A_{\mathrm{Po}}^{\mathrm{building}}}{\mathrm{d}t}$ 为^{210}Po 的放射性总活度，钋（Po）的损失率为 $\Lambda^{\mathrm{building}}=\lambda_{\mathrm{vent}}^{\mathrm{building}}+\lambda_{\mathrm{dep}}+\lambda_{^{210}\mathrm{Po}}+\lambda_{\mathrm{leak}}^{\mathrm{building}}$，其中 g_{leak} 为覆盖气体泄漏率，$\lambda_{\mathrm{vent}}^{\mathrm{building}}$ 为空气净化率，λ_{dep} 为沉降率，$\lambda_{\mathrm{leak}}^{\mathrm{building}}$ 为厂房向环境的泄漏率。

4.1.3 铅铋反应堆源项计算方法

铅铋反应堆源项计算方法包括裂变产物和腐蚀产物源项、事故源项、排放源项。

4.1.3.1 裂变产物和腐蚀产物源项

在反应堆运行过程中，随着裂变反应的发生，堆芯中裂变产生的放射性核素大量积累，同时由于放射性核素的衰变，将会达到一个平衡状态。一般情况下，燃料包壳几乎能包容所有的裂变产物，并不向冷却剂中迁移。但考虑燃料元件的损坏，会使一部分放射性核素通过燃料元件破损处泄漏到一回路冷却剂中，并迁移至冷却剂上方的覆盖气体中。其中主要需要关注的有惰性气体核素，如氪和氙，以及易挥发核素，包括碘、铯。

1）裂变产物释放

在反应堆正常运行期间，假设燃料元件的破损率为 α。依据燃料元件的放射性水平，获得进入 LBE 的裂变产物放射性源项，可建立以下方程：

$$R_i=\frac{\alpha N A_i}{T_0} \tag{4-15}$$

式中：α 为燃料元件一个换料周期内的破损率；N 为燃料元件数量；A_i 为单位燃料元件中可移动放射性物质 i 的物质的量（mol）；T_0 为换料周期（s）。

2）惰性气体核素

由于惰性气体不与铅铋发生反应，裂变气体全部从燃料棒空隙中迁移到冷却剂最终到达覆盖气体中，可建立以下输运方程：

$$\frac{\partial c_{i,\mathrm{gas}}}{\partial t}+\nabla\cdot(-D_i)+\boldsymbol{u}\cdot\nabla c_{i,\mathrm{gas}}=R_i-\lambda_{\mathrm{decay}}c_{i,\mathrm{gas}} \tag{4-16}$$

式中：R_i 为冷却剂 PF 中惰性气体物质 i 的源项（$\mathrm{mol\cdot m^{-3}\cdot s^{-1}}$）；$c_{i,\mathrm{gas}}$ 为覆

盖气体中惰性气体 i 的浓度(mol/m^3),物质 i 可能为氪和氙;D_i 为覆盖气体中惰性气体 i 的扩散常数(m^2/s);λ_{decay} 为物质 i 的衰变速率(s^{-1});$\boldsymbol{u}$ 为流体速度场(m/s),来自流动传热模型的输入。

3) 裂变产物铯、碘

裂变产物铯可以和铅铋组成稳定的中间化合物 Cs_4Pb,同样碘也可以和铅铋组成稳定的化合物 PbI_2。因此,我们主要考虑铯与碘在 LBE 冷却剂中的迁移行为,可以在冷却剂建立如下铯、碘的输运方程:

$$\frac{\partial c_{i,\text{LBE}}}{\partial t}+\nabla\cdot(-D_i)+\boldsymbol{u}\cdot\nabla c_{i,\text{LBE}}=R-\lambda_{\text{decay}}c_{i,\text{LEB}}-\eta c_{i,\text{LBE}}V \tag{4-17}$$

式中:$c_{i,\text{LBE}}$ 为冷却剂中的裂变产物浓度(mol/m^3),物质 i 可能为氪和氙;η 为核素 i 的提取效率(%);V 为 LBE 冷却剂体积(m^3);R_i 为通过冷却剂释放到覆盖气体中的惰性气体物质的源项(mol·m^{-3}·s^{-1});D_i 为 LBE 中物质 i 的扩散常数(m^2/s);λ_{decay} 为物质 i 的衰变速率(s^{-1});$\boldsymbol{u}$ 为流体速度场(m/s),来自流动传热模型的输入。

当热端铅铋向冷端流动,则高溶解度的热端铅铋经过冷端时,将会析出结构钢材料元素,经堆芯辐照活化成为腐蚀产物源项。

4) 动力学腐蚀模型

建立腐蚀产物源项在 LBE 冷却剂中的控制方程,如下式所示:

$$\frac{\partial c}{\partial t}+(\boldsymbol{u}\cdot\nabla)c=D\nabla^2c+q \tag{4-18}$$

式中:c 为腐蚀产物的浓度(mol/m^3);$\boldsymbol{u}$ 为 LBE 流动的速度场(m/s);D 为腐蚀产物在 LBE 中的扩散系数(m^2/s);q 为化学反应导致的质量传输速率[mol/(m^3·s)]。对动力学腐蚀模型的边界条件做出以下的假设:

(1) $q=0$。

(2) 流体是湍流,可认为流体是匀质的。

(3) D 比运动黏滞系数小很多,$Sc=\dfrac{\upsilon}{D}$ 非常大。

(4) LBE 的物理性质和流速沿着管道方向不变化。

金属表面是平滑的,腐蚀沉淀并不会改变流体流动。基于以上假设有

$$\gamma y \frac{\partial c}{\partial x} = D \frac{\partial^2 c}{\partial y^2} \tag{4-19}$$

式中：c 为腐蚀产物的浓度；x 为沿着壁面方向；y 为垂直于壁面方向；γ 为是壁的剪切率(s^{-1})，由公式 $\gamma = \frac{\lambda V^2}{2v}$ 进行计算，其中，λ 为范宁摩擦因数；V 为流速；v 为动力学黏滞力。

引入系数 ξ 将上面的公式无量纲化：

$$\xi = \frac{x}{L}, \ \eta = \left(\frac{\gamma}{DL}\right)^{\frac{1}{3}} y \tag{4-20}$$

得到 $\eta \frac{\partial c}{\partial \xi} = \frac{\partial^2 c}{\partial \eta^2}$，给出边界条件：

$$\eta = 0, \ c_w = c_w(\xi) \tag{4-21}$$

LBE 中的腐蚀物平均浓度记为 c_0^b，将浓度进行傅里叶展开得 $c = \Sigma_k Y_k(\eta) e^{2\pi k i \xi}$。根据边界条件，可以写出壁面的浓度：$c_w = \Sigma_k c_k(\eta) e^{2\pi k i \xi}$。对于每一个 k，都满足流动的无量纲方程，所以将其代入，有

$$2k\pi i \eta Y_k(\eta) = \frac{d^2 Y_k(\eta)}{d\eta^2} \tag{4-22}$$

当 $k=0$ 时，可以解得方程为

$$Y_0(\eta) = \frac{c_0^b - c_0}{\delta_D}\left(\frac{DL}{\gamma}\right)^{\frac{1}{3}} \eta + c_0 \tag{4-23}$$

其中：δ_D 是表面常浓度厚度(mol/m^2)；c_0 是平均壁面浓度(mol/m^3)。当 k 大于 0 时，有

$$Y_{k>0}(\eta) = a_k Ai((2\pi k i)^{\frac{1}{3}} \eta) + b_k Bi((2\pi k i)^{\frac{1}{3}} \eta) \tag{4-24}$$

式中：Ai 和 Bi 是艾里函数(Airy functions)。

再考虑边界条件，可以得到

$$Y_{k>0}(\eta) = \frac{c_k}{Ai(0)} Ai((2\pi k i)^{\frac{1}{3}} \eta) \tag{4-25}$$

当 $k<0$ 时,因为浓度是实数,有 $Y_{k<0}(\eta)=\bar{Y}_{|k|}(\eta)$,所以最后的浓度为

$$c=\frac{c_0^b-c_0}{\delta_D}\left(\frac{DL}{\gamma}\right)^{\frac{1}{3}}\eta+c_0+\sum_{k>0}Y_k(\eta)\mathrm{e}^{2\pi ki\xi}+\sum_{k<0}\bar{Y}_{|k|}(\eta)\mathrm{e}^{2\pi ki\xi} \tag{4-26}$$

根据菲克定律,传质过程与浓度梯度成正比,传质通量为 $q(\xi)=-D\left.\frac{\partial c}{\partial y}\right|_{y=0}$,其中 D 为扩散系数($\mathrm{m^2/s}$),有

$$q(\xi)=\frac{D(c_0^b-c_0)}{\delta_D}+\left(\frac{2\pi D^2\gamma}{3L}\right)^{\frac{1}{3}}\frac{1}{\Gamma\left(\frac{1}{3}\right)}\sum_{k\neq 0}Q_k\exp(2\pi ki\xi)$$

$$\Gamma\left(\frac{1}{3}\right)=2\int_0^{+\infty}t^{-\frac{1}{3}}\mathrm{e}^{-t^2}\mathrm{d}t \tag{4-27}$$

其中,Γ 是一个 Gamma 函数,也叫欧拉第二积分。

$$Q_{k<0}=\frac{c_k}{Ai(0)}\,|k|^{\frac{1}{3}}(-\mathrm{i})^{\frac{1}{3}} \tag{4-28}$$

$$Q_{k>0}=\frac{c_k}{Ai(0)}k^{\frac{1}{3}}\mathrm{i}^{\frac{1}{3}} \tag{4-29}$$

当处于一个闭合的回路中,有 $c_0^b=c_0$,所以有

$$c=c_0+\sum_{k>0}Y_k(\eta)\mathrm{e}^{2\pi ki\xi}+\sum_{k<0}\bar{Y}_{|k|}(\eta)\mathrm{e}^{2\pi ki\xi}$$

$$q=\left(\frac{2\pi D^2\gamma}{3L}\right)^{\frac{1}{3}}\frac{1}{\Gamma\left(\frac{1}{3}\right)}\sum_{k\neq 0}Q_k\exp(2\pi k\mathrm{i}\xi) \tag{4-30}$$

在流体当中,运输腐蚀产物满足下面的关系:

$$\frac{\mathrm{d}[c_\mathrm{b}A(x)V(x)]}{\mathrm{d}x}=p(x)q[\xi(x)] \tag{4-31}$$

式中:A 为流动面积($\mathrm{m^2}$);p 为周长(m);c_b 为流体当中腐蚀产物的浓度($\mathrm{mol/m^3}$)。

在简单的回路当中,A、p、V 都是常数,可以给出如下的解:

$$c_b(\xi)=c_b^0+\frac{4d}{V}\frac{(2\pi L^2D^2\gamma)^{\frac{1}{3}}}{3^{\frac{1}{3}}Ai(0)\Gamma\left(\frac{1}{3}\right)}\sum_k P_k\exp(2\pi k\mathrm{i}\xi) \tag{4-32}$$

式中:$P_0=0$,$P_{k>0}=\dfrac{Q_k}{2\pi k\mathrm{i}}$,$P_{k<0}=\bar{P}_{k>0}$。在较为复杂的回路中,$A$、$p$、$V$ 不再是一个常数,而是一个与 x 有关的量,所以引入常数流量 $Q=A(x)V(x)$,得到如下结果:

$$c_\mathrm{b}(x)=\frac{1}{Q}\int_0^x F[x(s)]p[x(s)]q(\xi[x])\mathrm{d}s+c_\mathrm{b}(0) \tag{4-33}$$

5) 高速流动腐蚀的侵蚀

大部分情况下,铅铋堆结构材料表面发生的腐蚀是由质量传输限制的,但在非常高的流速流动下,质量传输速率变得非常快,侵蚀速度受金属氧化速率限制。

稳态时,流体中的腐蚀产物的浓度与表面相同,有如下关系:

$$Q\frac{\mathrm{d}c_\mathrm{b}(x)}{\mathrm{d}x}=p(x)\kappa_\mathrm{d}(x)[C_\mathrm{eq}(x)-c_\mathrm{b}(x)] \tag{4-34}$$

平衡浓度 C_eq 是由化学反应的平衡公式计算出来的,通过经验式 $\lg\kappa_\mathrm{d}=A_\kappa+\dfrac{B_\kappa}{T}$ 可以算出腐蚀速率系数 κ_d。

$$c_\mathrm{b}(x)=\mathrm{e}^{-\phi(x)}[I(x)+G] \tag{4-35}$$

式中:$\phi(x)=\int\dfrac{p(x)}{Q}\kappa_\mathrm{d}(x)\mathrm{d}x$,$I(x)=\int\dfrac{p(x)}{Q}\kappa_\mathrm{d}(x)C_\mathrm{eq}(x)\mathrm{e}^{\phi(x)}\mathrm{d}x$,$G$ 是常数,需要通过边界条件 $c_\mathrm{b}(0)=c_\mathrm{b}(L)$ 求解得到。

6) 腐蚀模型的优化

由于我们主要关注 LBE 中的腐蚀活化产物浓度,为了将上述模型应用到流动传质模型中,我们可以简化在质量传输限制的腐蚀区域,主要考虑 LBE 对壁面的腐蚀,腐蚀速率由以下公式给出:

$$q=K(c_\mathrm{w}-c_\mathrm{b}) \tag{4-36}$$

式中：q 为表面腐蚀速率[mol/(m^2·s)]；c_w 为其表面的腐蚀物浓度(mol/m^3)；c_b 为金属流体中的浓度(mol/m^3)；K 为与区域温度、流速等相关的质量传输系数(m/s)，获得其经验公式：

Berger 和 Hau 经验公式：

$$K_{B\text{-}H}=0.0165v^{-0.530}D^{0.670}V^{0.860}d^{-0.140} \tag{4-37}$$

Silverman 经验公式：

$$K_{Silverman}=0.0177v^{-0.579}D^{0.704}V^{0.875}d^{-0.125} \tag{4-38}$$

Harriott 和 Hamilton 经验公式：

$$K_{H\text{-}H}=0.0096v^{-0.567}D^{0.654}V^{0.913}d^{-0.987} \tag{4-39}$$

因为 LBE 中是非等温的回路，考虑温差，假设 c_b 等于冷源处的腐蚀产物浓度，c_w 为热源处的腐蚀物浓度，可以得到如下关系式：

$$c_w-c_b=C_{M,s,h}-C_{M,s,c}\frac{dC_{M,s}}{dT}\Delta T \tag{4-40}$$

式中：M 是金属；h 表示高温区；c 表示低温区；ΔT 是最高温和最低温的温差，所以腐蚀速率 q 可以表示为

$$q_{T_{max}}=K\frac{dC_{M,s}}{dT}\Delta T \tag{4-41}$$

如果考虑，整个回路中腐蚀产物的浓度是所有地方腐蚀产物浓度的和，得到

$$c_b=\frac{\int_0^L K(x)c_w(x)dx}{\int_0^L K(x)dx} \tag{4-42}$$

则腐蚀速率为

$$q(x)=\frac{K(x)}{\int_0^L K(x)dx}\left[c_w(x)-\int_0^L K(x)c_w(x)dx\right] \tag{4-43}$$

7) 腐蚀产物在 LBE 冷却剂中的迁移

在上述模型中，我们已经描述了 LBE 中的壁面腐蚀速率，以及腐蚀产物在 LBE 冷却剂中的浓度控制方程，我们将继续描述腐蚀产物在 LBE 中的析出

理论。

结构材料中的钢溶解在LBE后，发生如下反应：

$$3Fe(LBE) + 4O(LBE) = Fe_3O_4 \tag{4-44}$$

根据反应平衡，可以得到O和Fe的含量关系：

$$\lg K_{sp} = \lg(c^3_{Fe(LBE)} c^4_{O(LBE)}) = 10.5 - 42\,935/T \tag{4-45}$$

此处的含量是铁和氧气的质量分数，单位是%。

因此，只要确定了系统的温度和氧质量分数，就可以将溶解在LBE中的铁的质量分数根据以上平衡公式计算出来。

由于铅铋堆具有氧控制系统，氧气的质量分数可以较为精确地测量和控制，为了便于模拟计算，可将氧气的质量分数设为运行常数定值(如10^{-7}%)，或在某一小范围内变动，这样可以避免氧将铅氧化，如相图所示，当氧质量分数小于10^{-7}%时，在铅铋堆的正常运行温度下(200℃以上)，不会有PbO的产生[3]。

因此，我们可以计算得到反应堆的温度场，并基于上述模型，建立包含析出过程的冷却剂中ACPs的平衡方程，可以得到冷却剂中的动态ACPs浓度如下：

$$\frac{\partial c_{i,\mathrm{LBE}}}{\partial t} + \nabla \cdot (-D_i) + \boldsymbol{u} \cdot \nabla c_{i,\mathrm{LBE}} = [c_{i,\mathrm{e}}(T) - c_i] M_{\mathrm{LBE}} - \lambda_{\mathrm{decay}} c_{i,\mathrm{LBE}} \tag{4-46}$$

式中：$c_{i,\mathrm{e}}(T)$为腐蚀平衡时核素i的浓度[mol/(m^3·s)]；M_{LBE}为铅铋质量流率(kg/s)。

基于堆芯区域的温度分布，利用式(4-45)所述的铁浓度和氧、温度的关系，便可以得到铁饱和浓度的分布。在浓度梯度差距较大的地方可能会出现铁的析出，进而形成腐蚀氧化产物。

4.1.3.2 事故源项

对于典型铅铋反应堆，正常运行工况下，主要的放射性源存在于一回路冷却剂、覆盖气体中。当包容这些放射性源项的系统或者设备出现破口时，将向环境中释放放射性源项。

1) 覆盖气体泄漏事故

在一回路铅铋冷却剂上存在一层覆盖气体，通常使用惰性气体氩气，用于防止铅铋直接和空气接触发生反应。构成一回路覆盖气体边界的设备和管道如在运行过程中经高温疲劳变形后形成裂缝空隙，导致覆盖气体泄漏，覆盖气体压力逐渐下降。一回路覆盖气体中的放射性随氩气从破口溢出到厂房，通过通风系统进入大气。

假定某事故序列如下：堆腔压力从 0.15 MPa 降至 0.145 MPa 时，核岛仪表系统给出报警信号；降至 0.14 MPa 时，给出事故信号，反应堆停堆，同时启动抽风机把堆腔中的覆盖气体抽入放射性气体衰变罐，减轻事故后果[4]。

(1) 控制方程：事故状态与正常工况下一样，仍然属于典型的动态对流传质与扩散过程。

(2) 初始条件与边界条件：事故工况下，我们需要根据相应的事故序列来重新设置初始条件与边界条件。首先，我们将正常工况下模拟获得的稳态运行的放射性浓度分布作为初始条件。

a. $t=0$ 时刻，覆盖气体开始泄漏，反应堆尚未停堆。

此时，堆芯依然会产生放射性源项，包括钋、裂变产物、腐蚀产物等。以钋的迁移为例，其源项由式(4-47)和式(4-48)控制。LBE 中的钋浓度与覆盖气体中的钋浓度也依然会保持一个平衡关系，由式(4-49)、式(4-50)控制，同时由于泄漏的原因，覆盖气体中的钋的浓度将会逐渐降低，并部分进入厂房，其过程由式(4-51)、式(4-52)控制。

$$\frac{\mathrm{d}c_{\mathrm{Bi}}}{\mathrm{d}t}=R-\lambda_{\mathrm{Bi}}c_{\mathrm{Bi}} \tag{4-47}$$

$$\frac{\mathrm{d}c_{\mathrm{Po}}}{\mathrm{d}t}=\lambda_{\mathrm{Bi}}c_{\mathrm{Bi}}-\lambda_{\mathrm{Po}}c_{\mathrm{Po}} \tag{4-48}$$

$$A_{\mathrm{Po}}=\lambda_{\mathrm{Po}}c_{\mathrm{Po}}N_{\mathrm{A}} \tag{4-49}$$

$$\frac{\mathrm{d}A_{\mathrm{Po}}^{\mathrm{gas}}}{\mathrm{d}t}=3.33\times 10^{-11}\frac{\mathrm{d}A_{\mathrm{Po}}}{\mathrm{d}t}-g_{\mathrm{leak}}A_{\mathrm{Po}}^{\mathrm{gas}} \tag{4-50}$$

$$\frac{\mathrm{d}A_{\mathrm{Po}}^{\mathrm{room}}}{\mathrm{d}t}=g_{\mathrm{leak}}A_{\mathrm{Po}}^{\mathrm{gas}}-\Lambda^{\mathrm{room}}A_{\mathrm{Po}}^{\mathrm{room}} \tag{4-51}$$

$$\frac{\mathrm{d}A_{\mathrm{Po}}^{\mathrm{building}}}{\mathrm{d}t}=\lambda_{\mathrm{leak}}^{\mathrm{room}}A_{\mathrm{Po}}^{\mathrm{room}}-\Lambda^{\mathrm{building}}A_{\mathrm{Po}}^{\mathrm{building}} \tag{4-52}$$

b. $t=t_1$(t_1 为压强下降至 0.14 MPa 的时刻)，停堆，关闭截止阀，覆盖气体停止泄漏，并被抽入衰变罐。

$$\frac{\mathrm{d}c_{\text{Bi}}}{\mathrm{d}t} = 0 - \lambda_{\text{Bi}} c_{\text{Bi}} \tag{4-53}$$

$$\frac{\mathrm{d}c_{\text{Po}}}{\mathrm{d}t} = \lambda_{\text{Bi}} c_{\text{Bi}} - \lambda_{\text{Po}} c_{\text{Po}} \tag{4-54}$$

$$\&A_{\text{Po}} = \lambda_{\text{Po}} c_{\text{Po}} N_{\text{A}} \tag{4-55}$$

$$\frac{\mathrm{d}A_{\text{Po}}^{\text{gas}}}{\mathrm{d}t} = 3.33 \times 10^{-11} \frac{\mathrm{d}A_{\text{Po}}}{\mathrm{d}t} - \lambda_{\text{vent}}^{\text{gas}} A_{\text{Po}}^{\text{gas}} \tag{4-56}$$

$$\frac{\mathrm{d}A_{\text{Po}}^{\text{room}}}{\mathrm{d}t} = 0 - \Lambda^{\text{room}} A_{\text{Po}}^{\text{room}} \tag{4-57}$$

$$\frac{\mathrm{d}A_{\text{Po}}^{\text{building}}}{\mathrm{d}t} = \lambda_{\text{leak}}^{\text{room}} A_{\text{Po}}^{\text{room}} - \Lambda^{\text{building}} A_{\text{Po}}^{\text{building}} \tag{4-58}$$

t_1 时刻后，堆芯停止运行，反应堆中的钋不再生产，仅由铋衰变产生，其源项由式(4-53)和式(4-54)控制。LBE 中的钋浓度与覆盖气体中的钋浓度也依然会保持一个平衡关系[平衡关系由式(4-55)和式(4-56)控制]。同时由于堆腔截止阀关闭，并抽气的原因，覆盖气体中的钋的浓度将会逐渐降低，并不再进入厂房，其过程由式(4-57)和式(4-58)控制。

2) 一回路冷却剂丧失事故(主容器破口事故)

主容器承载一回路 LBE 冷却剂，在主容器发生泄漏时，假设此时泄漏出的高温铅铋均匀地分布在堆坑底部，并不断向外放出放射性气体和气溶胶。

事故序列：主容器出现破口，铅铋冷却剂溢出至堆坑并沉积在堆坑底部，堆坑底部的通风系统将关闭，反应堆紧急停堆。铅铋冷却剂中的放射性核素钋、ACPs、FPs 随之进入堆坑。堆坑中的 LBE 不断向外放出放射性气体和气溶胶，并逐渐冷却，出现钋的偏析现象。

(1) 控制方程：事故状态与正常工况下一样，仍然属于典型的动态对流传质与扩散过程。

针对堆坑中的 LBE，需要重新建立几何模型，且在 LBE 的冷却过程中，将会出现液态铅铋合金向固态铅铋合金的相变过程，这个相变过程是由外向内的。

(2) 初始条件与边界条件：事故工况下，我们需要根据相应的事故序列来重新设置初始条件与边界条件。首先，我们将正常工况下模拟获得的稳态运行的放射性浓度分布作为初始条件。

a. $t=0$ 时刻，主容器破口，反应堆紧急停堆。

此时，堆芯不再产生放射性源项，源项由式(4－59)和式(4－60)控制。LBE 中的钋浓度与覆盖气中的钋浓度也依然会保持一个平衡关系，平衡关系由式(4－61)和式(4－62)控制，LBE 中的钋随着破口进入堆坑。

$$\frac{\mathrm{d}c_{\mathrm{Bi}}}{\mathrm{d}t}=0-\lambda_{\mathrm{Bi}}c_{\mathrm{Bi}} \tag{4-59}$$

$$\frac{\mathrm{d}c_{\mathrm{Po}}}{\mathrm{d}t}=\lambda_{\mathrm{Bi}}c_{\mathrm{Bi}}-\lambda_{\mathrm{Po}}c_{\mathrm{Po}} \tag{4-60}$$

$$A_{\mathrm{Po}}=\lambda_{\mathrm{Po}}c_{\mathrm{Po}}N_{\mathrm{A}} \tag{4-61}$$

$$\frac{\mathrm{d}A_{\mathrm{Po}}^{\mathrm{gas}}}{\mathrm{d}t}=3.33\times10^{-11}\frac{\mathrm{d}A_{\mathrm{Po}}}{\mathrm{d}t}-g_{\mathrm{leak}}A_{\mathrm{Po}}^{\mathrm{gas}} \tag{4-62}$$

b. $t=t_1$ 时刻，主容器停止泄漏，堆坑中出现 LBE 的堆积。

此时，堆坑中的 LBE 逐渐冷却，并放出放射性气体和气溶胶，LBE 中源项浓度由下式控制：

$$\left\{\frac{\partial c_{i,\mathrm{LBE}}}{\partial t}+\nabla\cdot(-D_{i,\mathrm{LBE}})=-\lambda_{\mathrm{decay}}c_{i,\mathrm{LEB}}-\tilde{\omega}_i\alpha S\right. \tag{4-63}$$

随着温度的降低，LBE 出现相变，当温度低于熔点时，我们认为不再出现 LBE 表面蒸发现象。参考铅铋相关运行经验，固态铅铋表面约 0.05 mm 厚度的钋将释放出来，裂变产物碘、铯也将部分释放，进入堆坑。铅铋中的源项浓度将由下式控制：

$$\left\{\frac{\partial c_{i,\mathrm{LBE}}}{\partial t}+\nabla\cdot(-D_{i,\mathrm{LBE}})=-\lambda_{\mathrm{decay}}c_{i,\mathrm{LEB}}-\eta_{\mathrm{seg}}S0.05\right. \tag{4-64}$$

式中：η_{seg} 为偏析速率；$c_{i,\mathrm{LBE}}$ 为固体铅铋中的源项浓度；$D_{i,\mathrm{LBE}}$ 为固态铅铋中源项 i 的扩散率；而堆坑中的源项活度，由下式来控制：

$$A_{\mathrm{Po}}=\lambda_{\mathrm{Po}}c_{\mathrm{Po}}N_{\mathrm{A}} \tag{4-65}$$

$$\frac{\mathrm{d}A_{\mathrm{Po}}^{\mathrm{gas}}}{\mathrm{d}t}=\frac{\mathrm{d}A_{\mathrm{Po}}}{\mathrm{d}t}-(g_{\mathrm{leak}}+\eta_{\mathrm{vent}})A_{\mathrm{Po}}^{\mathrm{gas}} \tag{4-66}$$

式中：η_{vent} 为净化速率；g_{leak} 为堆坑的泄漏速率。

3) SG 传热管破裂事故

二回路冷却剂系统通过调节二回路冷却剂流量来改变主换热器的换热能力。当换热器传热管道破裂后，大量蒸汽从破口喷出，温度迅速下降，并失去蒸汽流量，从而触发紧急停堆系统。

其事故序列：换热器传热管出现破口，蒸汽发生器入口压力快速下降，降低到额定值，紧急停堆，主换热器丧失导热能力，余热排出。

(1) 控制方程：事故状态与正常工况下一样，仍然属于典型的动态对流传质与扩散过程。

(2) 初始条件与边界条件：首先，我们将正常工况下模拟获得的稳态运行的放射性浓度分布作为初始条件。

$t=0$ 时刻，SG 传热管破裂，反应堆紧急停堆。

此时，堆芯停止产生放射性源项，包括 ACPs、FPs，而钋继续由剩余的铋衰变而来，其源项由式(4-67)和式(4-68)控制。LBE 中的钋浓度与覆盖气体中的钋浓度也依然会保持一个平衡关系，平衡关系由式(4-69)和式(4-70)控制，这里由于换热器换热能力丧失，由于余热的原因，LBE 的温度可能持续升高，覆盖气体中的钋的浓度将会短暂上升，且覆盖气体的密封失效，将进入厂房，其过程由式(4-71)和式(4-72)控制。

$$\frac{\mathrm{d}c_{\mathrm{Bi}}}{\mathrm{d}t}=-\lambda_{\mathrm{Bi}}c_{\mathrm{Bi}} \tag{4-67}$$

$$\frac{\mathrm{d}c_{\mathrm{Po}}}{\mathrm{d}t}=\lambda_{\mathrm{Bi}}c_{\mathrm{Bi}}-\lambda_{\mathrm{Po}}c_{\mathrm{Po}} \tag{4-68}$$

$$A_{\mathrm{Po}}=\lambda_{\mathrm{Po}}c_{\mathrm{Po}}N_{\mathrm{A}} \tag{4-69}$$

$$\frac{\mathrm{d}A_{\mathrm{Po}}^{\mathrm{gas}}}{\mathrm{d}t}=3.33\times10^{-11}\frac{\mathrm{d}A_{\mathrm{Po}}}{\mathrm{d}t}-g_{\mathrm{leak}}A_{\mathrm{Po}}^{\mathrm{gas}} \tag{4-70}$$

$$\frac{\mathrm{d}A_{\mathrm{Po}}^{\mathrm{room}}}{\mathrm{d}t}=g_{\mathrm{leak}}A_{\mathrm{Po}}^{\mathrm{gas}}-\Lambda^{\mathrm{room}}A_{\mathrm{Po}}^{\mathrm{room}} \tag{4-71}$$

$$\frac{\mathrm{d}A_{\mathrm{Po}}^{\mathrm{building}}}{\mathrm{d}t}=\lambda_{\mathrm{leak}}^{\mathrm{room}}A_{\mathrm{Po}}^{\mathrm{room}}-\Lambda^{\mathrm{building}}A_{\mathrm{Po}}^{\mathrm{building}} \tag{4-72}$$

4.1.3.3　排放源项

铅铋堆由于其冷却剂介质的特殊物性，几乎不会产生放射性液体废物，主要需要处理的是放射性固体废物和放射性气体废物。

对于系统泄漏的放射性气体废物，主要是少量放射性惰性气体和碘，以及极少量^{210}Po，可能泄漏进入厂房，在少量沉淀后通过通风系统或泄漏进入大气环境。正常运行情况下，这部分的气载放射性泄漏量极小，不会超过相关标准要求，不会对环境造成明显影响[6]。

4.2　辐射屏蔽

铅铋反应堆辐射屏蔽需要明确不同于压水堆的屏蔽设计特点和三种屏蔽计算方法。

4.2.1　铅铋反应堆屏蔽设计特点

铅铋快堆与压水堆的差别除了体现在辐射源项之外，冷却剂材料对堆芯放射性的不同屏蔽效果也显著影响着整个反应堆辐射屏蔽的设计和实施。

对于纯γ辐射的屏蔽性能来说，铅铋合金最优，不锈钢次之，水最弱；对于中子辐射的屏蔽性能来说，水最优，铅铋合金对快中子屏蔽能力明显弱于不锈钢，且会产生更强的次生γ射线，故总体上其中子屏蔽能力弱于不锈钢。因此对于铅铋快堆，应着重关注中子的辐射屏蔽设计。

铅铋快堆的冷却剂活化源项虽然高于压水堆，但由于其主要放射性核素为带电粒子，具有放射性或半衰期极短的特点，无法构成对反应堆外空间的有效放射性照射。但是，由于铅铋快堆堆芯中子通量高、能谱硬，且铅铋合金相比于水对快中子的屏蔽效果差，因此需要关注堆外对快中子的屏蔽。

4.2.2　铅铋反应堆屏蔽计算方法

铅铋反应堆的屏蔽计算，可以采用离散纵标方法、蒙特卡罗方法。由于堆芯产生的大量中子和γ射线需要很厚的屏蔽层，有必要采用粒子深穿透计算技术。

4.2.2.1　离散纵标方法

离散纵标方法（S_N 方法）是用数值方法求解玻尔兹曼输运方程的一种手段，是确定论方法的一种。S_N 方法直接离散所有自变量，数值过程简单。由于每个离散方向的方程独立性高，因此相对球谐函数方法而言 S_N 方法更适用于编写通用程序。当计算精度要求不同时，可选用不同离散方向数 N(阶数)来进行模拟计算。

4.2.2.2 蒙特卡罗方法

蒙特卡罗(Monte Carlo)方法，也称为随机抽样方法，是目前国际上广泛应用的反应堆计算分析方法之一。蒙特卡罗方法也叫作蒙卡方法，即 MC 方法。蒙卡方法基于概率与统计理论，是对中子行为进行模拟的数值计算方法。MC 方法通过在建立的实际模型中跟踪大量粒子(如中子)的运动轨迹，得到足够的抽样值，并利用数理统计方法统计出某个随机变量的估计量，即该问题的解。经验表明，MC 方法更适合高维模型的模拟计算。

4.2.2.3 深穿透计算技术

粒子深穿透计算需要加速蒙特卡罗方法的收敛，关键在于减少蒙特卡罗计算对不重要粒子的跟踪，将计算更多地集中在对计数有贡献的粒子上。以下是国内外广泛使用的蒙特卡罗方法深穿透计算技术方法。

1) 面源接续

面源接续的实现方法是在计算中选取一中间面作为接续面，将穿透该面的所有粒子信息记录下来。在下次计算时，接续面之前的区域就不需要再进行输运计算，直接从该面源中记录的粒子信息开始进行接续计算即可。严格地说，面源接续计算本身并不是降低方差的技巧，但该方法能够通过面源接续的方式降低重复的计算量，从而减少计算时间。

2) 粒子重要性划分

粒子的重要性划分是最常用的一种降方差技巧，该方法通过为不同的几何区域分配不同的粒子重要性，实现粒子在不同区域间输运时的赌博与分裂。当粒子从重要度较低的区域进入重要度较高的区域时，粒子会进行分裂，以更多地保存其所携带的信息。当粒子从重要度较高的区域进入重要度较低的区域时，粒子则会进行赌博，并以一定的概率存活下来，由此减小需要跟踪的粒子径迹。

3) 指数变换

指数变换通过对宏观总截面的修改，进而改变不同方向上粒子飞行的自由程，以此来增加重要方向的粒子轨迹，减少不重要方向的粒子轨迹。

4) 源偏移与权窗

源偏移及权窗是目前深穿透问题降方差技巧中使用最为广泛的一种，权窗可以看作是赌博和分裂技巧的一种推广，能够在能量和几何上都进行赌博与分裂。在 MCNP 程序中可以使用两种类型的权窗：① 几何栅元相关的权窗；② 与几何栅元无关的 mesh 权窗。目前国际上普遍采用的是由程序自动生成的权窗，主要有：① MCNP 自动生成的权窗；② CADIS 方法的权窗；③ FW－CADIS 方法的权窗。其中前两种权窗都只能针对一个或几个探测器，FW－CADIS 型权窗是全局型权窗，能够针对多个探测器加速计算。

参考文献

[1] Pankratov, B. F. Gromoy, M. A. Solodjankin, et al. The experience in handling of lead-bismuth coolant contaminated by Polonium-210[J]. Transactions of the American Nuclear Society 67, 1993(Supp.)1: 256－274.

[2] Zrodnikov, Nuclear power development in market conditions with use of multi-purpose modular fast reactors SVBR-75/100[J]. Nuclear Engineering and Design, 2006, 236(14/15/16): 1490－1502.

[3] Larson, Christopher Lee. Polonium extraction techniques fora lead-bismuth cooled fast reactor[J] Diss Massachusetts Institute of Technology, 2002, S1: 124－139.

[4] Obara, Toru. Preliminary study of the removal of polonium contamination by neutron- irradiated lead-bismuth eutectic[J]. Annals of Nuclear Energy, 2003, 30: 497－502.

[5] 徐敬尧. 先进核反应堆用铅铋合金性能及纯净化技术研究[D]，合肥：中国科学技术大学，2013.

[6] Peterson N L, Chen W K, Wolf D, et a1. Correlation and isotope effects for cation diffusion in magnetite[J]. Journal of Physics and Chemistry of Solids, 1980, 41(7): 709－719.

第5章
铅铋反应堆系统与设备

核反应堆系统与设备共同组成了完整的核反应堆装置，完成能量转化的最终目的。本章主要对铅铋反应堆将裂变能转化为电能的过程中涉及的反应堆本体结构、主系统、主要设备以及维持和保护主系统正常运行的辅助系统和安全系统进行介绍。

5.1 铅铋反应堆本体

反应堆本体是核反应堆系统的重要组成部分，其功能主要如下：作为反应堆冷却剂系统的重要组成部分，通过核燃料自持核裂变链式反应，提供持续可控核裂变能源；作为反应堆冷却剂系统边界的重要组成部分，防止放射性物质向外部释放；为反应堆冷却剂提供合理的流道，导出堆芯的裂变热；为堆芯部件、蒸汽发生器及主冷却剂泵提供支承和定位；控制棒驱动线根据控制系统的指令完成提升、下插、保持以及快速落棒；为测量系统提供通道和保护。

5.1.1 堆本体设计选型

反应堆本体结构的设计必须与反应堆系统总体布局形式相匹配。目前国际上铅铋反应堆的总体布局形式主要有一体化式、紧凑式以及回路式，与其相对应的，反应堆本体结构方案也分为一体化、紧凑式以及回路式[1]。这三种形式的反应堆本体，具有不同的设计特点，在功能要求、结构复杂性、制造难度、运行维护等方面表现各不相同。

一体化反应堆本体将堆芯、蒸汽发生器和主冷却剂泵等包容在反应堆容器内，相应地其结构往往较为复杂，制造难度也相对较高；但由于其更高的安全性，是目前的主流设计。

紧凑式反应堆本体将堆芯置于容器中，蒸发器和主冷却剂泵设置于反应堆容器外，其结构相对简单，制造难度也较低；但由于存在连接短管破损泄漏风险等缺点，目前国际上的铅铋堆设计均没有采用这种方式。

回路式布置的反应堆本体是将蒸发器和主冷却剂泵设置于反应堆容器外，通过管道相互连接，结构简单，制造难度低；但早期实际运行中出现的铅铋回路冻堵泄漏及系统可靠性差等问题，导致现有的设计也不再采用这种方式。

毫无疑问，一体化方案是目前铅铋堆反应堆本体设计的主流选择。蒸汽发生器和主冷却剂泵均位于反应堆容器内部，环绕堆芯布置。一体化反应堆本体方案从设计上消除了主管道和阀门等传统管路设备的应用，从而避免了主管道断裂、破损造成的各类 LOCA 事故，以及阀门密封失效外漏导致的主回路小破口事故等传统轻水堆典型事故的发生；虽然结构相对复杂，但与其他两种方案相比，从总体性能来讲，具有较为明显的优势[2]。

5.1.2 堆本体设计原则

为保证反应堆本体功能要求的实现，其结构设计应满足以下设计原则。

(1) 在满足核反应堆系统总体性能及安全性要求的前提下，应尽可能使反应堆本体体积小、重量轻。

(2) 堆芯结构设计应满足物理、热工、水力和控制要求，使反应堆的先进性和结构上的现实性相一致。

(3) 反应堆结构设计应满足堆芯核设计、热工水力设计及机械设计载荷限值的要求。

(4) 各部件的设计应满足控制棒驱动线的性能要求，保证控制棒组件正常运行时的提棒和插棒以及安全棒在规定时间内快速插入堆芯，实现安全停堆。

(5) 反应堆结构应具有足够的安全裕度，保证在反应堆寿期内安全可靠，并具有足够的抗震能力。

(6) 在事故工况下，反应堆本体各部件的变形不应影响控制棒插入堆芯，可实现安全停堆，并使堆芯有可以冷却的几何通道，实现堆芯冷却，保证堆芯安全。

(7) 用于反应堆的材料应具有良好的力学性能、耐腐蚀性能、耐辐照性能及材料相容性。

(8) 结构设计应考虑有利于制造、安装、运行、换料及在役检查。

(9) 反应堆本体结构设计应充分考虑检查及维护的可达性要求。

5.1.3　堆本体主要构成

典型一体化铅铋反应堆本体主要包括反应堆容器、堆内构件、控制棒驱动机构等设备，其典型结构如图 5-1 所示。

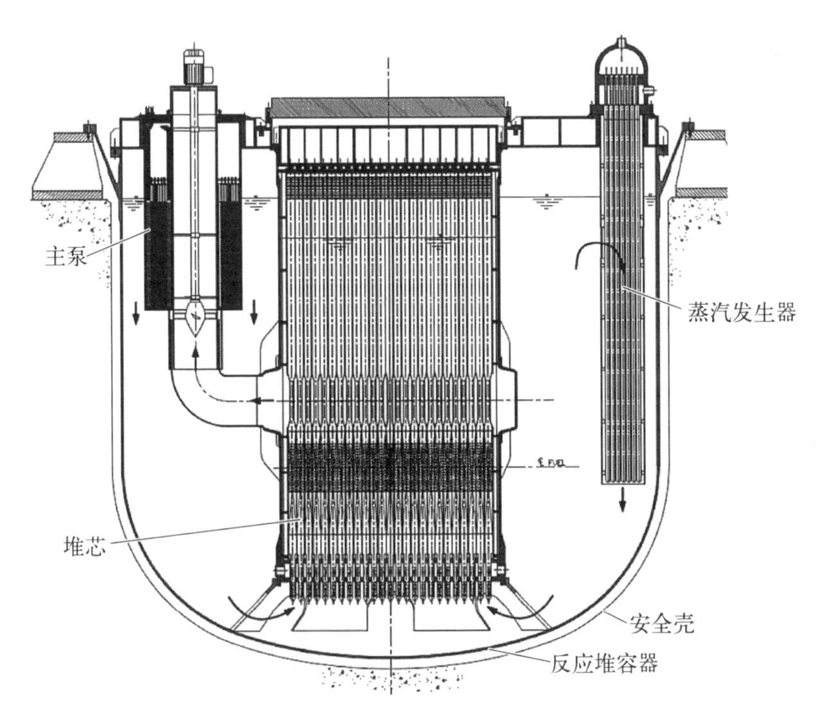

图 5-1　典型一体化池式铅铋反应堆示意图

反应堆容器是反应堆冷却剂边界的重要组成部分，是封闭放射性物质的主要屏障之一；反应堆容器装容冷却剂，固定并支承控制棒驱动机构、堆顶结构、堆内构件、堆芯部件、主冷却剂泵、蒸汽发生器；反应堆容器与堆内构件共同构成反应堆冷却剂流道，使反应堆冷却剂顺利通过堆芯和蒸汽发生器。

堆内构件是铅铋反应堆本体的重要组成部分，其主要功能是为燃料组件提供可靠的支承、约束以及精确的定位，为控制棒组件提供保护和可靠的导向；作为反应堆流道的组成部分，堆内构件还与反应堆容器、堆芯部件、蒸汽发生器及主泵等一起实现反应堆冷却剂的合理分流；另外，堆内构件还具有屏蔽功能，可以减少反应堆容器表面的辐照损伤。

控制棒驱动机构是铅铋反应堆本体中的关键部件,它是反应堆控制系统和保护系统的执行机构,能够按照指令带动控制棒组件在堆芯内上下移动,实现对反应堆反应性的控制,从而完成反应堆的启动、调节功率、维持功率、正常停堆和安全停堆等功能;另外,它的耐压壳是反应堆冷却剂系统边界的组成部分。

5.2 主要系统及设备

铅铋反应堆主要工艺系统包含反应堆冷却剂系统、专设安全系统、核辅助系统、"三废"系统、二回路热力系统。主要的设备有反应堆本体、主泵、蒸汽发生器等。

5.2.1 反应堆冷却剂系统

反应堆冷却剂系统是通过冷却剂的流道,将裂变能转变的热量带出,并在蒸汽发生器中将热量传给二回路工质。放出热量后的冷却剂温度降低,由冷却泵重新返回反应堆,构成一个闭合的循环回路。

反应堆冷却剂系统由反应堆、主泵、蒸汽发生器以及相应的流道结构等组成。与传统回路式反应堆不同的是,池式铅铋反应堆的冷却剂系统全部放置在反应堆容器中的铅铋池内,冷却剂的流动也限制在反应堆容器中的铅铋池内。反应堆容器是钢制密闭壳,它能承受一定的压力,可以防止放射物质向外扩散。

通常情况下蒸汽发生器和主泵环绕堆芯布置,蒸汽发生器的主给水及主蒸汽管线均由堆顶上方引出。主泵电机位于一体化堆容器外部上方,由堆容器顶盖为其提供支撑;主泵主轴及叶轮位于主泵通道内,铅铋冷却剂由通道上方进入,通过叶轮向下输送。

典型一体化铅铋反应堆堆内的铅铋冷却剂的流程如下:铅铋冷却剂自下而上通过堆芯;流出堆芯后随即由上腔室侧向开孔自上而下流经蒸发器,并被二次侧给水冷却;铅铋冷却剂达到蒸发器底部后通过主泵和蒸发器之间的流道翻转自下而上进入主泵入口,主泵将铅铋冷却剂自上而下输送回堆芯,形成闭式循环。

5.2.2 专设安全系统

铅铋反应堆专设安全系统主要包括非能动余热排出系统和超压保护系统等。

1）非能动余热排出系统

非能动余热排出系统的主要功能是在发生全厂失电事故及其他正常排热途径丧失时，能够自动投入运行，通过非能动方式导出反应堆余热，维持反应堆处于安全停堆状态。该系统的设计上应能够使反应堆冷却剂平均温度逐渐降低并维持在一定范围内。

2）超压保护系统

超压保护系统能够在发生蒸汽发生器传热管破裂等事故，来自二回路的蒸汽通过传热管的破损处排放至覆盖气体空间时，迅速增加一回路系统的压力。此时超压保护系统的弹簧式安全阀和先导式安全阀同时达到整定值并自动开启，将覆盖气体空间中的混合气体（水蒸气、氩气等）排放至本系统的冷凝器中。经过冷凝器后，不凝的氩气将重新回流至覆盖气体系统氩气循环回路，二回路泄漏出来的蒸汽将经过冷却凝结为液态。

由于二回路泄漏出来的水蒸气可能会与一回路系统中的辐射产物 PbPo 反应生成 PbO 和 PoH_2，故该冷凝液中将存在较强毒性的 ^{210}Po 元素。因此，该事故下本系统冷凝器中产生的冷凝液应送去相应的废液收集系统进行处理。

5.2.3　核辅助系统

根据铅铋反应堆的特点和需求，核辅助系统主要有覆盖气体系统、铅铋净化系统、控氧系统和正常余热排出系统等。

1）覆盖气体系统

铅铋堆通常采用氩气作为覆盖气体介质。覆盖气体系统主要执行铅铋冷却剂的覆盖气体保护、冷却剂控氧、堆顶结构的循环冷却、放射性产物捕集、系统调压和主泵气密封等主要功能。

覆盖气体系统主要需要配置气体循环设备、冷却器等设备以及根据接口需求配置的换热器、管道和阀门组成。反应堆在正常运行时，循环风机将反应堆容器内覆盖气体抽出，通过干燥和冷却后重新进入反应堆容器覆盖气层，为反应堆容器内铅铋冷却剂提供覆盖气体保护，同时冷却堆顶盖及附属设备。

2）铅铋净化系统

铅铋净化系统的主要功能是去除铅铋冷却剂中的各种固体杂质，该类杂质通常为金属氧化物。根据目前的研究，铅铋冷却剂内的固体杂质主要聚集在铅铋液面上，也有部分可能附着在低流速区。对于铅铋中的固体杂质，现阶段铅铋净化系统暂考虑配置临时系统，在换料大修期间反应堆容器开盖后，对铅铋自由液面处的杂质进行过滤去除。

3）控氧系统

控氧系统是在堆运行期间，使铅铋冷却剂中的氧含量维持在正常的运行范围内。在氧含量低于运行下限时，自动将氧气储罐中的氧气通过控氧装置溶入铅铋合金；在氧含量高于运行上限时，将氢氩混合气储罐中的气体通过控氧装置，与铅铋合金中的溶解氧反应，降低溶解氧含量。

该控氧系统一般由氧气储罐、氢氩混合气储罐和控氧装置等设备以及相关的管道和阀门组成。在正常功率运行期间，通过氧传感器实时监测一回路铅铋合金冷却剂中的氧含量，当氧含量低于运行下限时，将储罐中的气体通过控氧装置溶入铅铋冷却剂，通入氧气一段时间后，氧含量回到正常范围时，自动关闭储罐上的隔离阀；在氧含量高于运行上限时，电磁阀自动开启，将储罐中的氢氩混合气通过控氧装置与铅铋合金中溶解氧反应，从而降低溶解氧含量，氧含量回到正常范围时，自动关闭相应隔离阀。

4）正常余热排出系统

正常余热排出系统与二回路连接，主要执行反应堆冷却剂启堆熔化、启堆升温、启堆中一回路与二回路热量匹配、反应堆停堆时冷却剂熔化状态维持和正常余热排出的功能。正常余热排出系统主要由预热给水泵、启动预热器、正常余热排出冷却器、启停泵、水箱以及相应的阀门和管线组成。

5）“三废”系统

铅铋堆由于堆型特征以及系统设计与传统压水堆存在较大差异，其运行时产生的固体、液体和气体废物量低，需要配置相应的废物处理系统。“三废”的主要来源具体如下。

（1）固体废物：^{210}Po 捕集装置中的定期更换的滤芯，覆盖气体系统干燥装置中的吸附介质，设备维护维修时更换下来的与冷却剂或覆盖气体接触过的零部件，设备维护维修时使用的工具和防护设备，设备维护维修时从设备表面清洗下来的少量铅铋冷却剂(固态)。

（2）液体废物：覆盖气系统运行产生的少量冷凝水，设备维护清洗时产生的废液。

（3）气体废物：覆盖气封装收集时产生的少量废气。

5.2.4 二回路热力系统

二回路系统主要功能是将反应堆及一回路系统通过蒸汽发生器产生的蒸

汽热能转换成电能；同时为蒸汽发生器的各种运行工况提供所需给水。

二回路汽水循环系统主要包括蒸汽发生器二次侧、汽轮发电机组、凝汽器、凝结水泵、给水泵、给水加热器以及相关阀门、仪表及管路附件等。

在二回路系统正常运行过程中，蒸汽发生器产生的蒸汽经过主蒸汽管道进入汽轮发电机膨胀做功发电，汽轮机排汽直接进入凝汽器，由循环水冷却为凝结水，凝结水经凝结水泵和给水泵增压后进入给水加热器，由汽轮机抽气加热至设定温度后进入蒸汽发生器重新循环。凝汽器热井同时承担除氧功能，通过引入部分蒸汽对凝结水进行除氧。

5.2.5　主要设备

铅铋反应堆主要设备有反应堆容器、堆内构件、控制棒驱动机构、堆芯部件、蒸汽发生器、主泵等。

1）反应堆容器

反应堆容器是反应堆冷却剂系统压力边界的重要组成部分，是封闭放射性物质和屏蔽核辐射的第二道屏障。反应堆容器内部装容蒸汽发生器、主泵、堆内构件、堆芯部件等设备以及反应堆冷却剂，并为堆内构件定位、控制棒驱动机构和驱动线对中提供固定支承作用；反应堆容器与堆内构件及其他设备一起构成反应堆冷却剂的流道，引导反应堆冷却剂流经堆芯，完成热量交换。反应堆容器由顶盖组件、主容器组件、外部容器组件、紧固密封组件组成。

顶盖组件可由两个或多个顶盖组件组合而成，顶盖组件上安装有 CRDM 管座、测温管座、冷却剂加载接管、覆盖气进出管等部件。主容器组件由堆芯筒体、底封头等部件构成。其上端与顶盖焊接，下端与底封头焊接。底封头设计为与堆芯筒体等壁厚的带直边段的球形或标准椭球形封头，底封头内表面底部中心区设置有用于流量分配的结构。外部容器组件由外部筒节、外部封头等部件构成。外部筒节设计为一个形状规则的圆柱形竖直筒节。外部封头设计为球形或椭球形封头。

2）堆内构件

堆内构件是反应堆结构的重要组成部分，其主要功能有容装、定位和固定堆芯部件；作为反应堆流道的组成部分，与反应堆容器、堆芯部件一起实现冷却剂分流；降低反应堆容器表面的辐照损伤；为控制棒组件提供导向和缓冲等。

堆内构件由压紧弹簧、控制棒导向组件、吊篮组件、可拆接头组件、堆内分流密封组件等组成。压紧弹簧组件用于压紧堆芯部件、堆内构件，具有补偿反应堆容器、筒体组件、压紧组件法兰等轴向制造误差和热膨胀差的功能。压紧组件由压紧法兰、筒体、堆芯上板和支承板等组成。吊篮组件由吊篮法兰、筒体、堆芯下板及堆芯围筒等组成。堆内分流密封组件由上层分流隔板、下层分流隔板、堆内限流环和纵向分流隔板等组成。

3）控制棒驱动机构

控制棒驱动机构是反应堆控制系统和保护系统的执行机构，通过它带动控制棒组件在堆芯内上下运动来控制反应堆的反应性，从而实现反应堆的启动、调节功率、维持功率、正常停堆和安全停堆等。因此，控制棒驱动机构是反应堆的一个关键设备，其耐压壳是一回路系统边界的组成部分。

驱动机构主要由棒位探测器部件、定子部件、转子部件、耐压壳体部件、丝杠部件和隔热部件组成。驱动机构安装在反应堆容器顶盖管座上，与管座采用螺纹连接并采用焊接密封。

当反应堆处于事故状态或需要停堆时，立即切断驱动机构定子电源，分裂转子的四个滚轮在释放弹簧力作用下迅速与丝杠脱离啮合，此时提升在某一高度上的控制棒组件在重力、浮力等的作用下迅速插入堆芯，实现安全停堆。

利用棒位探测器探测控制棒在堆芯的实际位置。脉冲发生器产生的电流脉冲，沿磁致伸缩导线进行传播(即起始脉冲)，其产生的磁场与永磁环形成的磁场相叠加，产生瞬时扭力，使磁致伸缩导线产生张力脉冲，这个脉冲以固定的速度沿磁致伸缩导线传回，通过测量起始脉冲与终止脉冲之间的时间差即可精确地确定控制棒的位置。

4）主循环泵

反应堆主循环泵，简称主泵，其作用是为冷却剂在主系统中循环提供驱动压头。反应堆主循环泵是冷却剂系统的唯一长期连续运转设备，其功能是使反应堆冷却剂以规定的流量进行循环，将反应堆堆芯产生的热量通过蒸汽发生器传递给二回路。铅铋反应堆冷却剂泵大多采用立式悬臂轴流泵。主泵电机位于堆容器外部上方，由堆容器顶盖为其提供支撑；主泵主轴及叶轮位于主泵通道内，铅铋冷却剂由通道上方进入，通过叶轮向下输送。

5）蒸汽发生器

蒸汽发生器是一回路系统以及连接一、二回路系统的关键设备，其主要功能如下：

(1) 在功率运行工况下，将反应堆冷却剂的热量传递给二次侧的水，将其加热至饱和温度，产生合格的饱和蒸汽。

(2) 在正常停堆或事故停堆工况下,导出反应堆的余热和设备显热。

(3) 作为一回路压力边界的组成部分,和核安全第二道屏障的一部分,对防止放射性物质向堆舱和二回路系统泄漏、保证核动力装置的安全性具有重要作用。

由于蒸汽发生器是一、二回路的枢纽,其运行条件恶劣,作为核安全第二道屏障的一部分,对蒸汽发生器性能、可靠性、可维修性等方面均提出了较高的要求,根据目前核动力装置中蒸汽发生器运行使用现状,在设计蒸汽发生器时,有如下的基本技术要求:

(1) 蒸汽发生器及其部件的设计,必须保证供给核动力装置在任何运行工况下所需要的蒸汽量及规定的蒸汽参数。

(2) 应从各方面采取措施,防止蒸汽发生器传热管发生腐蚀事故,包括选用具有良好抗腐蚀性能的传热管材料,改进传热管制造工艺及传热管安装工艺,设置排污装置及泥渣收集装置,改进结构设计保证传热管根部具有良好的热工水力状态等。

(3) 压力边界应该安全可靠,不可发生裂纹和破损。

5.3 高温环境主设备评价规范

美国机械工程师学会制定的第Ⅲ卷核动力装置规范,在世界核电领域有较高的权威,其规定了核动力装置产品的设计、建造、钢印和超压保护方面的要求。第Ⅲ卷中的NH分卷为高温使用的1级部件,规定了当金属温度超过NB分卷规则以及第Ⅱ卷D篇所规定的温度情况下,对1级部件、零件及其配件在材料、设计、制作、试验和超压释放等方面的规则。当部件所承受的温度和载荷条件会导致发生明显蠕变效应时,设计分析应考虑材料性能和结构特性随时间变化的特性,应考虑短时载荷产生的延性断裂,长期载荷产生的蠕变断裂,蠕变-疲劳交互失效,蠕变棘轮等失效模式,另外NH分卷还对因过量变形导致的功能失效、短时载荷引起的屈曲和长时载荷引起的蠕变屈曲这三种失效模式提供了简要的指导原则[3-4]。

高温环境主设备评价项目的依据规范为ASMEⅢ第1册NH分卷。在NH分卷中,用于设计评定的应力和应变限值与载荷作用下结构特性的类型有关,控制量分为两大类。

(1) 载荷控制量:这些量是在电站运行中根据作用力和力矩平衡计算得到的应力强度。属于这类的应力是总体一次薄膜应力、局部一次薄膜应力、一次弯曲应力及有大量弹性跟进的二次应力。

(2) 位移控制量：这些量包括应变、循环应变范围或由加载位移和(或)应变相容性引起的变形。

对高温部件进行设计的步骤首先按照载荷控制的应力进行评定，NH 分卷对一次应力的控制评定都基于弹性分析，对不同使用载荷采用不同的限值。其次进行变形控制应力的限制，主要是为了防止过量的蠕变变形和循环载荷导致的蠕变棘轮。NH 分卷为此提供了三种分析方法，即弹性分析、简化的非弹性分析和非弹性分析方法。当蠕变显著时，应使用完整的非弹性分析来计算部件的累积非弹性应变，但是因计算复杂且材料参数众多，通常采用弹性方法和简化的非弹性方法。

对于 A 级、B 级和 C 级使用载荷的组合，累积蠕变-疲劳损伤评定采用线性组合的方法，分别计算疲劳损伤和蠕变损伤，总蠕变-疲劳损伤不应超过蠕变-疲劳损伤包络线。

NH 分卷还提供了对蠕变屈曲的指导原则，将屈曲分为载荷控制的屈曲和应变控制的屈曲，载荷控制的屈曲是以在发生屈曲后的区域内由施加载荷的连续作用而导致失效的特征，如管子在外压下的压扁。应变控制的屈曲是以屈曲发生时立即减少应变产生的载荷，使产生的变形有自限性为特征。虽然应变控制的屈曲是自限的，但为了防止由于疲劳、过度应变以及与载荷控制的不稳定性的相互作用发生破坏，必须防止发生应变控制的屈曲。

NH 分卷只提供了五类可适用的材料，分别为 304 型和 316 型奥氏体不锈钢、2¼Cr－1Mo 低合金钢、9Cr－1Mo－V 合金钢、800H 合金钢以及螺栓用钢 718 合金。对于 304 型和 316 型不锈钢、800H 合金钢，可以不考虑韧性断裂问题。但是，对于铁素体钢，因发生应力松弛而导致低温时有较大的残余应力，会出现延展性向脆性转变的行为，因此，可以用 ASME 第Ⅲ卷的要求来验证材料在假想缺陷下是否发生非延展性断裂。

5.3.1 载荷

在部件设计中应考虑但不限于下列载荷：

(1) 内压和外压。

(2) 部件重量和在使用或试验载荷下部件正常的内容物重量。

(3) 其他部件、操作装置、保温层、抗腐蚀或抗侵蚀衬里以及管道等的叠加载荷。

(4) 规定的风载荷、雪载荷、振动和地震载荷。

(5) 支耳、裙座、鞍座或其他形式支承件的反作用力。

(6) 温度效应。

(7) 内部或外部事件引起的冲击力。

NH 分卷中使用的载荷分类包括设计载荷、使用载荷及试验载荷。

1) 设计载荷

设计载荷规定的设计参数应大于或等于同时存在的压力、温度和载荷作用力的组合，而载荷作用力应对部件同一区域使用载荷引起的各事件加以规定。对设计载荷规定的设计参数应称为设计温度、设计压力和设计机械载荷。

2) 使用载荷

使用载荷为部件可以承受的载荷，分为 A 级、B 级、C 级和 D 级，同时应在设计技术规格书中进行详细说明。

(1) A 级使用载荷。

A 级使用载荷是指由系统启动、设计功率范围内运行、热备用和系统停运引起的任何载荷，以及不属于 B 级、C 级和 D 级或试验载荷的所有载荷。

(2) B 级使用载荷。

B 级使用载荷由中等频度的事故引起。引起 B 级使用载荷的事件如下：任何一个操作人员的错误或控制误动作引起的瞬态，需要从系统中隔离的某一系统部件的故障引起的瞬态，以及因负荷或功率丧失引起的瞬态。在设计技术规格书中应给出 B 级使用载荷预计的持续时间。

(3) C 级使用载荷。

C 级使用载荷由稀有事故引起，它要求停堆以纠正载荷并修复系统的损坏。C 级使用载荷状态的出现概率低，但应保证不因系统内出现的任何损伤效应而对结构完整性造成重大损失。

(4) D 级使用载荷。

D 级使用载荷由极限事故引起，是与概率极低的预期事件有关的载荷组合，这些事件的后果能使核能系统的完整性和可运行性受到损害，其程度为只考虑居民的健康和安全。

3) 试验载荷

试验载荷是在水压试验、气压试验和检漏试验过程中出现的压力载荷。

4) 载荷框图

载荷框图应包含 A 级、B 级和 C 级使用事件。设计技术规格书应包括 A

级和B级使用事件引起的所有载荷(包括所有试验载荷)的预计加载过程和载荷框图。这些载荷框图应给出部件整个使用寿命期内不同部位预计的机械载荷作用力、压力和温度。然后采用这些框图,进行分析设计。设计技术规格书应包括C级使用事件中各设计参数的时间过程,但不要求规定在部件使用寿命期内事件发生的时间。

5.3.2 应力应变分类与限值

NH分卷沿用了对不同应力和应变进行分类,并对每种类别分别设置不同限制的方法,即对一次应力、二次应力和峰值应力进行限制。根据结构在高温下的不同响应,NH分卷有两类控制的量,分别是载荷控制的量和变形控制的量。

在运行过程中,结构因平衡外载所产生的应力强度为载荷控制的量。载荷控制的量可根据线弹性材料模型进行计算。通常对一次应力设置限制是对载荷控制的量进行控制。但是有些特殊的情况,如由热膨胀引起的净截面载荷导致的管道应力按载荷控制的应力进行评定。

变形控制的量是因载荷、挠度和应变兼容性引起的应力、应变和变形。这些量会随着时间和载荷的变化而变化,而蠕变也主要是与时间有关的变形。因此,当蠕变显著时,要准确描述变形控制的量,首先要有明确的载荷时间历史,然后再进行与时间相关的非弹性应力分析。如果进行了完整的非弹性分析,就自动核算弹性跟进、棘轮效应对变形控制的量的影响以及它们与载荷控制的量交互作用的影响。可使用弹性材料模型对变形控制的量进行计算,但在评定的过程中应考虑与时间相关的变形,这些与时间相关的变形包括因变化的载荷历史、弹性跟进和棘轮产生的变形。

NH分卷通常将NB分卷中划分为二次应力和峰值应力的应力强度归为变形控制的量。在一些应变极限的准则和蠕变-疲劳损伤准则中,伴随弹性跟进的二次应力可按一次应力考虑。对于弹性跟进,并无专门的考虑原则,但是由压力产生的薄膜和弯曲应力,热导致的薄膜应力,这些二次应力的例子也可按一次应力考虑。

图5-2为高温分析步骤的流程图,可根据控制的量的类型及载荷分类情况,按流程进行设计评定,主要分载荷控制的应力限值、应变和变形控制的限值和蠕变疲劳评定三部分内容。其中,左侧一列的“载荷控制的应力极限”设计评定步骤和NB分卷相似,基于弹性分析,对一次应力进行评定,但除了对

设计载荷进行校核外，NH 分卷还要对 A 级和 B 级使用载荷、C 级使用载荷和 D 级使用载荷都分别进行校核。

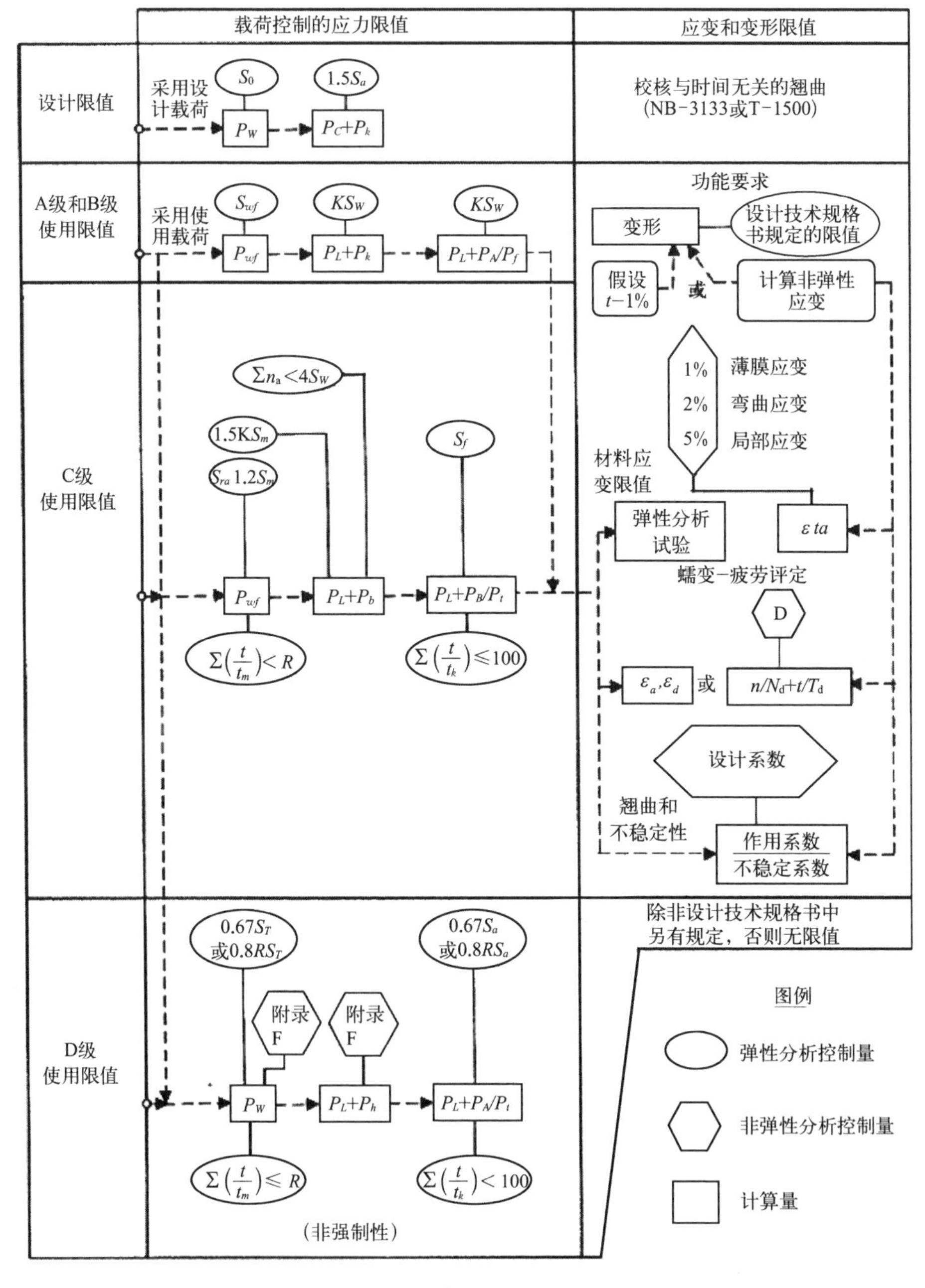

图 5－2　高温分析流程图

设计载荷下需对时间有关的屈曲进行校核，对A级、B级和C级使用载荷作用下的应变和变形的限值进行了规定，对于这三种使用载荷下的变形首先得满足功能性需求。按照规定，对变形控制的量进行控制，主要是为了防止过量的蠕变变形和循环载荷导致的蠕变棘轮。

由于蠕变的影响，在高温结构中产生恒定变形的区域，使用NB分卷中一次加二次应力强度的许用极限值进行限制时，并不能保证其处于弹性安定，所以NH分卷采用对应变进行限制来保证结构的安定性。

蠕变疲劳的累积计算，主要针对A级、B级和C级工况的载荷组合。累积蠕变-疲劳损伤评定采用线性组合的方法，分别计算疲劳损伤和蠕变损伤。总蠕变-疲劳损伤不应超过蠕变-疲劳损伤包络线。

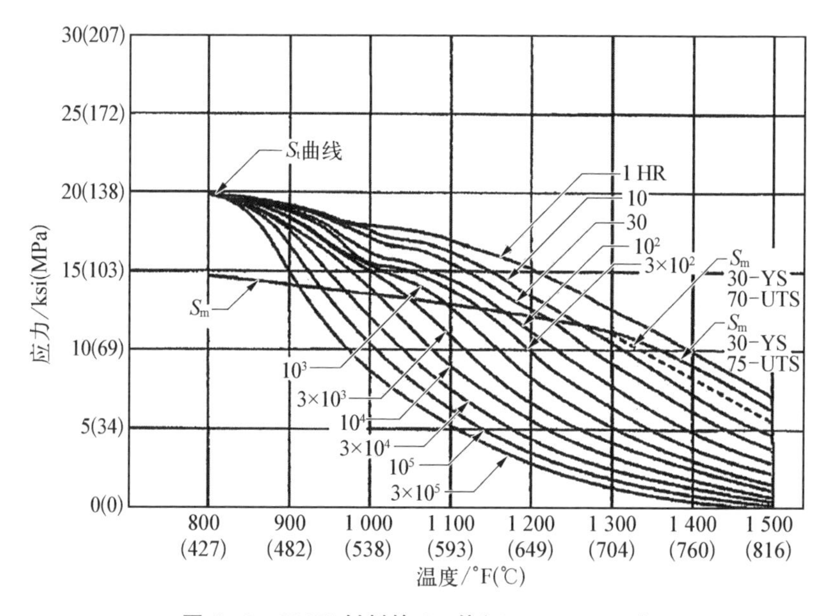

图5-3　304SS材料的S_{mt}值(NH-I-14.3A)

5.3.3　载荷控制应力(螺栓除外)的设计规则

为保证部件在蠕变条件下正常运行，除了首先要保证强度问题，还需要附加其他的分析，如对弯曲和热应力的评定、蠕变和疲劳的评定。通常复杂的塑性分析或蠕变分析难度很大。弹性分析的简便快捷、成本低，虽然近似的弹性分析不如塑性分析或蠕变分析精确，但是在大多数设计应用中，弹性分析也有足够的精度。为了尽可能地接近塑性分析或蠕变分析的精确结果，ASME弹性分析步骤对弹性计算所得的应力进行了分类并设置了不同的许用极限，来补偿应力分类这种近似的方法。

5.3.4　变形控制应力的设计规则

对于蠕变工况的高温部件，载荷控制的应力评定合格后，还需要进行应变控制的评定。对应变和变形进行限制的目的是防止棘轮。NH分卷提供了弹性分析、简化的非弹性分析和非弹性分析三种分析方法的详细设计规则。设计人员可选择任意一种来完成对变形控制的应力的评定。

当一次和二次应力小于屈服强度时，通常使用弹性分析方法，该方法非常保守。简化的非弹性分析方法是以限制累积薄膜应变为基础，相对于弹性分析而言，它较为保守。最后一个选择是非弹性分析方法，该方法实施难度最高，但却可获得更为精确的结果。

按照图3-1的高温分析步骤，NH分卷对应变和变形控制的限制有一个潜在的劣势，它需要对一次应力和二次应力分别进行评定。对于简单结构，将一次应力和二次应力进行分离可能问题不大，但是对于几何形状和载荷条件都不对称的复杂结构，如果不进行详细的有限元分析是难以将一次应力和二次应力进行分类的。

5.3.5　蠕变-疲劳损伤的设计规则

当温度低于蠕变温度，循环分析很明确，利用循环中计算所得的最大等效应力范围和疲劳曲线进行对比，从而获取在该设计循环下的许用疲劳寿命。考虑到数据的分散(最小值到平均值)、尺寸影响以及表面加工和环境等因素的影响，并使用Goodman图表对平均应力进行修正，对实验数据取一个合理的安全系数，最终形成低温下的疲劳曲线。这种疲劳分析的方法简单方便，目前已广泛应用于低温下的设计。

当发生蠕变时，上述低温下的疲劳曲线不再适用。随时间持续发生的蠕变变形和疲劳进行交互会导致损伤的加剧，其破坏机制影响因素众多。在给定点处的应力松弛会影响部件的循环寿命。三轴应力集中系数的水平对高温下蠕变-疲劳寿命也有显著的影响。为考虑非弹性应力水平的影响，需要对泊松比进行修正。另外，随着表面氧化或化学侵蚀会导致部件的温度升高，因此疲劳强度趋于下降。这些和其他因素导致的循环加载下的蠕变-疲劳评定更加复杂。

对某一材料的循环应力进行蠕变-疲劳分析所需的数据很多,如应力-应变图、屈服应力和拉伸强度、蠕变和断裂数据、弹性模量及等时曲线等。获得材料的这些数据,往往要经过大量的实验,涉及大量的时间和成本。

参考文献

[1] 彭敏俊.船舶核动力装置[M].北京:原子能出版社,2009.

[2] 杨红义.液态金属冷却快堆技术[M].上海:上海交通大学出版社,2023.

[3] ASME. Boiler and pressure vessel code, Section Ⅲ, Subsection HB[S], 2015.

[4] ASME. Boiler and pressure vessel code, Section Ⅱ, Part D[S], 2015.

第6章
铅铋反应堆燃料与材料

核燃料是核反应堆的核心关键部件，铅铋反应堆特殊的冷却剂对燃料与材料提出了苛刻的要求。本章主要介绍铅铋反应堆燃料与材料的选择标准以及结构材料相关技术。

6.1 核燃料

铅铋反应堆核燃料根据主要追求目标来确定选择标准，根据燃料研发思路，确定潜在燃料。

6.1.1 选择标准

液态金属冷却快堆除了追求高的增殖比外，主要追求目标是燃料具备承受高燃耗和高冷却剂出口温度的经济潜力，根据这些要求来选择燃料，主要标准归纳如下：

(1) 可裂变原子密度高。

(2) 燃料应有较好的热性能，具有高熔点，高导热系数。

(3) 能承受高燃耗，能调节溶解在燃料基体内的大部分裂变产物而不发生相变，肿胀小。

(4) 在工作温度范围内，不发生相变，保持单相组织。

(5) 燃料与包壳和冷却剂的相容性好或可以接受。

(6) 燃料的生产工艺和后处理工艺的可行性和经济性。

上述的标准(1)和(2)使燃料棒能承受较高的线功率密度、高的增殖比和较少的燃料库存量，这样减少了快堆倍增殖时间，改进了燃料资源的利用。高的燃料热导率可以增加燃料棒直径或线功率密度，而不发生中心燃料熔化。

燃料的可裂变原子密度高,可以减少所需要的燃料棒数,这样当堆芯燃料量一定时,堆芯体积会减小。

铅铋冷却快堆是液态金属冷却快堆备选堆型之一,液态金属冷却快堆燃料选择标准对于铅铋冷却快堆也是适用的。

6.1.2 铅铋反应堆潜在燃料

铅铋堆燃料选型思路与典型快堆燃料选型一致,除了考虑堆内运行性能以外,还需要考虑其后处理工艺的匹配性。这是由快堆提高铀资源利用率、焚烧次锕系(MA)和长寿命裂变产物(LLFP)的使命所决定的。

目前国际上铅铋堆设计中燃料选型主要提出三种燃料研发思路:

(1) UO_2 燃料过渡到 MOX 燃料。

(2) UN 燃料过渡到 UN-PuN 燃料。

(3) U-Zr 金属燃料过渡到 U-Pu-Zr 燃料。

在上述大的思路下,也有部分方案提出在燃料中添加 MA,以实现次锕系元素的嬗变处理。

上述三种燃料从制备、堆内应用性能、先进后处理匹配性等方面的性能总结如表 6-1 所示。不同燃料类型都有各自优缺点,从应用性能层面看,通过合理的设计,各型燃料都具有达到高燃耗的潜力。

表 6-1 各国铅基堆燃料设计方案

燃料	UO_2	UN	U-10Zr
适用堆型	轻水堆、重水堆、快堆等	快堆等	快堆、压水堆等
制造工艺复杂度	UN>UO_2>U-10Zr		
制造工艺成熟度	UO_2>U-10Zr>UN		
制造成本	UN>U-10Zr>UO_2(规模效应)		
铀密度/(g/cm^3)	9.6	13.5	16.1
熔点/℃	2 840	2 850	1 200
高温稳定性	良好	良好	化学元素迁移比较严重

（续表）

热导率/[W/(m·K)]	8.4(室温) 2.9(1 000℃)	5.0(室温) 26(1 000℃)	15.6(室温) 30.8(700℃)
辐照效应： a. 辐照肿胀 b. 裂变气体释放	a. 约7.5%/% FIMA b. 大于1 800 ℃释放率98%；1 400～1 800 ℃释放率50%	a. 约1.8%/% FIMA b. 低于1 600 K较为线性，5% FIMA时最大约10%	a. 辐照肿胀严重：2%FIMA燃耗时达到约30%体积肿胀 b. 2%FIMA燃耗后迅速升高至约60%
与铅铋相容性	UN>UO_2>U-10Zr		
硬的中子能谱	U-10Zr>UN>UO_2		
堆内应用成熟度	UO_2>U-10Zr>UN		
干法后处理适用性	U-10Zr>UO_2>UN		
干法后处理技术成熟度	U-10Zr>UO_2>UN		

氧化物燃料在压水堆与钠冷快堆中都有成熟应用，其与铅铋冷却剂相容性良好，制备技术、堆内外性能、后处理技术相比其他燃料成熟度均是最高的，国际上已形成完整的氧化物燃料循环体系。但由于氧元素对中子的慢化作用、铀密度相对较低、热导率低等特点，UO_2 不符合先进快堆燃料的发展趋势。

氮化物燃料具有熔点高、热导率高、铀密度高、与铅铋相容性好等优点，符合快堆先进燃料的发展性能需求，其具备在铅铋反应堆中应用的研究潜力。但是存在如下问题：

(1) 对制备工艺要求高，如烧结气氛、化学计量比控制等，制备工艺技术成熟度低，未经过大批量制备工艺验证。

(2) 考虑堆内性能以及后处理，需要富集的^{15}N，成本非常昂贵。

(3) 堆内辐照数据较少，堆内运行行为的验证还不充分，尤其是高燃耗燃料行为以及含钚燃料的堆内行为。

(4) 虽然熔点很高，但是文献报道超过1 327 ℃芯块易开裂、超过1 727 ℃会发生分解，同时也提出了棒内填充铅以降低温度梯度、提供氮气气氛抑制分解等措施。

如果上述问题得以解决，氮化物燃料是应用于高温条件的最具潜力的燃料形式。

U-Zr 金属燃料具有热导率高、铀密度高、制备工艺简单、适于干法后处理等优点，符合快堆先进燃料的发展性能需求，其具备在铅铋反应堆中应用的研究潜力，但金属燃料存在如下问题：

(1) 由于相容性问题，金属燃料在钠冷快堆中验证成熟的燃料元件设计方案不能直接应用于铅铋堆，需要采用新型低有效密度设计方案。

(2) 金属燃料裂变产物扩散引起的 FCCI 较为严重，高燃耗条件下应用需要研究 FCCI 缓解措施，另外燃料的熔点较低，限制了金属燃料在高温条件下的拓展应用。

新型燃料研发的技术难度大，研发周期长，尤其是考虑铅铋堆这种新堆型燃料，其设计验证方面存在较大的难度，国内外缺乏足够逼真度的辐照考验环境。基于这个原因，国际上铅铋堆燃料选型仍然以技术成熟度较高的 UO_2 燃料为主，以聚集解决铅铋堆的关键技术，推动铅铋堆的运行。

6.2 包壳材料

铅铋反应堆包壳材料根据工作条件和性能要求等确定选择标准，同时充分考虑潜在包壳材料，进行包壳涂层表面改性。

6.2.1 选择标准

包壳的作用是将燃料与冷却剂隔离开来，防止裂变产物进入一回路冷却剂系统，其需要在各种苛刻的工作条件下保持完整性，因此包壳材料需要在强辐照、高温、复杂力学等严苛的环境中服役一定的周期，需要满足较高的综合性能要求，并且其需要具备良好的加工性能和经济性等。

铅铋冷却快堆是液态金属冷却快堆的一种，而目前钠冷快堆的研究和运行较为成熟，包壳材料的应用经验较为丰富，可以为铅铋冷却反应堆包壳材料的选型提供参考。

钠冷快堆燃料元件结构材料必须在快中子通量下工作 2～3 年，中子注量为(2～3)$\times 10^{23}$ n/cm^2($E>0.1$ MeV)，相当于辐照损伤剂量为 100～150 dpa。并且承受 350～700 ℃下的各种机械载荷(裂变气体压力和各部件之间的相互作用力)和可能的腐蚀条件(外壁受冷却剂腐蚀，内壁受裂变产物及其化合物的腐蚀)而保持结构稳定性和完整性。

钠冷快堆包壳材料选材要求如下：

（1）中子吸收截面低，以获得较高的增殖比。

（2）有很好的高温强度，特别是蠕变断裂特性，使冷却剂有较高的出口温度。

（3）抗辐照性能好，特别是抗肿胀性能，使燃料能达到较高的燃耗。

（4）与燃料和冷却剂相容性好。

（5）可焊性好。

（6）制造成本低。

上述钠冷快堆包壳材料的选材要求对于铅铋冷却快堆燃料包壳材料也是适用的，但是由于铅铋合金对结构材料具有较强的腐蚀作用，因而铅铋堆燃料包壳材料与铅铋冷却剂的相容性是选材考虑的重要因素。

T. R. Allen 等提出了铅铋堆结构材料的选材标准：

（1）运行温度、应力、辐照剂量条件下，具有足够的力学性能。

（2）运行温度、应力、辐照剂量条件下，具有足够的尺寸稳定性（抗辐照肿胀，抗热、辐照蠕变等）。

（3）运行条件下，足够的耐腐蚀、耐应力腐蚀、耐液态金属脆化性能。

并且指出在类似 BREST－OD－300 这类较低冷却剂温度（入口 420 ℃、出口 540 ℃）的堆型设计中，可以采用奥氏体或铁素体/马氏体不锈钢。在类似 STAR－H_2 这类更高冷却剂温度（出口温度 800 ℃）的铅铋堆型设计中，应考虑采用陶瓷或难熔金属。在较低温的铅铋堆型中，在具有高的辐照剂量条件下优先选用铁素体/马氏体不锈钢。

6.2.2　潜在包壳材料

铅铋冷却快堆燃料棒包壳的选材，除了钠冷快堆燃料包壳选材所考虑的因素外，包壳材料与铅铋合金的高温相容性也是选材考虑的重要因素。

国内外铅铋堆燃料包壳材料的选型基本上沿用钠冷快堆包壳材料，国际上铅（铅铋）堆型及所采用的包壳材料如表 6－2 所示，这是基于以下考虑：

表 6－2　国外铅（铅铋）反应堆及包壳材料选型[1-2]

反应堆	冷却剂	冷却剂温度/℃	包壳材料
ELSY	Pb	400/480	T91（镀铝）
ALFRED	Pb	400/480	15－15Ti

（续表）

反 应 堆	冷却剂	冷却剂温度/℃	包 壳 材 料
PEACER	Pb - Bi	300/400	HT - 9
PASCAR	Pb - Bi	320/420	HT - 9 或 T91，内表面镀锆，外表面镀铝
SVBR - 75/100	Pb - Bi	320/482	EP - 823(12%Cr 的 F/M 钢)
BREST - OD - 300	Pb	420/540	F/M 钢：Cr12MoVNbB
SSTAR	Pb	420/567	共挤压双金属：高硅不锈钢提高耐腐蚀性能，F/M 钢耐辐照并提供力学强度

(1) 核材料的研发周期长，从材料研制到工程应用需要经历堆内外性能验证过程，需投入大量的资源和时间成本，因此从相对成熟的材料体系中选择材料有利于加快研发进度。

(2) 铅铋的腐蚀问题，不锈钢在铅铋合金中的腐蚀研究表明，当测试温度高于 550 ℃时，难以确定氧化物的形成和保护性，且随着长时间的溶解，其保护性通常会失去作用，铅铋反应堆燃料元件以不锈钢作为包壳的设计中，一般限制包壳外表面最高温度不超过 550 ℃。因此，相比钠冷快堆运行工况，铅铋堆燃料元件包壳的运行温度相比较低。铅铋反应堆燃料包壳的辐照损伤剂量一般也低于钠冷快堆。因此，从高温力学性能及辐照损伤的角度考虑，钠冷快堆燃料包壳的研发和运行经验对于铅铋反应堆燃料包壳的选型是有较强的支撑作用的。

(3) 基于铅(铅铋)对结构材料腐蚀机制的认识，结构材料在液态金属中的腐蚀主要表现在以下几个方面：① 溶解；② 氧化；③ 侵蚀。各物理过程会同时发生，相互影响。合金中不同元素在铅铋中不同的溶解度是溶解机制的驱动力，合金成分与液态金属中非金属杂质的化学相互作用是氧化机制的驱动力，液态金属流动冲刷是侵蚀机制的驱动力。因此，合金成分元素在铅铋中溶解度小、材料与铅铋界面形成稳定惰性氧化膜，则材料将具有更优的耐腐蚀性能。

(4) 对于部分铅铋堆型，尤其是出口温度较高的堆型，燃料包壳材料通过表面处理技术来提高抗腐蚀性能。

目前国外铅铋堆燃料元件设计及材料选型基本处于概念设计的阶段，仅俄罗斯报道的 SVBR 和 BREST 技术成熟度较高，但关于包壳材料选型，均未调研到包壳材料可行性的论证或实验数据支撑。

在核用铁素体马氏体钢研究方面，基于聚变堆应用的低活化铁素体马氏体钢(RAFM)在国内外有广泛的研究，为铅铋堆燃料包壳材料的选型提供了参考。聚变堆设计中，第一壁和包层结构材料除了具备优秀的机械性能外，还必须拥有耐高温、耐腐蚀、抗辐照、低活化等性能，尤其是包层管道内的氚增殖剂和冷却剂一般使用液态 Pb－Bi 或液态 Li－Pb 合金，其承担了产氚的任务以及把包层内的核热带出。因此 RAFM 也需考虑与高温液态 Pb－Bi 的相容性。国内外典型低活化 F/M 钢质量分数如表 6－3 所示，包括美国的 9Cr2WVTa、欧洲的 EUROFER97、日本的 F82H。

表 6－3　典型低活化 F/M 钢质量分数(%)

成　分	Cr	C	Si	W	Mn	V	Ta	N
9Cr2WVTa	9	0.1	0.2	2	0.45	0.23	0.06	0.021
EUROFER97	8.9	0.11	—	1.1	0.47	0.2	0.14	—
F82H	7.46	0.09	0.1	1.96	0.21	0.15	0.023	—

另外，加速器次临界系统结构材料服役温度为 300～800 ℃，辐照剂量每年可达到 100 dpa，同样面临液态 Pb－Bi 的腐蚀问题，9%～12%Cr 铁素体马氏体钢也是优异的候选材料。

可以看到，铅基反应堆燃料包壳材料选型主流仍是 F/M 不锈钢，有部分堆型选择了改进的奥氏体不锈钢 15－15Ti。15－15Ti 可以认为是在 316 型奥氏体不锈钢基础上降低铬含量、提高镍含量而改进得到的新型奥氏体不锈钢，其高温强度、抗辐照肿胀性能均优于 316 型不锈钢，化学成分如表 6－4 所示。

表 6－4　15－15Ti 不锈钢典型化学质量分数(%)

Fe	C	Cr	Ni	Mn	Si	Ti
62.9	0.10	15.08	15.04	1.83	0.56	0.49

6.2.3 包壳涂层表面改性

包壳涂层表面改性主要包括抗腐蚀耐高温涂层，耐腐蚀难熔金属涂层，氧化物、碳化物和氮化物涂层，铝合金化。

6.2.3.1 抗腐蚀耐高温涂层

MCrAlY(M=Fe、Ni、Co或NiCo)作为抗腐蚀耐高温涂层广泛应用于第一级和第二级涡轮叶片中。这种涂层的抗腐蚀机理是选择性氧化形成的金属氧化物层，如Cr_2O_3、Al_2O_3、TiO_2等。制备可采用物理气相沉积、空气等离子喷涂、真空等离子喷涂、热喷涂等工艺。MCrAlY涂层的抗腐蚀原理是利用其中的铝、铬等元素在涂层表面形成致密的氧化膜，以阻止LBE合金的腐蚀，因此这种涂层都带有一定的自修复(self-healing)能力。

德国Weisenburger等采用熔融合金化处理(GESA)的方法在T91包壳表面制备了FeCrAlY涂层，涂层的化学成分如表6-5所示。随后在氧质量分数为$1\times10^{-6}\%$ LBE合金中进行了温度为480～600 ℃及流速为1～3 m/s的2 000 h铅铋合金腐蚀试验(见图6-1)。研究结果显示相比未涂层的T91包壳，FeCrAlY涂层在LBE合金中形成了一层薄的铝氧化层保护膜(见图6-2)，可以适应超过600 ℃的高温，并且这层氧化物的热导率相比未涂层T91合金表面形成的氧化膜的高得多，因此不会影响包壳的传热效率。

表6-5 T91包壳及FeCrAlY涂层的化学成分组成(质量分数,%)

成　分	C	Si	Mn	Cr	Al	Y	Mo	Fe	Ni	V	Nb
T91	0.105	0.43	0.38	8.26	—	—	0.95	其余	0.13	0.20	0.075
FeCrAlY涂层	—	—	—	15.89	5.95	0.64	—	其余	<0.03	—	—
FeCrAlY涂层+GESA	—	—	—	15.2	4～5	<0.5	—	其余	—	—	—

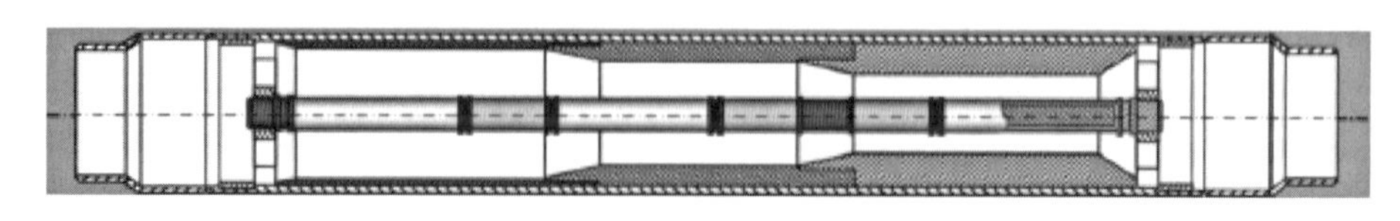

图6-1 LBE腐蚀试验装置

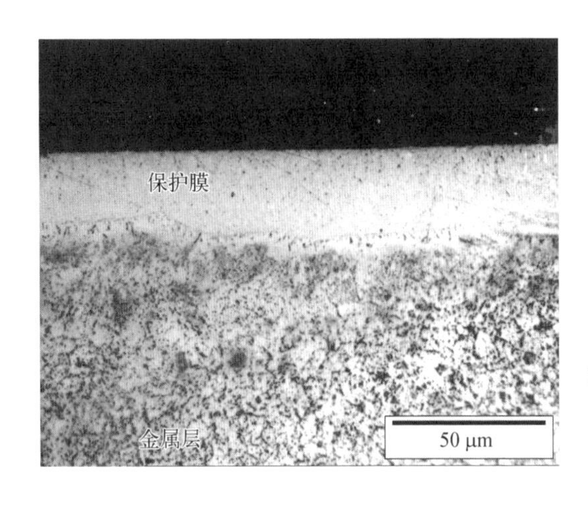

图6-2　FeCrAlY涂层的T91合金表面经2 000 h 600 ℃ LBE腐蚀形成的保护膜

但值得注意的是，在FeCrAlY涂层的某些部位产生的氧化膜与未涂层包壳表面的氧化膜类似，失效的原因认为是这些部位涂层中的铝质量分数低于4%。因此在涂层的制备中应极力避免铝含量偏低，保持铝质量分数为4%～5%即可确保形成致密稳定的保护膜。同时，在LBE合金流速超过2 m/s时，涂层会剥落从而导致保护失效（见图6-3）。

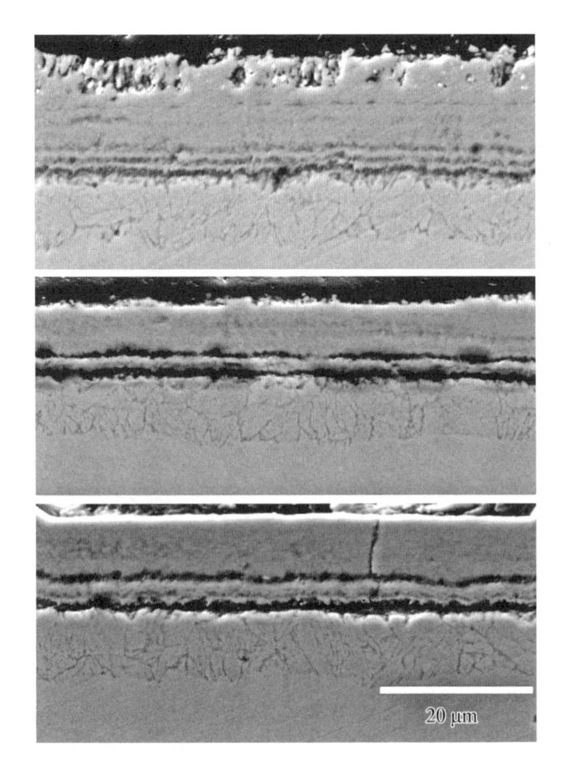

图6-3　FeCrAlY涂层的T91合金表面经2 000 h 550 ℃ LBE腐蚀的SEM图像（从上至下合金流速为1 m/s、2 m/s和3 m/s）

研究人员随后进行了 FeCrAlY 涂层/T91 合金的原位质子辐照 LBE 腐蚀试验，对 FeCrAlY 涂层在模拟中子辐照环境下的腐蚀行为进行了研究。该项研究对带有 FeCrAlY 涂层的 T91 合金在能量为 72 MeV 的质子辐照下进行实时 LBE 合金腐蚀(见图 6-4)，试验温度 400 ℃，时间 900 h，FeCrAlY 涂层产生的辐照损伤剂量约为 2.5 dpa。

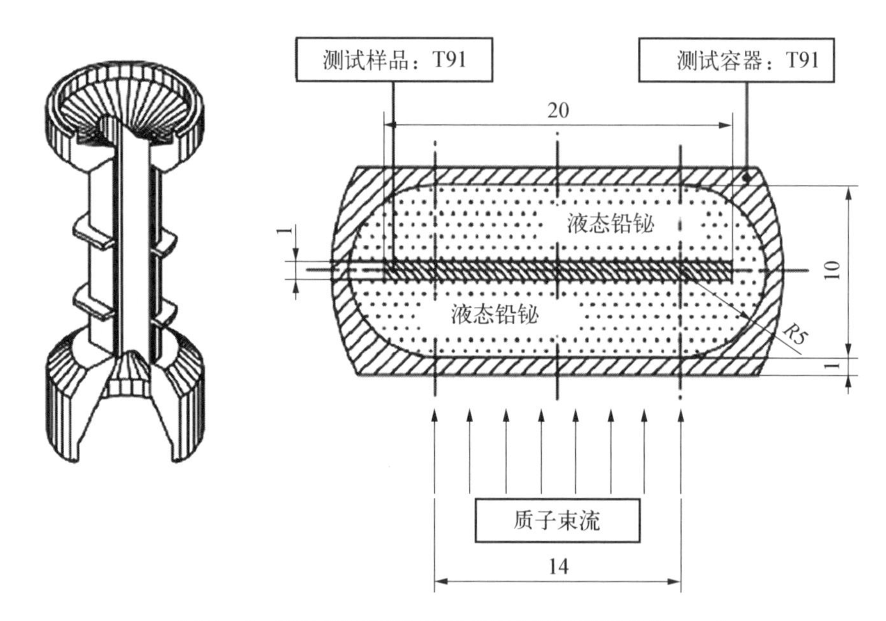

图 6-4 原位质子辐照 LBE 腐蚀试验装置(单位：cm)

原位质子辐照 LBE 腐蚀试验后，采用 SEM 和 EPMA 对涂层的稳定性和耐腐蚀性进行了研究。结果显示，经过原位质子辐照 LBE 腐蚀后，涂层的表面没有发生明显的损伤(见图 6-5)。

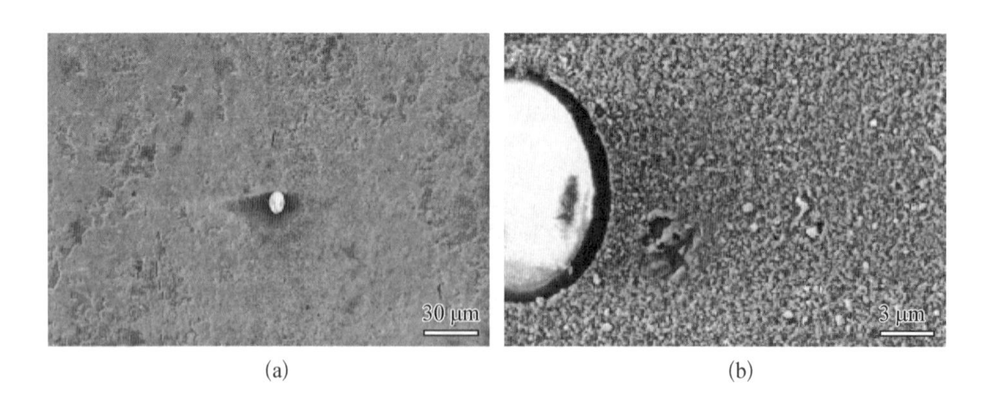

(c)　　(d)

图6-5　辐照后FeCrAlY涂层表面(a)～(c)和横截面(d)的SEM照片

日本的Eriko Yamaki-Irisawa等利用物理气相沉积(PVD)的方法在316SS合金表面制备了Fe-Al涂层(化学成分见表6-6),涂层厚度约为20 μm[3]。随后在650 ℃的LBE合金中进行了250 h的应力腐蚀试验(见图6-6),试验结果显示涂层没有发生腐蚀,但在应力作用下发生了开裂(见图6-7),基体由于镍在LBE合金中的高溶解度和铬和铁氧化物的形成发生了一定的腐蚀(见图6-8)。

表6-6　涂层腐蚀前各部位的EDS化学成分检查结果(质量分数,%)

成分	Fe	Al	Cr	Ni	Si	Mo	W
A	52.8	21.2	15.1	6.1	0.9	0.6	3.5
B	51.4	20.3	15.0	6.4	0.9	0.6	5.5
C	50.6	24.0	13.8	5.9	0.9	0.7	3.9
D	56.6	18.3	13.0	6.7	0.8	0.5	4.3
E	56.1	18.8	14.6	6.3	0.8	0.5	3.0
F	53.2	18.9	14.5	6.5	0.8	0.3	5.6

南华大学蒋艳林等采用热喷涂-激光复合工艺在304不锈钢基体上制备3种CrFeTi复合涂层(化学成分见表6-7)[4]。结果表明,3种CrFeTi复合涂层均具有良好的抗高温氧化性和耐液态铅铋合金腐蚀性。主要原理是CrFeTi复合涂层在制备过程中形成了一层Cr_2O_3、Al_2O_3、TiO_2和致密度高的$FeCr_2O_4$等复合结构氧化膜,使材料的高温氧化性能得到了很大的提高,同

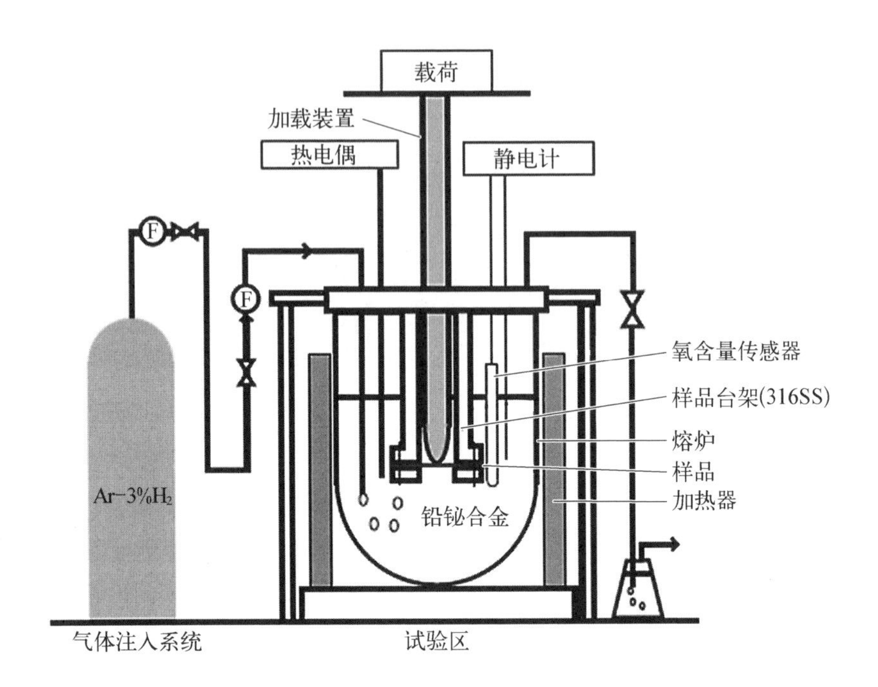

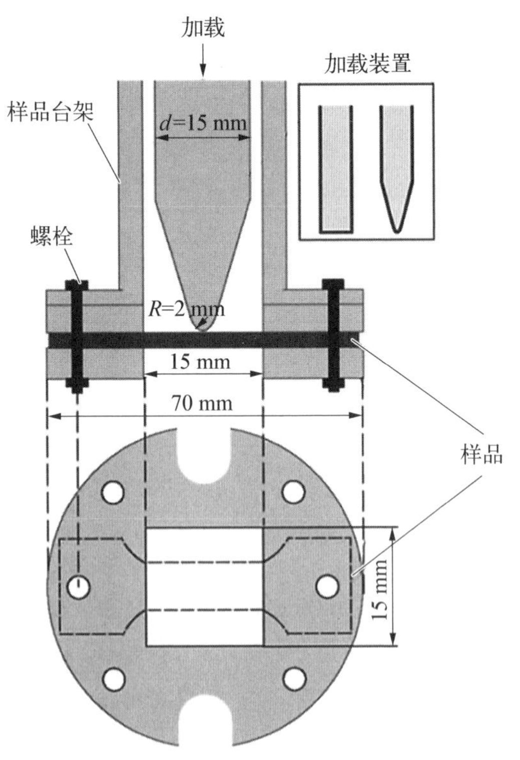

图 6-6　应力腐蚀试验装置

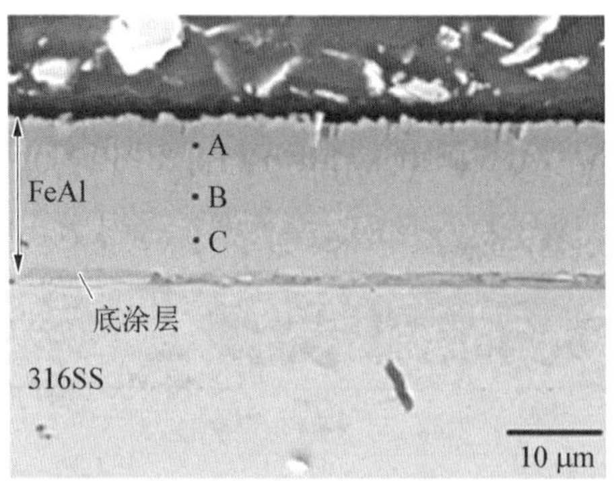

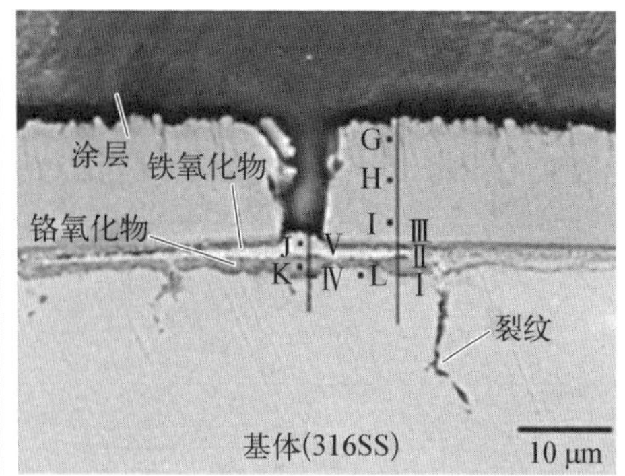

图 6－7　涂层腐蚀前后 SEM 照片

（左：腐蚀前；右：腐蚀后）

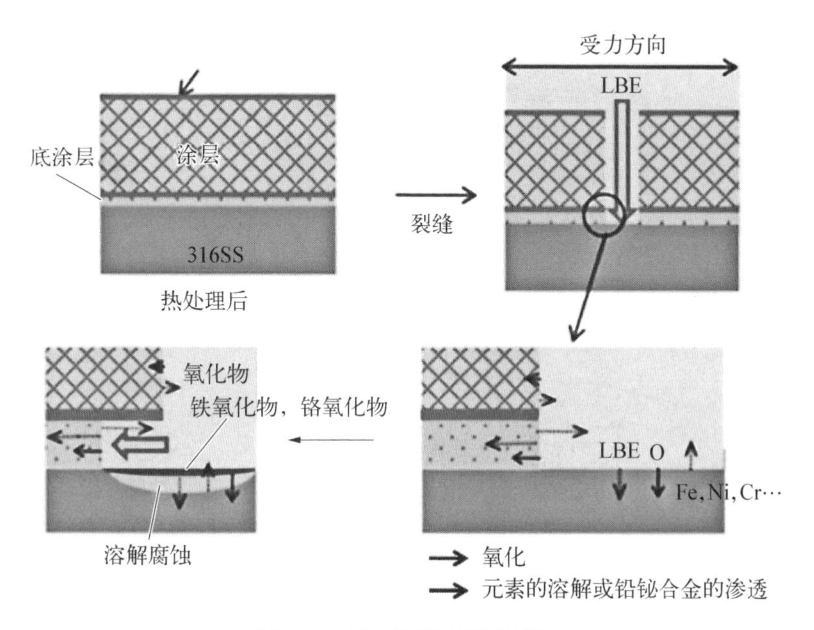

图 6－8　涂层开裂导致的腐蚀

时 Cr_2O_3 提高了材料的耐铅铋腐蚀性能。试验结果显示在 750 ℃和 850 ℃下氧化 3 h 后 304 基材增重分别为 0.70 g/m^2 和 0.88 g/m^2(见图 6－9)，而涂层增重量在 850 ℃也仅有 0.74 g/m^2；在 450 ℃和 550 ℃下腐蚀 300 h，铅元素沿基材表面向内部的扩散深度达到了 8 μm 和 10 μm(见图 6－10)，而在涂层中几乎无扩散，涂层具有很好的抗腐蚀性，能阻止液态铅铋合金扩散到内部，对基材起到一定的防护作用。

表 6-7　3 种 CrFeTi 复合涂层的化学成分(%)

粉末涂层	CrFe	FeAl	Ti	304 型
No. 1	24	24	12	40
No. 2	30	30	15	25
No. 3	40	40	20	—

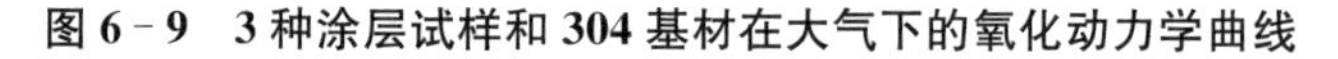

图 6-9　3 种涂层试样和 304 基材在大气下的氧化动力学曲线

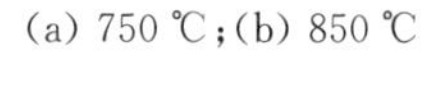

(a) 750 ℃;(b) 850 ℃

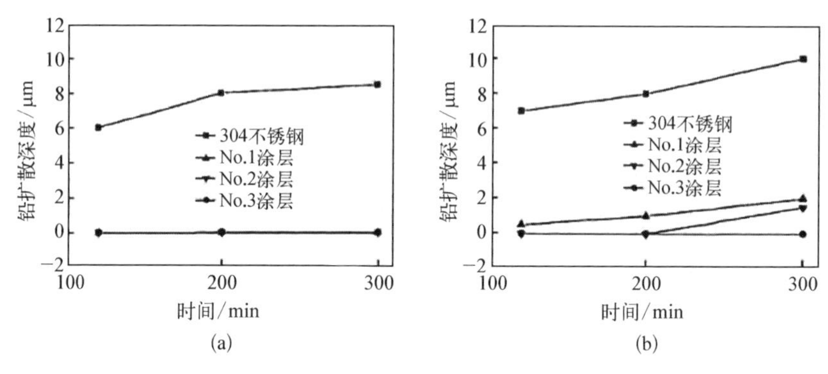

图 6-10　铅元素的扩散深度

(a) 450℃;(b) 550℃

6.2.3.2　耐腐蚀难熔金属涂层

早期的研究人员为了寻找铅铋反应堆冷却剂(液态铋)的容器材料,考察了钽、钼、铍和铋的相容性。根据目前的研究显示,在温度达到 1 000 ℃,时间达到几百小时后都没有观察到 Bi/LBE 的腐蚀。因此,钨和铌等难熔金属在铋和 LBE 合金中具有较低的溶解度(钼在 700℃时溶解度为 0.1×10^{-6}),是保护包壳免受铅铋腐蚀的涂层候选材料。

后续针对难熔金属涂层的研究发现，在480 ℃，1 000 h的强还原条件下，EUROFER97和T91表面上的铌涂层不会与LBE合金反应，在450～500 ℃的稳定范围内，含有Nb_2O_5的铌涂层也可以抵抗LBE合金的腐蚀，但需要满足一定的氧含量来阻止Nb_2O_5的分解。钨在LBE合金中的试验表明，如果LBE合金的氧饱和，钨作为涂层无法与LBE合金兼容，类似的难熔合金例如钼、钽如果不在低氧含量的LBE合金中，都无法达到保护的作用。唯一例外的是Asher等的研究，利用等离子溅射钼在铬钼耐热合金钢上，其余的涂层均会发生开裂[5]。

6.2.3.3　氧化物、碳化物和氮化物涂层

氧化物、碳化物和氮化物涂层的工业应用最为广泛，并且其制备方法相对成熟。这类材料可以将钢从腐蚀介质中隔离，但是它们自身强度低，不能作为结构材料使用。这类涂层存在的主要问题是涂层没有自修复能力，同时涂层的剥落和开裂会导致基体合金溶解腐蚀。同时，这些涂层因为与基体材料存在较大的热膨胀系数差异，因此在高温环境下由此导致的应力会使涂层与基体的结合力下降。

H. Glasbrenner等采用化学气相沉积(CVD)、物理气相沉积(PVD)和低温沉积(low temperature process)在T91合金表面分别制备了TiN+(2%～3%)Cr、CrN+W和金刚石(DLC)涂层(见表6-8)[6]。随后在350 ℃LBE合金中，分别进行了0、70 MPa、150 MPa和200 MPa静负载下的腐蚀试验，试验时间为1 000～6 000 h。试验结果显示所有的涂层在350 ℃/6 000 h的LBE腐蚀试验后，都展现了良好的耐腐蚀性能。但是CrN涂层由于静负载引起了LBE合金的腐蚀，因此该涂层在应力环境下的使用存在问题。DLC涂层与LBE合金没有明显的化学作用，但当应力达到150 MPa时，涂层发生了开裂，造成了基体的腐蚀(见图6-11)。TiN涂层的试验结果显示其最具应用前景，涂层在6 000 h腐蚀试验后，没有明显的腐蚀现象，同时在应力达到200 MPa时，涂层也没有发生开裂(见图6-12)。

表6-8　涂层工艺参数

涂　层	方　法	条　件	厚度/μm
TiN+(2%～3%)Cr	CVD	～1 000 ℃，5 h	～5
CrN+W	PVD	～480 ℃，3 h	8～12
DLC	特殊工艺	～180 ℃，2 h	2～3

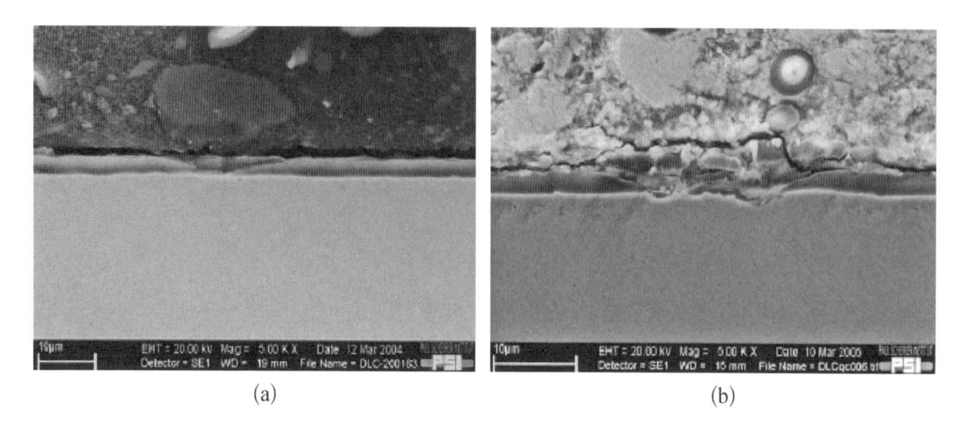

(a) (b)

图 6－11　150 MPa 应力状态下的 DLC 涂层

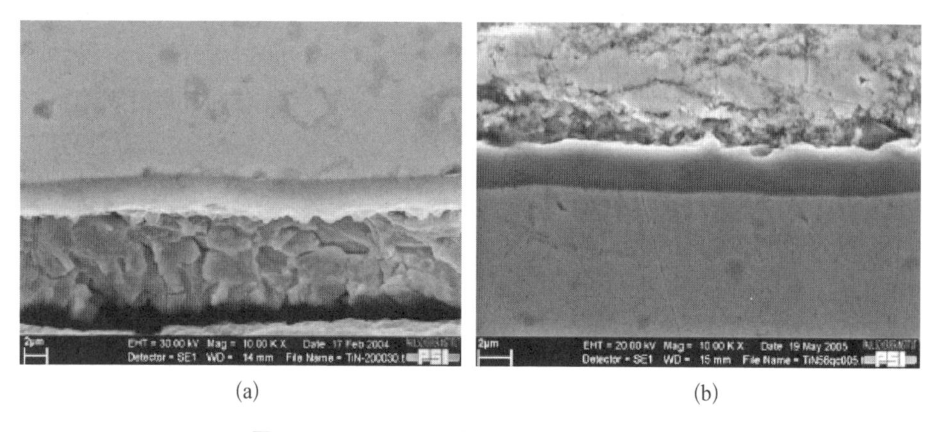

(a) (b)

图 6－12　200 MPa 应力状态下的 TiN 涂层

Enrico Miorina 等分别采用高功率磁控溅射(high power impulse magnetron sputtering，HiPIMS)和射频磁控溅射(radio frequency magnetron sputtering，RFMS)的方法在 T91 合金表面制备了 Ti－Al－N 涂层和 Al－O 涂层(见表 6－9)[7]。经过 550 ℃/1 200 h 的腐蚀试验后，两种涂层都展现了良好的耐铅铋腐蚀的性能(见图 6－13)。随后的力学性能测试(硬度、弹性模量和划痕)结果显示，Al－O 涂层的力学性能和结合力仍需要进一步的提升，而 Ti－Al－N 涂层腐蚀后的力学性能测试结果显示其硬度和结合力又有了进一步的提升(见表 6－10)，展现了良好的实际运用前景。同时，由于这两种涂层的保护能力主要来源于其形成的氧化膜，而氧化膜的稳定性与 LBE 合金中的氧活度密切相关。在特定工况下，例如功率跃升、温度上升的情况，氧含量有可能突破限制，造成氧化膜失稳。在其他研究中显示 Ti－Al－N 涂层在温度达到 800 ℃时，会形成富铝的氧化层，这为铅铋反应堆提升运行温度，提高热效率提供了可能。因此，相比 Al－O 涂层，Ti－Al－N 涂层具有更高的应用前景。

表 6－9 涂层的工艺参数

工 艺 参 数	Al－O（射频磁控溅射）	Ti－Al－N（高功率脉冲磁控溅射）
超声波清理	是	是
等离子体蚀刻	否	是
工作气体	氩气＋氧气	氩气＋氮气
总压力/Pa	1	1
平均阴极功率/W	100	1 000
平均阴极功率密度/(W/cm^2)	2.3	12.5
脉冲持续时间/s	—	25
脉冲频率/kHz	13.560	0.5
施加的基底偏置电压/V	—	−70～−50
测量基底温度/℃	260	400
阴极/基底距离/mm	45	100
沉积速率/(nm/min)	5	15

表 6－10 腐蚀前后涂层硬度和弹性模量测试结果

试 样	硬度/GPa	弹性模量/GPa	硬度/弹性模量/10^2 GPa	硬度/弹性模量/10^1 GPa
制备基底	7.1±0.2	251±4	2.4±0.1	0.042±0.003
沉积的氧化铝	16±1.5	231±19	6.9±0.9	0.8±0.2
铅处理后氧化铝	12±1.2	197±5	6.2±0.6	0.5±0.1
氮化钛铝基体	29±1.5	347±13	8.4±0.5	2.1±0.4
铅处理后氮化钛铝	32±1.5	379±14	8.3±0.5	2.2±0.3

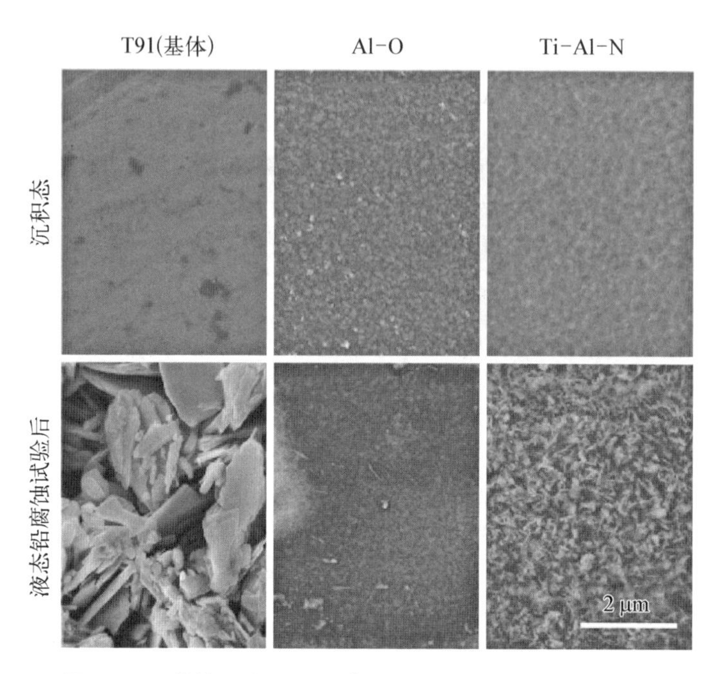

图 6-13　基体和涂层经 550℃/1 200 h 腐蚀后的 SEM 照片

Sanjib Majumdar 等采用包埋固渗法在 9Cr-1Mo(P91)钢上制备出了 FeAl 和 Al_2O_3/FeAl 涂层[8]。其方法是将待渗铝构件埋入含铝(本源)、NH_4Cl(催化剂)和 Al_2O_3 的惰性稀释剂的粉末混合物中。当混合物加热到 500～900 ℃时,会在合金表面形成 FeAl 层,当加热温度在 500～650 ℃时,会形成 Fe_2Al_5 层,而当加热温度升高并伴有一定的热处理时,则会形成 Al_2O_3/FeAl 双层涂层。对两种涂层进行 Pb-17Li/500 ℃/5 000 h 的腐蚀试验,试验结果显示两种涂层和基体合金在 Pb-17Li 回路中都没有发生明显腐蚀并展现一定的自修复能力(见图 6-14)。

M. Chocholousek 等采用磁控溅射和热喷涂两种方法分别在 T91 马氏体钢和 316 型不锈钢拉伸试样表面制备了 AlTiN 和 Al_2O_3 涂层,随后在 LBE/550 ℃环境中进行了静态腐蚀试验,试验条件如表 6-11 所示[9]。试验结果显示两种涂层与基体材料都展现了良好的结合力,并且可以有效地防止铅铋合金的腐蚀,但这两种涂层都不具备自修复能力。对腐蚀后样品进行显微检查发现,两种涂层表面都出现了一定的裂纹。其中 T91 钢在涂层发生裂纹后出现了显著的铅铋腐蚀,主要是由于基体合金中的铁和铬元素快速迁移到了液态金属中,使铅铋合金快速渗透到了基体里(见图 6-15)。316 型不锈钢表面

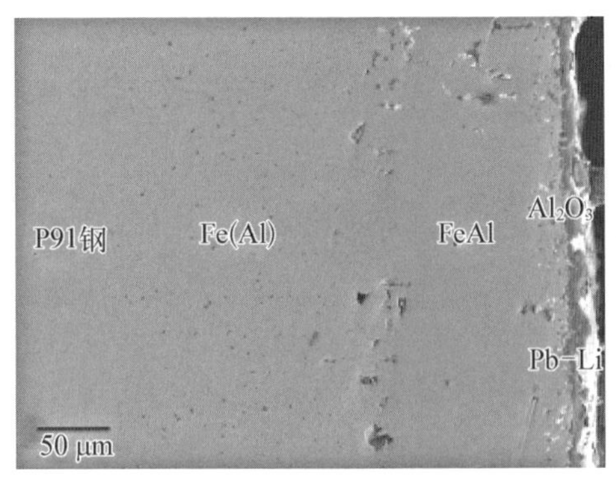

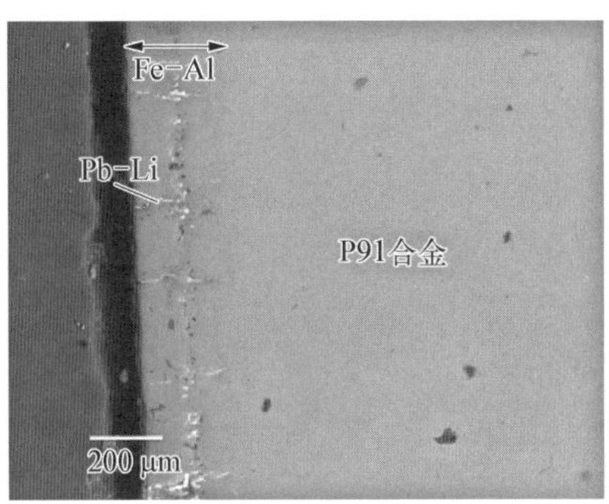

图 6-14　两种涂层在 Pb-17Li/500 ℃/5 000 h 腐蚀后的横截面 SEM 照片

（左：Al_2O_3/FeAl；右：FeAl）

的 Al_2O_3 涂层在出现裂纹和局部脱落后，也发生了一定的铅铋腐蚀，但腐蚀的程度不如 T91 钢严重（见图 6-16）。

表 6-11　腐 蚀 条 件

样本设计	环　境	温度/℃	伸展率/s^{-1}	氧气质量百分比/%
氮化钛铝 1	液态铅铋	550	10^{-4}	10^{-8}
氮化钛铝 2	液态铅铋	550	10^{-4}	10^{-8}
氧化铝 1	大气	550	10^{-6}	—
氧化铝 2	液态铅铋	550	10^{-6}	10^{-13}

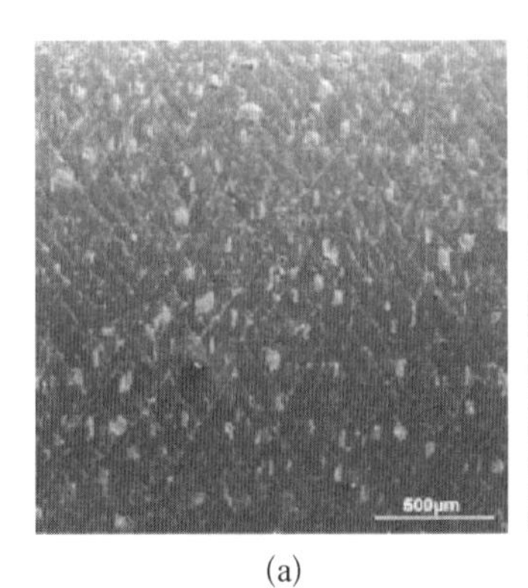

(a)

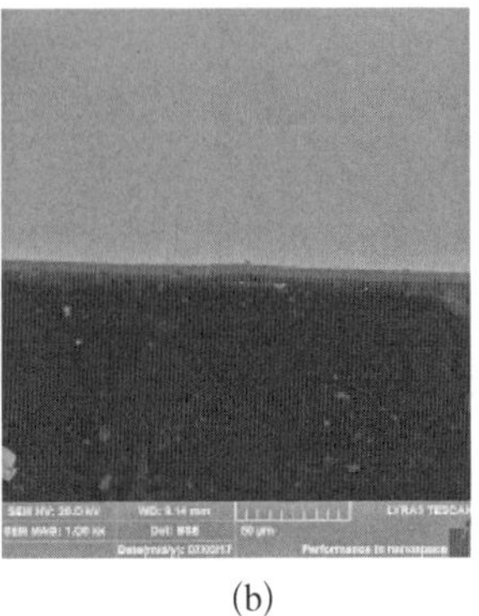

(b)

(c)

图 6-15　T91/AlTiN 涂层腐蚀后的状态

(a) 表面出现了均匀分布的裂纹；(b) 横截面区域；(c) 裂纹和腐蚀渗透区域

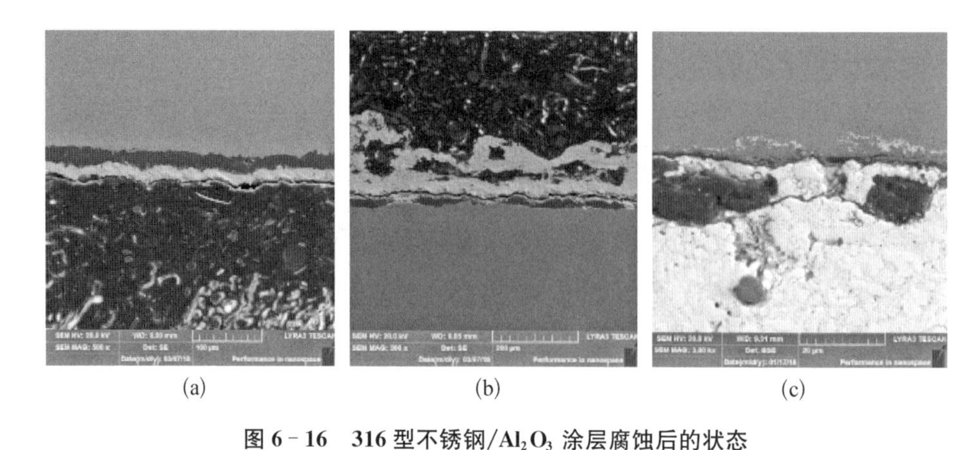

图 6-16　316 型不锈钢/Al_2O_3 涂层腐蚀后的状态

(a) 涂层表面的 LBE 合金;(b) 涂层裂纹和局部脱落;(c) 裂纹和腐蚀渗透区域

南华大学农毅等采用热喷涂-激光原位合成复合工艺在 CLAM 钢基材表面上制备了 Al_2O_3 - TiO_2 复相陶瓷涂层。试样在 500 ℃,流速为 0.3 m/s 的液态铅铋合金中进行了 1 000 h 的动态腐蚀实验[10]。试验结果显示 Al_2O_3 - TiO_2 复相陶瓷涂层在高温 LBE 动态腐蚀过程中,涂层的物相组成仍保持稳定,无新物相产生,涂层中弥散分布的氧化物硬质陶瓷相以及界面的非反应性润湿过程增强了涂层。直接暴露在高温流动铅铋合金中的 CLAM 钢基体材料表面有明显氧化腐蚀反应发生,腐蚀界面 CLAM 钢物相组成发生变化,形成了结构疏松多孔且易被铅铋合金腐蚀渗透的 Fe_2O_3、Fe_3O_4 氧化层(见图 6-17)。经过 500 ℃/LBE/1 000 h 动态腐蚀后,铅铋在双氧化层及基材中均有渗透分布,最深达到 40 μm。

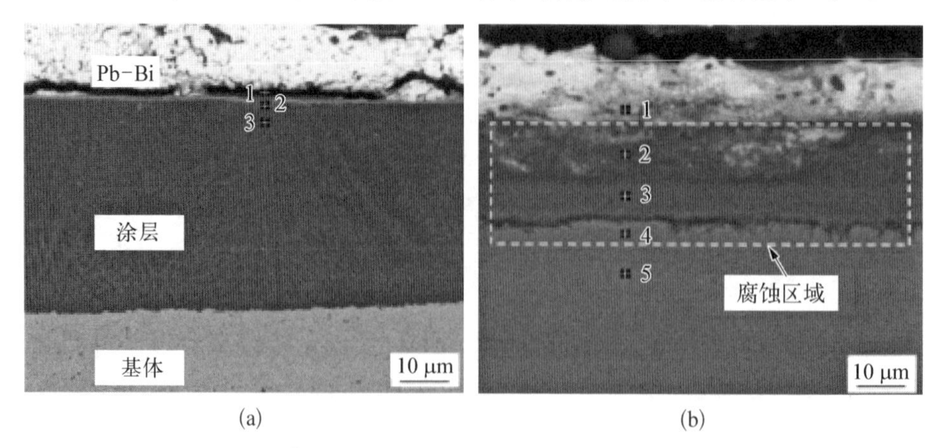

图 6-17　500℃/LBE 动态腐蚀 1 000 h 后的试样 SEM 截面形貌

(a) 涂层腐蚀后截面 SEM 形貌;(b) CLAM 钢腐蚀后截面 SEM 形貌

合肥工业大学林志伟等采用磁控溅射法在15－15Ti不锈钢上沉积AlN/SiC双层薄膜（工艺参数见表6－12），试验结果显示未镀膜15－15Ti钢在500℃/LBE溶液中腐蚀1 000 h后，其表面出现腐蚀层，基体中的镍元素开始溶解扩散进入腐蚀层中，15－15Ti钢发生溶解腐蚀，腐蚀层厚度约为600 nm，腐蚀层产物为Fe－Cr尖晶石氧化物；镀有AlN/SiC功能梯度薄膜的15－15Ti钢在500℃/LBE溶液中腐蚀1 000 h后，AlN/SiC薄膜与15－15Ti钢仍然紧密结合，薄膜厚度未发生变化，钢表面无腐蚀层出现，钢基体未发生溶解腐蚀。通过EDS能谱分析发现SiC薄膜层已有部分LBE渗入，而AlN/SiC的界面阻挡了LBE的继续渗透，可以有效地保护15－15Ti钢（见图6－18）[11-12]。

表6－12　15－15Ti钢上AlN/SiC双层薄膜的制备工艺参数

薄　膜	膜　层	溅射功率/W	工作压力/Pa	沉积时间/min	厚度/nm
氮化铝/碳化硅	氮化铝	100	0.5	30	450
	碳化硅	150	0.5	90	500

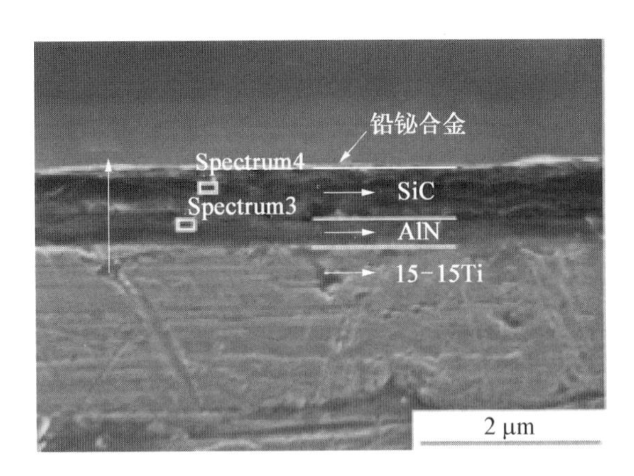

图6－18　镀AlN/SiC双层膜的15－15Ti钢腐蚀1 000 h后的EDS区域分析样品横截面形貌(spectrum指薄膜层)

选择AlN/SiC双层薄膜的主要原因是SiC材料具有优良的物理与化学特性：① 化学稳定性高，具有很强的耐腐蚀性；② 热稳定性较好，在高温条件下能稳定工作；③ 具有良好的电绝缘性；④ 辐照后有低活化性；⑤ 硬度高，耐磨损。由于奥氏体不锈钢和SiC的热膨胀系数和点阵常数相差较大(分别为

17.3×10^{-6} K^{-1},0.286 nm;4.6×10^{-6} K^{-1},0.436 nm),若直接在不锈钢表面沉积 SiC,薄膜易脱落。因此引入功能梯度薄膜的设计概念,在不锈钢和 SiC 之间加入热膨胀系数介中的 AlN 作为缓冲层(4.5×10^{-6} K^{-1},0.438 nm),AlN 具有优良的化学和热稳定性,能够耐铁、铝及其合金的溶蚀性能[13]。

合肥工业大学柏佩文采用磁控溅射方法在 15-15Ti 钢表面沉积 Al_2O_3/SiC 双层薄膜和 Ti/TiN/SiC 功能梯度薄膜,试验显示如下结果。

(1) 未镀膜的 15-15Ti 钢在 500 ℃铅铋合金溶液中腐蚀 500 h 后表面出现厚度为 1.1 μm 的腐蚀层,腐蚀层产物为 Fe_3O_4,腐蚀 1 000 h 后表面出现厚度为 2.5 μm 的腐蚀层,腐蚀层产物为 Fe_3O_4 和$(Fe,Cr)_3O_4$;镀有 Al_2O_3/SiC 双层薄膜的 15-15Ti 钢在 500 ℃铅铋合金溶液中腐蚀 500 h 和 1 000 h 后表面均无氧化层产生,表明制备的 Al_2O_3/SiC 双层薄膜耐铅铋腐蚀性能良好。

(2) 未镀膜和镀有 Ti/TiN/SiC 功能梯度薄膜的 15-15Ti 钢,在 500 ℃铅铋合金溶液中腐蚀 1 000 h 后的结果表明:未镀膜的 15-15Ti 钢表面出现厚度为 2.1 μm 的腐蚀层,腐蚀层产物为 Fe_3O_4 和$(Fe,Cr)_3O_4$;而镀有 Ti/TiN/SiC 功能梯度薄膜的 15-15Ti 钢表面未发现氧化层(见图 6-19),制备的 Ti/TiN/SiC 功能梯度薄膜具有良好的耐铅铋腐蚀性能。

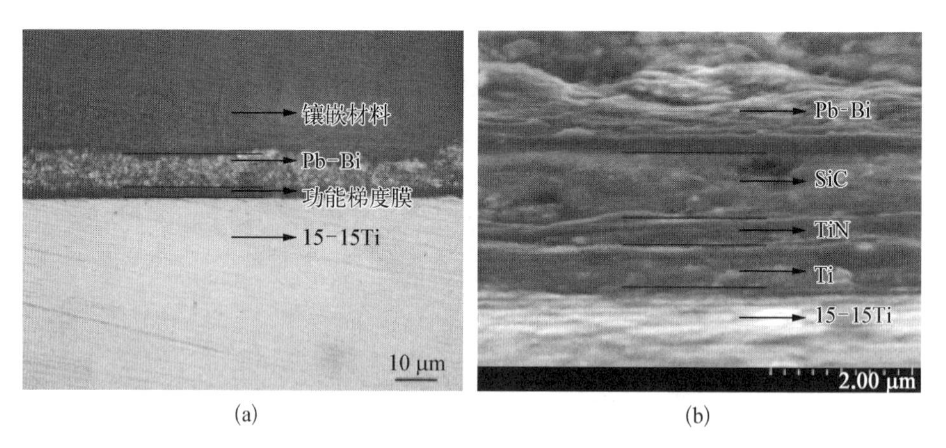

图 6-19 镀 Ti/TiN/SiC 双层膜的 15-15Ti 钢腐蚀 1 000 h 后截面形貌

(a) 金相照片;(b) FESEM 形貌

(3) 在 500 ℃铅铋合金溶液中腐蚀 1 000 h 后,镀有 Al_2O_3/SiC 双层薄膜的 15-15Ti 钢中,Al_2O_3 缓冲层未发生铅铋合金的渗透;而镀有 Ti/TiN/SiC 功能梯度薄膜的 15-15Ti 钢中,Ti/TiN 缓冲层有少量铅铋渗透进入(见图 6-20)。这表明 Al_2O_3 缓冲层的封闭性更好,Al_2O_3/SiC 双层薄膜的耐铅铋腐蚀性能优于 Ti/TiN/SiC 功能梯度薄膜。

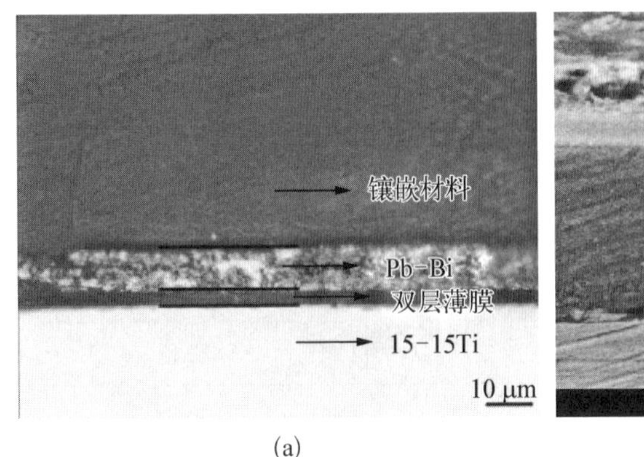

(a)

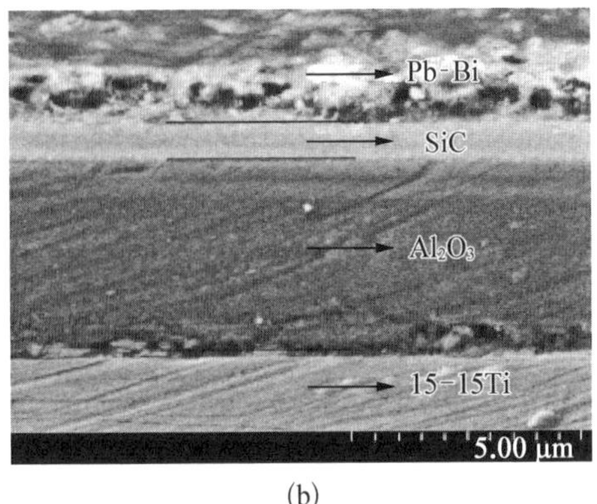

(b)

图 6-20　镀 Al_2O_3/SiC 双层膜的 15-15Ti 钢腐蚀 1 000 h 后截面形貌

(a) 金相照片；(b) FESEM 形貌

6.2.3.4　铝合金化

Y. Kurata 等采用气相扩散(gas diffusion)和熔体浸渍(melt dipping)的方法在 F82H、Mod. 9Cr-1Mo、14Cr-16Ni-2Mo(JPCA)、410SS、430SS 和 2.25Cr-1Mo 钢表面进行了铝合金化(见表 6-13)。采用气相扩散方法进行的铝合金化在基体表面形成了 Al_2O_3、$FeAl_2$ 和 $AlCr_2$，采用熔体浸渍方法进行的铝合金化在基体表面形成了 Fe_4Al_{13}、Fe_2Al_5、FeAl 和 Fe_3Al。随后对涂层样品进行了 450 ℃和 550 ℃温度下 3 000 h 的铅铋腐蚀试验。试验结果显示，采用气相扩散合金化形成的化合物在铅铋合金中展现了良好的耐腐蚀性，而通过熔体浸渍方法合金化形成的化合物在铅铋合金中发生了一定的溶解。Fe_4Al_{13} 和 Fe_2Al_5 在铅铋合金中都发生了溶解，只有 FeAl 留存了下来(见图 6-21 和图 6-22)。Mueller 等的研究显示，由于 FeAl 可以显著降低铝的溶解速率并形成稳定的氧化层，因此其对于铅铋合金有着良好的耐腐蚀性能。而根据 Fe-Al 相图，Fe_3Al、FeAl、$FeAl_2$、Fe_2Al_5 和 $FeAl_3$ 都是金属间化合物，试验中发现的 Fe_4Al_{13} 与 $FeAl_3$ 的结构相似。因为采用气相扩散合金化形成的化合物 Al_2O_3、$FeAl_2$ 和 $AlCr_2$ 都没有在铅铋合金中发生溶解，因此这种合金化的方法具有更强的耐腐蚀性能。而采用熔体浸渍方法合金化形成的化合物 Fe_4Al_{13} 和 Fe_2Al_5，因其含有较高比例的铝，而铝在铅铋合金中的溶解度很高，因此这两种化合物在铅铋合金中都发生了溶解，从而显著降低这种合金化方法的耐腐蚀性能。因此，形成致密均匀的 Al_2O_3 层是提高耐铅铋腐蚀的关键。

表 6-13 试验样品

合　　金	气相扩散方法铝合金化	熔体浸渍方法铝合金化
F82H	AD	AM
Mod. 9Cr-1Mo	BD	BM
14Cr-16Ni-2Mo(JPCA)	CD	CM
410SS	DD	DM
430SS	ED	EM
2.25Cr-1Mo 钢	FD	FM

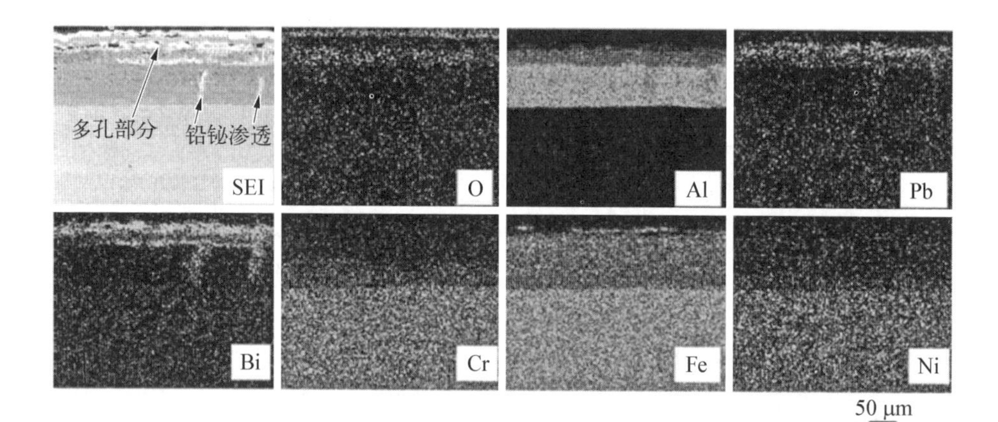

图 6-21 熔体浸渍合金化的样品在 450 ℃ 铅铋合金中腐蚀 3 000 h 的 EDX 分析结果

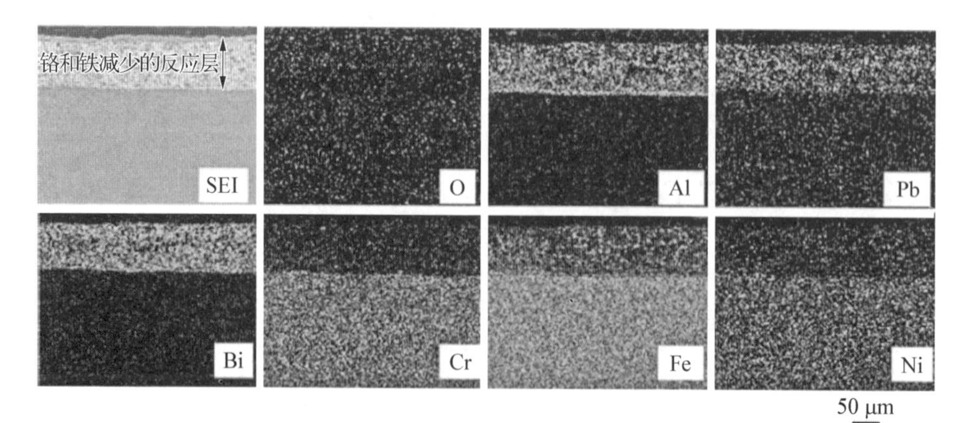

图 6-22 熔体浸渍合金化的样品在 550 ℃ 铅铋合金中腐蚀 3 000 h 的 EDX 分析结果

6.3　铅铋反应堆结构材料

第四代核反应堆是安全性更高、经济性更好、运行寿命更长且可防止核扩散的新型反应堆。液态铅铋共晶合金具有优良的热工水力和中子学性能，是第四代先进液态金属冷却快中子反应堆最重要的冷却剂和散裂靶材料之一。液态铅铋冷却快中子反应堆相对于商用轻水堆和液态钠冷快堆，具有一系列独特的技术优势和广阔的应用前景，是近年来国内外重点研究的新一代先进核能系统之一。

6.3.1　性能要求

要实现液态铅铋冷却快中子反应堆的成功开发、建造以及安全运行，必须首先考虑反应堆堆芯材料和结构材料的服役性能。对于铅铋反应堆，结构材料会受到快中子辐照、高温液态铅铋合金的腐蚀与冲刷及应力（如热应力、加工应力等）等的综合作用，其服役环境非常苛刻。目前，二回路结构材料可从现有材料中选择，技术基本成熟；但由于铅铋反应堆内部的特殊工作环境，反应堆结构材料的研究仍处于起步阶段，世界范围内尚无成熟、可靠的材料可供直接引进。可以说，目前材料问题是铅铋反应堆发展的关键“瓶颈”问题之一。

反应堆结构的完整性和可靠性是反应堆服役期间安全运行的基础，而其中最为关键的是结构材料的选择。反应堆结构材料要求具有适宜的力学性能、良好的耐蚀性以及辐照环境下的尺寸稳定性。因此反应堆结构材料选择应重点考虑力学性能、耐蚀性、抗辐照性，在此基础上还应考虑其可焊性、可加工性、经济性、成熟度等指标，进而综合分析确定反应堆结构材料。

铅铋反应堆结构材料在液态 Pb－55.5%Bi 环境下工作，设计温度往往在 500 ℃以上，结构材料寿期末累计最大快中子注量高达 $1\times10^{22}\sim1\times10^{23}\ n/cm^2$。由于液态铅铋合金在高温下具有很强的腐蚀性，传统的轻水堆结构材料很难完全满足在铅铋反应堆环境下长期服役的要求，需要借鉴钠冷堆、超临界堆等四代堆的研究经验并补充设计所需要的性能试验，筛选确定适合铅铋反应堆的结构材料。

目前，国内外各种铅铋反应堆的设计参数有较大差异，对于铅铋反应堆候选结构材料的性能要求也有所差异。但是，经过梳理，可以明确的共同设计需求如下。

(1) 耐高温,应具备优良的高温机械性能,诸如强度、韧性、蠕变、断裂及疲劳性能,保证反应堆的结构完整性。不同设计的铅铋反应堆设计温度有所不同,温度区间普遍集中在 400~650 ℃,因此,为确保设计安全,需要掌握候选结构材料在相应温度范围的高温性能数据。

(2) 与液态铅铋合金的相容性,保证结构材料在液态铅铋环境下的长期耐受性。需要研究和解决的问题主要体现在两个方面:一方面是高温液态铅合金的腐蚀、冲刷等作用造成的结构材料的腐蚀减薄;另一方面,则是与应力协同作用下发生的液态金属脆化效应可能导致的结构材料致脆。

(3) 耐辐照,应具有良好的抗中子辐照能力:一方面要防止辐照蠕变、辐照肿胀,保证寿期内反应堆结构的尺寸稳定性;另一方面在高中子注量下具有可接受的抗辐照损伤能力,降低反应堆结构快速断裂的风险。

以上因素是铅铋反应堆结构材料需要首先考虑的,是材料选择的安全性原则。除此之外,还应考虑工程应用的具体需求,这是材料选择的可实现性原则。铅铋反应堆结构材料往往需要制成大尺寸部件以及多种复杂型材,并且存在大量焊接结构,因此,在材料满足基本的机械性能、耐腐蚀性能和辐照性能前提下,还要重点考虑材料加工制造性、焊接性以及成熟度。因此,具备基本性能要求的候选材料,要真正在铅铋反应堆上实现工程应用,还需要满足以下可实现性要求:

(1) 尽量选择成熟度高、规范许可的材料,理化数据较多,缩短研发周期。

(2) 具有良好的可焊性,以适合大型装备的集成。

(3) 具有良好的压力加工性,可以通过锻、轧、拉拔等工艺形成锻、管、棒、板等各种材型,以适合复杂结构的制造。

(4) 具有良好的机械加工性能,具备制成复杂零部件的可行性。

(5) 具有良好的经济性。

6.3.2 研究现状及材料选型

自从铅铋反应堆概念提出以来,人们一直试图寻找合适的结构材料,以满足现阶段研究堆及未来商用堆的设计及建设需求。为使结构材料满足铅铋反应堆运行工况和服役要求,国内外开展了大量的材料筛选和新材料研发工作,研究的材料主要集中于以下三类。

(1) 商用奥氏体不锈钢,以 316 型不锈钢为代表,还包括 304、321 和 15-15Ti 等型号的不锈钢。

（2）较为成熟的铁素体/马氏体钢，以T91为代表，还包括HT-9、EP823和P22等。

（3）新研发的低活化钢、纳米氧化物弥散强化钢（ODS钢）和其他新开发的耐高温材料及陶瓷材料等。这类材料是针对未来核动力堆设计和开发的具有低活化特性的结构材料，主要有欧洲的Eurofer97钢、美国的9Cr2WVTa钢、日本的F82H和JLF-1钢以及我国的CLAM钢和SIMP钢。

对于第(1)类和第(2)类材料，目前都已有不同领域的工程应用经验，第(3)类材料则还在研发过程中，尚未在工程上得到应用。

目前，以316L型钢为代表的奥氏体不锈钢材料已经广泛用作压水型反应堆的结构材料，在核电领域有丰富的工程应用经验。这类奥氏体不锈钢材料，也是欧盟铅冷快堆ELSY、XT-ADS铅铋实验堆及比利时MYRRHA多功能铅铋实验堆主容器的候选结构材料。

而以T91型钢为代表的铁素体/马氏体钢作为结构材料，在火电、石化、反应堆装置等领域有一定的工程应用经验。T91铁素体/马氏体钢主要应用于超临界火电机组，其高温机械性能优良，制备工艺较成熟；HT-9目前少量应用于石化行业；俄罗斯开发的EP823型钢具有优异的抗液态Pb-Bi共晶腐蚀性能，已应用于其燃料包壳，但实际抗辐照性能没有明确数据报道。这类铁素体/马氏体钢具有良好的高温性能、抗辐照肿胀和较高的热导率，在目前的主要铅基反应堆设计中，往往被选为服役条件极为苛刻的燃料包壳、换热器等高热传输部件的主选结构材料。铁素体/马氏体钢相比奥氏体不锈钢突出的优点是其辐照肿胀非常小；由于镍在中子辐照下会发生58Ni(n,α)-56Ni反应，生成的氦气会引发肿胀，而铁素体/马氏体钢中的镍含量（质量分数，下同）低于奥氏体不锈钢，比如HT-9的镍含量仅为0.30%～0.80%，而316型不锈钢镍含量为10%～14%；同时铁素体/马氏体钢为体心立方结构，而奥氏体不锈钢为面心立方结构，体心立方结构的材料辐照肿胀小于面心立方结构的材料。此外，T91型钢和HT-9型钢具有优良的抗氧化性、抗腐蚀性、高的热导率和低的热膨胀系数等，欧美等国家已将其视为高温铅铋回路候选结构材料之一；在先进核反应堆用候选结构材料中，铁素体/马氏体耐热钢具有良好的导热性能、低的膨胀系数和良好的抗辐照性能，一直被认为是发展铅铋反应堆技术的首选结构材料。欧洲开发的HT-9型钢，其高温强度相对T91型较低，但抗蒸汽腐蚀性能好；由于一回路结构材料要与高温液态铅铋共晶合金直接接触，并且国内外相关研究处于刚起步阶段，世界范围内无成熟、可靠的材料可供参考，因此研究铅铋反应堆用 T91 型钢和 HT－9 型钢的高温性能与腐蚀性能显得尤为重要。T/P91 和 T/P92 型钢，其高温力学性能优良，制备工艺也已经成熟，有一定的液态金属脆性，但其脆化机理可能与可动位错与原子拖曳作用有一定关系，目前尚存在争议。俄罗斯设计的结构材料 EP823 钢具有优异的抗液态铅铋腐蚀性能，是目前唯一用于铅铋反应堆的牌号，但实际的具体性能数据缺乏报道。

初步的实验室研究表明，低活化钢、ODS 钢及其他新型结构材料表现出了良好的耐液态铅铋腐蚀性能，ODS 钢还具有较好的高温常规力学性能及抗辐照肿胀能力，虽然长时蠕变持久性能还有待进一步提升，无疑具有不错的发展前景，是非常值得继续深入研究的方向。但是，这类材料无长期成熟的应用经验，仍处于持续研究开发阶段。比如 ODS 钢制备过程通常需要采用热挤压（HE）或热等静压（HIP）等方法对球磨后的合金粉末进行热固化成型，而欲采用传统冶金方式将 Y_2O_3 粉末加入钢液（钢锭）中，使其达到弥散强化的效果有很大难度，目前此项技术还需业内技术人员进一步专研，仍需再积累大量试验数据。

以上三类材料在性能上各有侧重，但是均不能同时完美满足耐高温、耐辐照、耐液态铅铋腐蚀的应用性能要求。因此，如何在既有基础上开展适应性研究，平衡这三方面的性能，最终研发出适应铅铋反应堆设计需求的结构材料，是铅铋反应堆设计和工程落地亟须解决的关键课题。

表 6－14 列出了目前国际上部分铅基反应堆的结构材料选择方案。从表中可以看出，目前这些铅基堆均以 316 型奥氏体不锈钢作为反应堆容器候选材料，316 型奥氏体不锈钢和 91 型铁素体/马氏体钢作为堆内构件的主选结构材料。

表 6－14　国际上部分铅基反应堆的结构材料选择方案

部件名称	ELSY	XT－ADS	EFIT	MYRRHA
反应堆容器	316L	316L	—	316L
堆内构件	316L	T91	—	316L 和 T91
燃料包壳	T91	T91	T91	15－15Ti
热交换器	—	T91	T91	316L

表 6－15 列出了俄罗斯 BREST－OD－300 铅冷快堆的结构材料选择方

案。从表中可以看出，BREST－OD－300所选用的结构材料，主要是奥氏体不锈钢和铁素体/马氏体钢，同时对双相不锈钢也进行了关注。

表6－15 BREST－OD－300铅冷快堆材料选择方案

部件名称	候选材料
反应堆容器	Cr15Ni9Nb
堆内构件	Cr15Ni9Nb
堆芯部件	Cr12MoVNbB
	Cr15Ni9Nb
蒸汽发生器（首选铁素体/马氏体钢）	Cr含量9%～11%的铁马钢
	Cr15Ni9Nb
	Cr21Ni32Mo3Nb
主　泵	轴：含Cr9的铁素体/马氏体钢，叶轮：Cr15Ni9Nb

显然，从综合性能、工业化规模制备、加工性能、核能领域的应用基础以及建堆成本等角度考虑，商用奥氏体不锈钢和铁素体/马氏体钢仍是现实可行的铅铋反应堆首选结构材料。目前，国际上铅铋反应堆的设计，大多以316系列奥氏体不锈钢作为反应堆容器的主选结构材料，以316系列奥氏体不锈钢和铁素体/马氏体钢（铁素体/马氏体钢）作为反应堆堆内构件的主体结构材料。

6.3.3 辐照性能研究

由于辐照试验研究代价很大，辐照数据来之不易，所以国内外公开的辐照数据并不多。对于铅铋反应堆候选结构材料的耐辐照性能研究结果，尤其是在液态铅铋环境中的辐照数据，非常缺乏。

下面列出基于轻水型反应堆等堆型研究的结论，对于铅铋反应堆设计研发也有一定参考意义。

（1）奥氏体不锈钢辐照肿胀效应比较明显，但辐照脆化的倾向相对较小，且没有辐照引起低温无塑性转变问题，对于铅铋反应堆而言是比较理想的压力边界材料。添加合金元素如钛、硼、磷等及对奥氏体钢进行冷加工处理可以改善奥氏体不锈钢的抗辐照性能。一般认为奥氏体不锈钢的辐照损伤剂量极限为 130 dpa。

(2) 铁素体/马氏体钢具有极好的耐辐照肿胀性能,当辐照损伤剂量达到120～130 dpa 时,稳定肿胀速度为 0.2%/dpa,远低于奥氏体钢。但其辐照脆化倾向相对更大,且存在辐照引起的低温无塑性转变问题,但研究表明,当温度达到 400 ℃以上时,其辐照脆化效应明显降低,辐照硬化程度在很小的剂量(10 dpa)下就可以达到饱和。因此,铁素体/马氏体钢更适用于反应堆堆内构件,堆内结构件对装配精度要求更高,对材料抗辐照肿胀能力的要求更高。

很明显,对于铅铋反应堆候选结构材料的耐辐照性能,结合具体应用环境条件进行研究验证是非常必要的。目前,国内外涉及候选结构材料结合液态铅铋环境的耐辐照性能研究,主要包括以下几方面。

1) 液态铅铋合金介质和辐照(1.7 dpa)对 316L 型钢的影响

316L 型钢辐照后产生了较明显的硬化和塑性不稳定现象。均匀延伸率接近零,应力-应变曲线在辐照剂量达到 1.72 dpa 后是相同的,其形状并不依赖于辐照剂量。辐照硬化导致屈服应力和拉伸强度的增加,分别约为 27%和23%。关于断裂应变,辐照导致了材料辐照脆化和延伸率的降低,约为 27%。当在液态铅铋合金中试验时,延伸率增加(与辐照剂量无关)到 11%～15%,而在不同的辐照剂量下,断面收缩率降低了 2%～11%。

2) 液态铅铋合金介质和辐照(4.36 dpa)对 T91 型钢的影响

T91 型钢试样在 2.93 dpa 和 3.36 dpa 的应力-应变曲线表明在空气中,材料在辐照后经受严重的硬化,且屈服应力约达 850 MPa,辐照导致断裂应变下降。尽管拉伸应力和屈服应力基本相等,材料仍会发生塑性形变。延伸率很少依赖于辐照剂量,且倾向于饱和。

T91 型钢试样在辐照剂量为 4.36 dpa、温度为 200 ℃下的 SSRT 试验结果表明,当辐照剂量大于 2.93 dpa 时,在空气和液态铅铋合金中,屈服强度和拉伸强度都接近不变值,但在液态铅铋合金中数值分别减少了 9%和 7%。

3) 液态铅铋合金和辐照(4.36 dpa)对 EM－10 的影响

在辐照剂量为 4.36 dpa 下,比较在空气和液态铅铋合金中 EM－10 的应力-应变曲线,发现该材料与 T91 型钢有极相似的辐照性质。

与 EM－10 的辐照硬化相比($\sigma_{0.2}$ 增加了 60%,σ_{UTS} 增加了 25%),T91 型钢显示出更高的辐照硬化($\sigma_{0.2}$ 增加了 65%,σ_{UTS} 增加了 35%)。即使其辐照剂量达 4.36 dpa,在空气和液态铅铋合金中的 EM－10 仍然表现为均匀变形。

在液态铅铋合金中,EM－10 的总延伸率比在空气中的小,但是差异很小。甚至当辐照剂量高至 4.36 dpa 时,EM－10 仍发生塑性形变和塑性断裂。随着辐照剂量的增加,辐照引起的性能变化减小,可能会在更高的剂量下达到饱和。液态铅铋合金的环境效应即使存在也很小,在液态铅铋合金中的屈服强度和拉伸强度略小于在空气中的强度。

4) 液态铅铋合金和辐照(4.36 dpa)对 HT－9 的影响

辐照剂量为 2.53 dpa 和 4.36 dpa 时,在空气和液态铅铋合金中进行拉伸试验的 HT－9 的应力-应变曲线表明辐照导致了材料的硬化和塑性失稳,主要减少了塑性形变,断裂时几乎没有缩颈。在空气中的断面收缩率在 2.53 dpa 和 4.36 dpa 时分别为 33%和 34%。在液态铅铋合金中,断面收缩率稍高(在 2.53 dpa 时为 38%,在 4.36 dpa 时为 45%)。

HT－9 的屈服强度和拉伸强度在 2.53 dpa 时分别增加了 72%和 20%,在 4.36 dpa 时分别增加了 75%和 25%。与 316L 型钢、T91 型钢、EM－10 和 HT－9 相似,随着辐照剂量的增加,强度性能接近饱和。液态铅铋合金对力学性能的影响在某种程度上具有积极的作用。当在液态铅铋合金中试验时,与在空气中、相同条件下进行的试验相比,屈服强度和拉伸强度在 2.53 dpa 时分别降低了 7%和 2%,在 4.36 dpa 时分别降低了 14%和 7%。不同式样的断裂面的 SEM 检测显示,断裂与试验环境无关。

5) 液态铅铋合金和辐照(大于 8.8 dpa)对 T91/F82H 的影响

中等剂量(8.8～13.3 dpa)的辐照样品在液态铅铋合金和氩气中的测试结果表明在 250～450 ℃温度区间,辐照后 T91 除了辐照引起的辐照脆化外,辐照引起材料强度的增加会额外地增加铅铋脆化的敏感性,液态铅铋合金会使辐照后材料的总延伸率额外地下降 5%。当温度为 500 ℃后,则无额外铅铋脆化效应,可视为辐照引起的脆化是材料性能发生降低的主要因素。

辐照后 F82H 的性能测试表明,辐照温度为 150 ℃,辐照剂量为 7.7 dpa 的样品,其屈服强度约为 780 MPa,延伸率约为 10%。当其在铅铋中试验时,液态铅铋合金并未引起材料性能额外的下降。而中等剂量 9.8 dpa,辐照温度 250 ℃;辐照剂量 13.3 dpa,辐照温度 275℃辐照后的样品,在液态铅铋合金中试验,液态铅铋合金会引起材料的延伸率额外降低为原来的一半。当辐照剂量高于 16.6 dpa 时,样品的断裂发生在弹性区域,主要表现为辐照引起的脆化。辐照后的 Optifer－Ⅸ表现出相似的规律。对辐照后样品进行断口分析表明,裂纹扩展的方式由脆性韧性混合型转为完全冰糖状脆性沿晶解离。

综合分析结合液态铅铋合金介质的辐照试验，316L 奥氏体不锈钢辐照后产生了较明显的硬化和塑性不稳定现象；而对于不同型号的铁素体/马氏体钢，辐照会引起材料强度增加和塑性降低，除此之外，在某些条件下液态铅铋合金还会引起材料延性的额外下降。

6.3.4 腐蚀性能研究

早在 20 世纪 50 年代，苏联就已经开始针对反应堆利用铅铋冷却剂予以研究。同一时期，美国广泛开展了结构材料在液态 LBE 中的腐蚀机理研究。近年来，由于实验技术及实验平台水平的不断提高，国内外对结构材料在 LBE 中的腐蚀行为与机理进行了深入研究。

6.3.4.1 腐蚀类型

在高温、高流速及高密度的 LBE 冲刷下，材料将发生溶解、氧化、冲蚀以及磨蚀几种形式组合的腐蚀。

1）溶解

材料在液态金属环境中发生的最简单行为是组分的直接溶解。材料发生溶解腐蚀的方式有以下两种：① 通过基体和液态金属或其中杂质的表面原子反应，基体组分在液态金属中直接溶解；② 晶间腐蚀。在溶解过程中，首先基体中的合金组分原子之间的金属键发生断裂，这个过程发生后，金属原子就开始通过边界层向液态金属中扩散，最后溶解到液态金属中或与其中杂质原子形成新的化学键。对于奥氏体钢，表面区域可能会发生镍的选择性溶解，从而导致腐蚀层发生铁素体相转变。在铅和 LBE 环境中，溶解腐蚀可能还伴随着液态金属渗透。

2）氧化

氧浓度是影响结构材料在液态铅合金中腐蚀行为的关键因素。当氧浓度较低时，材料发生溶解腐蚀，而当氧浓度较高时，材料将发生氧化腐蚀。铁素体/马氏体钢在高氧浓度 LBE 中一般生成双层结构氧化膜，而奥氏体钢则趋向于生成部分双层、部分单层的氧化膜。

3）冲蚀

冲蚀是金属材料表面与腐蚀流体冲刷的共同作用而引起的材料局部腐蚀现象，常发生在流体突然改变方向的地方。冲蚀可分为沿流向的大面积腐蚀和点蚀。流体会对接触的材料表面产生一个剪切力，从而引起大面积腐蚀，而点蚀则发生在微小的表面区域。在流体的高剪切应力作用下，氧化膜可能发生剥落。此外,冲蚀还会加速氧化,从而导致更大的腐蚀损失。

4) 磨蚀

磨蚀是材料在液态金属切削作用下所产生的机械侵蚀过程。液态金属不断侵蚀材料表面,不仅直接磨耗材料,而且破坏材料表面的保护膜,使新鲜的材料表面不断与腐蚀性流体接触,从而加速腐蚀进程。当液态金属流体中含有固体粒子时,磨蚀更为严重。在铅合金冷却的核反应堆中,磨蚀的研究对象主要集中在燃料组件和蒸汽发生器。磨蚀可使这些部件表面的氧化膜发生破裂,甚至引发基体产生裂纹,最终导致部件断裂。

6.3.4.2　腐蚀影响因素

材料在 LBE 中的腐蚀行为主要受以下几种因素的影响,主要包括材料组分、流速、温度以及氧含量。

1) 材料组分

材料组分溶解后会在 LBE 中扩散,当组分浓度达到饱和后,溶解就会停止。材料组分铁、铬和镍在 LBE 中的溶解度是影响材料腐蚀行为的重要因素。一般情况下,金属在 LBE 中的饱和溶解度如式(6-1)所示。

$$\lg(C_s)=\frac{A_c+B_c}{T} \tag{6-1}$$

式中,C_s 是溶解度;A_c 和 B_c 是常数;T 是热力学温度(K)。表 6-16 中列出了铁、铬、镍在 LBE 中对应的 A_c 和 B_c 值。

表 6-16　Fe、Cr、Ni 在 LBE 中的溶解度

组　分	A_c	B_c	T/K
Fe	6.01	4 380	823～1 053
Cr	3.98	2 280	673～1 173
Ni	5.53	843	673～1 173

从铁、铬和镍在 LBE 中的溶解特性可以看出,材料组分在 LBE 中的饱和度随温度升高而快速增加。镍在 LBE 中的饱和度远高于铁和铬,这表明减少材料的镍含量有利于提高抗腐蚀性能。

低合金钢在温度为 600 ℃、流速为 6 m/s 工况下,随材料组分元素铬、钛、铌、铝和硅含量的增加，材料失重减少。与其他元素相比，由于富铝、硅氧化膜也能在低氧浓度下形成，因此，铝和硅在增强钢的耐腐蚀性方面作用最大。

氧化膜的厚度也依赖于材料组分元素。随铬、硅和钛含量的增加，氧化膜厚度减小。这说明随铬、硅和钛含量的增加，材料的氧化速率降低，如富硅的氧化膜致密且具有保护性，可降低其他组分元素向铅合金中的扩散速率，从而减小氧化或溶解速率。

钢中合金元素对钢在铅铋合金中的腐蚀行为有着非常重要的影响，一方面，合金钢中的元素如铁、铬、镍等在铅铋中的溶解速度很快，如果没有保护性氧化膜的存在，这些钢很快被溶解腐蚀。另一方面，在合适的氧浓度条件下，钢中的合金元素能够参与到保护性的氧化膜的结构中。随着铬、硅、钛含量的增加，氧化层厚度降低，这几种元素不仅能够有效地抑制溶解腐蚀，还能减少氧化腐蚀对材料的影响。特别是硅对铅铋腐蚀有着很重要的影响，硅的加入一旦能在钢的表面形成致密的氧化膜，既能够阻止合金元素的扩散还能减少氧化腐蚀的影响。

由于铝和硅在气相条件下对耐热钢的抗氧化性能有很大提升，其原理是在钢的表面形成一层富铝或富硅的致密氧化层，阻止进一步氧化。因此，铝和硅也可以添加进 316H 中以提升其抗铅铋腐蚀性能。Weisenburger 等对 Fe-Cr-Al 合金在含 1×10^{-6}%（质量分数）的液态铅中的腐蚀行为进行研究后发现要得到薄的、具有保护性的氧化铝膜，铬和铝的质量分数分别需要达到 12.5%～17%和 6%～7.5%，有研究显示，铬的加入可以有效降低形成氧化铝膜所需要的铝含量，称为“第三元素效应”。但是铝是强烈的铁素体形成元素，在奥氏体钢中加入过多的铝和铬会使钢的组织不稳定，在高温下容易出现 δ 铁素体，从而影响其力学性能。对此 Hao 等研究了不同铝含量的 Fe-Ni-Cr-Al 四元合金在含 1×10^{-6}%（质量分数）的液态铅中的液态金属腐蚀行为，发现在 Fe-(20%～29%)Ni-(15.2%～16.5%)Cr-(2.3%～4.3%)Al（质量分数）成分范围内可以得到适应铅和铅基液态金属的高合金奥氏体钢。

2）流速

流速对腐蚀行为的影响不仅与剪切应力及化学损伤相关，还与材料的表面状态有关。当材料表面没有生成氧化膜时，增大流速将加大材料组分的溶解速率，同时增大对金属表面的冲蚀作用，此时增大流速将导致材料的腐蚀速率增大。当材料表面有氧化膜生成时，由于氧化膜对基体组分向介质中的扩散起到部分屏障作用，同时减少了流体对材料表面的直接机械损伤，在这种情况下，腐蚀速率受流速的影响较小，只与通过氧化膜的组分扩散速率有关。当流速进一步增加，在流体较大的剪切应力作用下，氧化膜将部分或全部剥落，此时材料的腐蚀速率随流速的增加而迅速增加。

在稳态情况下，氧化膜的去除速率或溶解速率取决于受流速影响的质量迁移速率。一方面，增加流速将导致溶解速率增加；另一方面，增加流速可能导致氧化膜减薄。因此，通过优化流速，材料表面可形成一种较薄且具有保护性的氧化膜，同时使溶解速率在可接受的范围内。

液体的流动速度对腐蚀速率的影响是比较复杂的，一般而言，在稳定状态下，腐蚀速率主要与传质速率有关，而传质速率与流速紧密相关。因此，增加流速会导致腐蚀速率的显著增加，但流动的液态金属会使氧化膜结构更加紧凑。纯的液态金属流动速度较快，在高温段溶解的合金成分会来不及在低温段析出，导致在高温溶解的物质逐渐趋于饱和，溶解速率下降。当流动速度过大时，熔体会对材料产生极大的冲刷作用，使氧化膜剥落。

流速对腐蚀速率的影响可分为以下几种情况。

(1) 当流速较低时，腐蚀速率由质量迁移控制或部分控制，即当溶解速率大于质量迁移速率时，腐蚀产物在固液界面的浓度达到饱和或趋于平衡。在这种情况下，界面层厚度随着铅铋流速的增大而增大，最终导致腐蚀速率的增大。

(2) 当流速超过某一阈值时，质量迁移速率变得足够大，以至于可以将所有腐蚀产物及时地脱离界面层，此时的腐蚀速率取决于溶解速率，与流速无关。

(3) 当在更高流速条件下，固液界面处产生很高的剪切应力，能够将材料基体表面的保护膜剥落，此时，在界面处产生较多的空洞，腐蚀速率随着流速增大而迅速提高。由于铅铋合金密度很大，在高流速条件下可以发生冲刷腐蚀。

在铅液或LBE系统中，氧化膜脱落是影响动态腐蚀速率的主要因素。腐蚀速率或氧化膜损失率取决于流速。两者之间关系由流速类型决定。一般情况下，当氧化膜受质量迁移效果影响时，结构材料在流动的铅和铅铋溶液中的氧化和腐蚀都取决于热力学和动力学。对于不同的液态金属，热力学可能会有很大的不同。例如，在液态铅和LBE中，氧和铁的溶解度不同，导致氧化速率常数和腐蚀速率常数不同。在相同的操作条件下，LBE的氧化速率常数总是大于液态铅中的氧化速率常数。在温度为1 250 K时出现一个分界点，高温阶段和低温阶段表现出不同的腐蚀速率。

在不同的流速和不同液态金属介质中，稳态情况下氧化层厚度随温度而变化。当质量迁移效应导致氧化皮脱落时，脱落的速率随腐蚀速率的增大而增大。因此，稳态下的基体腐蚀率和失重率随流动速度的增加而增加。利用 Silverman 的传质系数表达式，推导出铅铋中和液态铅中稳态氧化层厚度与 $V^{-0.875}$ 的关系。

$$\delta_s[\mu m, LBE] = 51.5(1-\alpha)^{-1} c_o^{1.61} V^{-0.875} d^{0.125} \exp(127\,260.0/RT) \tag{6-2}$$

$$\delta_s[\mu m, lead] = 0.35(1-\alpha)^{-1} c_o^{1.61} V^{-0.875} d^{0.125} \exp(157\,047.9/RT) \tag{6-3}$$

式(6-2)、式(6-3)中，α 为常数，c_o 为氧气浓度，V 为流速，d 为腐蚀时间。在流速、氧浓度和温度等条件相同的情况下，LBE 中氧化膜的稳态厚度要比液态铅中的厚得多。

随着流速的增加，厚度明显减小，对于初始厚度为零的情况，氧化层的生长速率随流动速度的增加而减小。速度越大，厚度达到稳定状态所需的时间越短。

上述情况均假设氧在氧化物表面的浓度是恒定的，假设液体中氧气的供给速率大于消耗速率。实际上，氧对液固界面的供给速率是由流速决定的。如果流速非常小，则表面氧化层的形成将受到氧气供给速率的控制，这与目前的情况不同。因此，流量不仅影响腐蚀产物的输运和垢去除率，还影响氧的输运和氧化速率，进而影响材料的氧化膜形成的速率。

流动速度会导致氧化膜的稳态厚度降低，冲刷强度增加。在特定流速下，腐蚀率与温度和氧含量均有密切关系，国内关于流速的研究目前较少，或尚未公开发表。国外的研究所选用的实验参数大多在 2 m/s 以下，更高速度的动态实验数据目前较少。

3）温度

温度是决定材料腐蚀行为的关键影响因素。基于目前国际上已公开发表的数据，L. Martinelli 和 J. S. Zhang 等概括了不同奥氏体钢和马氏体钢在氧质量分数为 $1\times10^{-6}\%$ LBE 中表面形成的氧化膜结构随温度的变化关系。对于马氏体钢，当温度低于 550 ℃时，钢表面由外层疏松的 Fe_3O_4 层和内层致密的 $(Fe,Cr)_3O_4$ 尖晶石氧化层组成；当温度高于 550 ℃时，在 $(Fe,Cr)_3O_4$ 层下沿晶界会产生富含氧元素的内氧化层。对于奥氏体钢，当温度低于 500 ℃时，氧化膜非常薄,仅包含单一$(Fe,Cr)_3O_4$尖晶石氧化层;当温度等于 550 ℃时,通过实验观察氧化膜可能是由Fe_3O_4和$(Fe,Cr)_3O_4$双层氧化膜组成,也可能是单一的$(Fe,Cr)_3O_4$层;当温度高于 550 ℃时,由于钢基体内的合金元素扩散速率提高,氧的化学势低于$(Fe,Cr)_3O_4$的生成能,使该层变得不稳定,极易发生分解,使钢发生严重的溶解腐蚀。由此可见,在特定氧浓度条件下,腐蚀界面产物会随着温度的不同而发生变化;相同实验条件下材料种类的不同,腐蚀界面产物物相和性质也会出现明显的不同。

温度不仅会影响反应和溶解的速率,还会影响腐蚀层中物质的扩散效率和液态金属的黏度。温度的增加会使溶解速度、液态金属的固溶度以及扩散效率上升,降低液态金属的黏度,这些改变都会使腐蚀速度增加。另外,在一个封闭的非等温回路系统中,如果没有温度梯度的存在,物质将会均匀分布,腐蚀也不会发生。

有研究表明:温度对铅铋腐蚀的影响与时间有着很强的相关性,也就是说,在温度更高时达到相同的腐蚀情况要比温度低时需要的时间更短,图 6－23 显示了 T91 型钢和 316L 型钢在饱和氧浓度下氧化膜厚度随时间的变化关系,在 500 ℃腐蚀 2 832 h 得到的氧化膜厚度与 540 ℃腐蚀 1 000 h 的厚度接近。

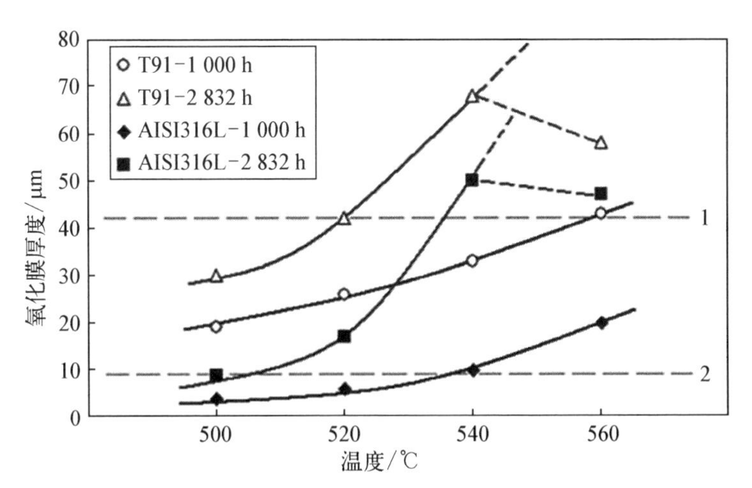

图 6－23　在饱和氧条件(10^{-3}%)下 T91 型钢和 316L 型钢氧化膜厚度与温度之间的关系

注:1 和 2 为相同厚度的氧化膜。

温度对腐蚀模式的变化影响也是值得关注的一点,有研究显示:在其他条件一定的前提下,改变温度会使材料的腐蚀行为产生显著的变化,在温度较低时，铅铋合金在钢的表面短时间内很难润湿，因此也没有明显的腐蚀现象。当温度升高以后，如果氧含量够高，会在材料表面生成保护膜，但如果温度继续升高，在短时间内会发生溶解腐蚀，这说明存在一个温度阈值或者温度范围，过了这个温度，材料的腐蚀会由氧化过程转变为溶解。无论是铁素体/马氏体钢还是奥氏体钢，这个规律都存在，只是对于不同的钢种温度阈值不同，这个温度阈值与氧浓度高度相关。对于这种现象，一个可能的解释是在某一温度下，Fe_3O_4 转变成了 $Fe_{1-x}O$，从而影响了保护膜的形成。即使从热力学角度来看，实验条件下的氧浓度要略高于形成 Fe_3O_4 所需要的氧平衡浓度，但低于某一关键值，即使产生了 Fe_3O_4，也会发生上述转变，这说明在动力学上在一定温度范围内存在一个驱动力使转变发生。

材料组分在基体和液态金属中的扩散系数是温度的函数。升高温度将导致溶解速率、溶解度和扩散系数的增加，最终导致腐蚀速率的增加。在非等温系统中，材料组分元素将会从热段溶解，然后输运到冷段，沉积下来。随着温度梯度的增加，回路热段的腐蚀将变得更加严重，同时材料组分在冷段的沉积行为会进一步增加热段的腐蚀速率。

4）氧含量

C. Schroer 等研究了 LBE 中氧含量与氧化物形成标准自由能的关系，在假定材料/LBE 界面铁浓度为饱和状态的前提下，推导出了 300～600 ℃范围内既使材料发生氧化生成 Fe_3O_4，又避免 LBE 中产生 PbO 沉淀的氧浓度区，为后续氧浓度选择提供了重要参考。Gorynin 研究了两种不锈钢在 550 ℃下，动态铅中 3 000 h 的氧化腐蚀情况（见图 6－24），确定了氧含量与抗腐蚀性能之间的关系。当氧含量在 1×10^{-7}%（原子分数）以下时，明显发生溶解腐蚀，当氧含量在高于 1×10^{-6}%（原子分数）时，发生氧化腐蚀。

针对低氧质量分数（低于 1×10^{-8}%），西班牙的 LINCE 回路及意大利的 LECOR 和 CHEOPE－Ⅲ回路开展了 316L 和 T91 在流速为 1 m/s 的 LBE 中的腐蚀行为研究。研究结果显示，当温度达到 450 ℃时这两种材料均发生了溶解腐蚀，这表明氧浓度过低时腐蚀界面不足以形成稳定的氧化膜。

以上研究表明，LBE 中氧含量直接决定了结构材料的腐蚀行为。当含量较低时，材料的腐蚀过程以溶解扩散为主；当含量较高时，材料腐蚀过程以氧化为主。结构材料表面厚度适当的氧化膜可以抑制材料中元素的溶解，从而减缓腐蚀。在氧浓度较高的 LBE 中，T91 钢表面会生成具有双层或三层结构

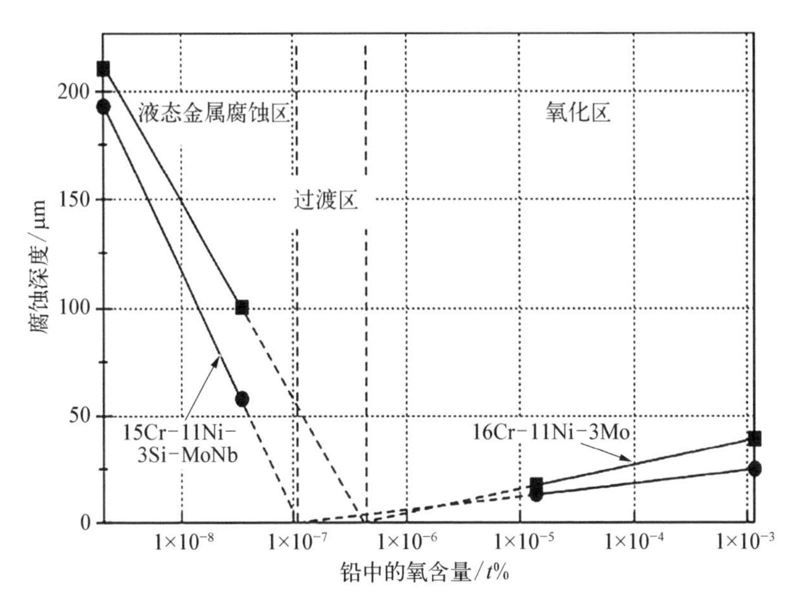

图6-24　不同实验钢在550 ℃动态铅中3 000 h腐蚀情况

的氧化膜。国际上普遍认为，LBE中的氧质量分数控制在10^{-6}%量级较为合理，为此俄罗斯的IPPE、德国的KIT等研究机构利用大型强迫对流回路，重点开展了氧质量分数为10^{-6}%量级在特定温度及流速下典型奥氏体钢（如316L、304L和15-15Ti等）及马氏体钢（如T91、HT-9和EP823等）数千乃至上万小时的腐蚀试验研究，并对腐蚀界面产物的物相、微观形貌及生长行为进行了较为细致的研究。德国KIT在前期10^{-6}%条件下研究的基础上，目前正在进行氧质量分数为10^{-7}%条件下结构材料的腐蚀行为研究，以期获得不同氧浓度对结构材料腐蚀行为的影响规律。由此可见，国内外已开始启动不同氧浓度下材料腐蚀行为的对比研究，期望获得可在材料表面形成致密并与基体结合良好的氧化膜的最佳氧浓度范围，从而降低材料的腐蚀程度。

T. Furukawa等研究了氧浓度对ODS钢在650 ℃静态LBE中腐蚀行为的影响。结果表明，在氧质量分数为10^{-4}%条件下，腐蚀产物由外层Fe_3O_4和内层$(Fe,Cr)_3O_4$双层氧化膜组成，氧化膜先在2 000 h后发生剥落，随后又在5 000 h后重新再生。在氧质量分数为10^{-6}%的条件下，氧化膜结构与10^{-6}%条件下相同，但未发生明显的剥落，仅局部区域发生溶解腐蚀，Fe-Cr尖晶石中铬质量分数为13%～15%；在氧质量分数为10^{-8}%条件下，材料表面仅有层薄的 Fe - Cr 尖晶石，外层 Fe_yO 完全溶解，相对于 10^{-8}%条件，Fe - Cr 尖晶石中铬含量增加，为 35%～41%。由此可知，氧浓度将影响材料腐蚀界面的产物类型和成分。A. Heinze 等利用大型强迫对流回路，为获得氧浓度对结构材料腐蚀行为的影响，开展了 316L 等奥氏体钢在 500 ℃、10^{-6}%和 10^{-8}%氧质量分数的 LBE 环境中长周期腐蚀行为研究。研究结果表明，在氧质量分数为 10^{-8}%条件下，316L 在 1 006 h 后表面局部区域生成极薄的氧化膜，随着腐蚀时间增加到 5 014 h 后，发生溶解腐蚀，并伴有 LBE 的渗透。在氧质量分数为 10^{-6}%条件下，4 800 h 后 316L 表面生成较厚的双层氧化膜，外层为 Fe_3O_4，内层为 Fe - Cr 尖晶石。由此可见，在温度为 500 ℃、氧质量分数为 10^{-8}%条件下 316L 表面未能形成保护性氧化膜。以上结果表明，氧质量分数是影响材料腐蚀界面产物类型和成分的关键影响因素，但对不同氧浓度下腐蚀界面产物在腐蚀过程中的生长行为研究较少。

S. Struwe 等的研究已表明，由于氧化膜热导率比钢基体要小得多，腐蚀界面的氧化膜厚度是反应堆结构设计至关重要的影响因素，应该足够重视腐蚀界面产物在腐蚀过程中的生长行为研究。德国做过 T91 在 KIT CORRIDA 回路中长周期的腐蚀动力学实验，实验中的氧质量分数为 1.6×10^{-6}%，温度为 550 ℃，流速为 2 m/s。研究发现，腐蚀损失在前 4 000 h 符合抛物线规律，7 500 h 后符合对数规律，与其表面 Fe - Cr 尖晶石的生长动力学规律一致，而内氧化层(internal oxidation zone, IOZ)的生长行为较好地符合抛物线规律。在前期研究的基础上，KIT 开展了温度为 450 ℃和 550 ℃、氧质量分数和流速分别为 10^{-7}%及 2 m/s 条件下结构材料的腐蚀行为研究，研究表明，奥氏体钢 15 - 15Ti(1. 497 0)、316L 和 316Ti(1. 497 1)腐蚀界面生成一层极薄的富铬氧化膜，局部区域由于镍的选择性溶解腐蚀形成铁素体。在相同温度下，三种材料的腐蚀损失和铁素体厚度差异较小；与 450 ℃相比，550 ℃下材料的腐蚀损失和铁素体厚度明显增加。经调研发现，在相同温度和流速条件下，关于同一材料在不同氧浓度条件下腐蚀产物类型、成分、生长动力学系统性研究较少。因此，通过文献很难获得氧浓度对材料腐蚀行为影响的规律。此外，虽然文献中获得的定量数据对于支持铅基堆设计和深入理解腐蚀机理具有重要意义，但目前的实验数据并不支持实际工程应用。

Weisenburger 等对液态金属中钢表面氧化膜生长规律和控制氧化膜厚度的参数进行了研究，通过对 T91 钢在氧质量分数为 10^{-6}%、420～550 ℃温度范围的 LBE 中获得的大量可靠数据进行拟合，得到了氧化膜厚度随时间和温度变化的经验关系式：

$$\delta_s(t,T)=(-0.98+2.54\times10^{-3}T)\sqrt{t},\ 420\ ℃<T<550\ ℃ \quad (6-4)$$

式中：δ_s 为氧化膜厚度(μm)；t 为腐蚀时间(h)；T 为实验温度(℃)。由此可知，T91 钢表面氧化膜的生长行为符合抛物线规律，抛物线速率常数与温度成正比例关系。但是，此经验关系式未考虑流速等条件，只适用于特定的工况，不具有普适意义。

Zhang 的研究表明，氧化和溶解是固态基体/液态金属界面同时发生的两个过程。因此，在液态金属中材料表面氧化膜在生成的同时也会发生溶解，氧化膜的实测厚度对时间的导数可写成下面的方程：

$$\frac{\mathrm{d}\delta}{\mathrm{d}t}=K_{p,c}-Q_{c,o} \quad (6-5)$$

式中：δ 是氧化膜的实测厚度(μm)；t 是腐蚀时间(h)；$K_{p,c}$ 和 $Q_{c,o}$ 分别是氧化膜总生长速率和氧化膜在液态金属中的溶解或剥落速率(μm/h)。考虑到氧浓度是材料腐蚀行为的关键影响因素，Zhang 提出了氧化膜生长规律的理论模型，在外层氧化膜 Fe_3O_4 未完全剥落或溶解的前提下，Fe - Cr 尖晶石的生长行为符合抛物线规律，抛物线速率常数与氧浓度和温度的关系如下：

$$K_P=K_{PO}\times C_O\exp\left(\frac{Q}{RT}\right) \quad (6-6)$$

式中：K_P 是抛物线速率常数(m^2/s)；K_{PO} 是常数，取决于材料成分；C_O 是氧质量分数(10^{-6})；Q 是激活能(kJ/mol)；R 是摩尔气体常数；T 是热力学温度(K)。由式(6-6)可知，K_P 与 $\frac{1}{T}$ 成指数关系，这与 Weisenburger 的经验关系式(6-4)不同。Zhang 的计算模型在预测氧化膜生长行为方面具有指导意义，但它成立的前提条件是假定氧化膜的生长过程受元素扩散控制且外层氧化膜 Fe_3O_4 未完全剥落或溶解。考虑到氧化和溶解速率是温度、流速、氧浓度、材料成分和温度梯度的函数，该模型仍不能精确预测氧化膜的生长行为。

LBE 中氧浓度控制在合适的范围内可使结构材料表面形成有效的保护性氧化膜。然而，这层氧化膜仅能减缓材料组分元素(如铁、镍和铬元素等)

向 LBE 中扩散及溶解,但不能阻止材料组分的溶解。在铅基堆非等温回路中,材料组分在高温段溶解到 LBE 中后,又会随 LBE 迁移到低温段沉积,随着腐蚀时间的推移,可能导致回路管道的堵塞。因此,腐蚀界面材料组分的溶解速率数据可用于评估材料的腐蚀特点以及预测回路管道堵塞的可能性。

如图 6-25 所示,材料组分溶解的途径有两个:一是由于腐蚀界面基体组分穿过氧化膜后,一部分与氧结合生成氧化膜,另一部分则直接溶解到 LBE 中;二是氧化膜本身也会发生部分剥落或溶解,导致材料组分损失。材料组分溶解总量等于氧化膜完全去除后基体的组分损失减去氧化膜中的金属组分量,计算方法已在报告中给出,但相关的材料组分溶解速率数据却鲜有报道。此外,材料组分溶解的分速率可用于评估氧化膜剥落或溶解的难易程度,但由于氧化膜剥落/溶解导致的组分溶解分速率和基体组分穿过氧化膜后直接溶解的分速率计算方法尚未见报道。

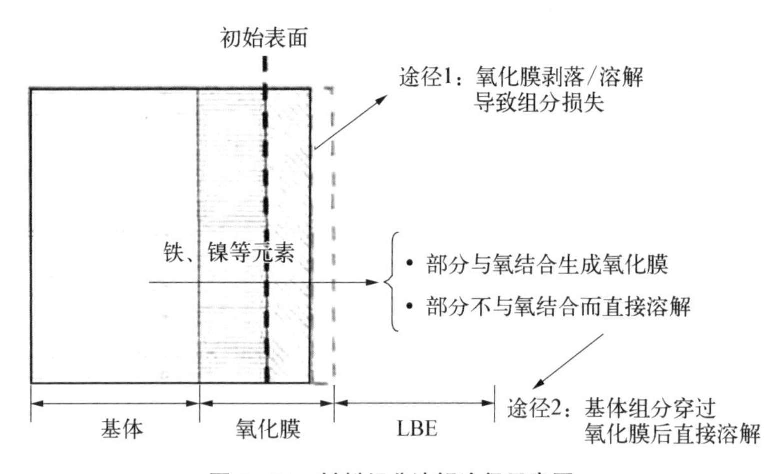

图 6-25　材料组分溶解途径示意图

为了避免材料发生严重的溶解或氧化,使材料表面生成保护性氧化膜,就需有效地控制 LBE 中的氧浓度。控制 LBE 中氧浓度的基本原理是使氧的化学势既高于 Fe_3O_4 的生成能又低于 PbO 的生成能,这样一方面可保证材料发生氧化腐蚀,而非腐蚀速率较快的溶解腐蚀,另一方面避免冷却剂中产生大量的 PbO 和 Bi_2O_3 难溶物,造成管道系统的阻塞。由于组分元素在氧化膜中的扩散速率很低,氧化膜形成后材料组分的溶解速率就会大幅度降低。理想的保护性氧化膜应该在运行温度区间内无孔、无剥落、无应力,并且在冷却和加热期间不脱落和损坏。由于铅基堆实际工况的复杂性,材料表面一般不易生成此类氧化膜。但通过优化液态铅合金中的氧浓度,可使材料溶解和氧化的程度降到最低水平。

Gorynin 等为了研究氧浓度对材料溶解/氧化过程的影响,以奥氏体钢 16Cr-11Ni-3Mo 和 15Cr-11Ni-3Si-MoNb 为研究对象,在 550 ℃流动铅中进行了 3 000 h 的腐蚀实验。当氧质量分数为 $10^{-10}\%\sim10^{-8}\%$时,材料发生溶解腐蚀;而当氧质量分数高于 $10^{-6}\%$时,材料发生氧化腐蚀。存在一个可使材料腐蚀损失降到最低程度的氧浓度值。

氧质量分数对钢的铅铋腐蚀也有很重要的影响,一般来说,铅铋合金中的溶解氧质量分数至少要达到足以氧化 $1\times10^{-11}\%$的铬才能在钢表面形成保护性的氧化膜。在铅铋合金中的氧质量分数至少要达到 $10^{-7}\%\sim10^{-6}\%$,否则钢表面产生的氧化膜不够稳定,易溶解,不能有效地保护基体。国内的李明杨和田书建等研究过不同氧含量下的奥氏体钢(316L 和 15-15Ti)的铅铋腐蚀行为,发现在 480 ℃和 500 ℃下、氧质量分数 $10^{-6}\%$时,两种钢的表面都形成了稳定的氧化膜,未发生铅铋的渗透,当氧质量分数分别为 $10^{-7}\%$和 $10^{-8}\%$时,氧化膜的生成速率不及其溶解速率,钢的表面分别在 2 000 h 和 600 h 后发生了铅铋渗透和合金成分的选择性溶解。

氧浓度过高不仅会使氧化层生长过快,当氧化膜的厚度达到一定程度时不仅影响传热效率还会导致 PbO 聚集,堵塞管道,还可能会导致氧化膜的失效。前人研究了两种类型的钢在不同氧浓度时的铅铋腐蚀行为,发现在腐蚀区由于保护层的形成腐蚀速率随着氧浓度的增加而降低,但如果氧浓度高于一定值,会在钢的表面形成严重的氧化腐蚀。也有很多研究发现,即使在很高的氧浓度下(高于形成 Fe_3O_4 所需的最低氧分压),奥氏体钢也会直接发生溶解而无保护膜产生。对于这一现象也有很多解释:一是很多文献中的氧质量分数是通过公式计算得来而非测得的,特别是氧饱和时;二是在很多动态铅铋中测量氧质量分数时,传感器距离试样较远,测得数值与真实值相差较大。然而,在很多氧控静态铅铋腐蚀实验中同时观察到氧化和溶解现象,这表明这两个过程是相互竞争的过程,其中氧化过程与温度和氧质量分数相关,而溶解过程与温度强烈相关。对此,Marion Roy 等在此基础上提出了 316L 和 304L 奥氏体钢在静态铅铋中的腐蚀行为与氧浓度和温度关系图,如图 6-26 所示。图中的三条分界线将奥氏体钢在不同氧质量分数下的腐蚀行为分为三种,分别为溶解区、混合区(溶解+氧化)和氧化区。

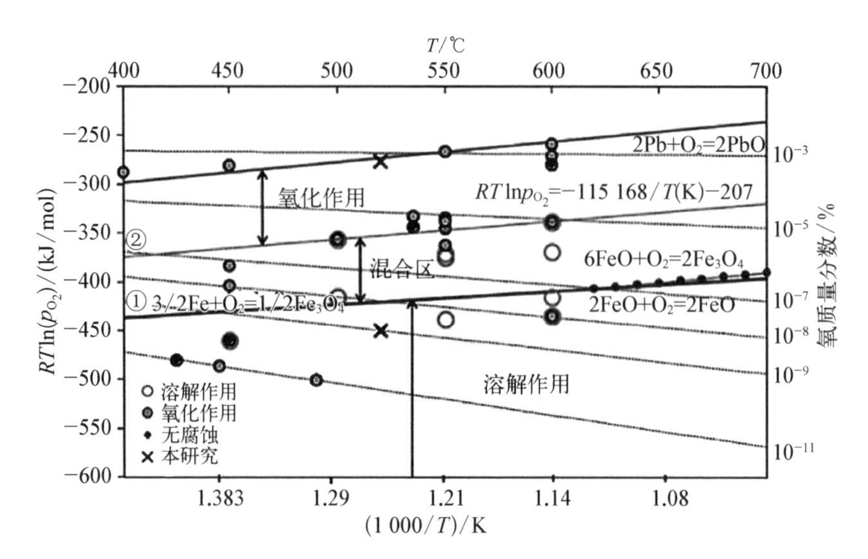

图 6-26 奥氏体钢在静态铅铋中的腐蚀行为与氧浓度和温度关系图

综上所述，成分、氧浓度、温度和流速都是影响材料腐蚀行为的关键因素。但在铅基堆的结构、温度、流速等设计参数确定的前提下，LBE 中的氧浓度就成了决定材料腐蚀行为最关键的影响因素。

参考文献

[1] Weisenburger A, Heinzel A, Muller G, et al. T91 cladding tubes with and without modified FeCrAlY coatings exposed in LBE at different flow, stress and temperature conditions[J]. Journal of Nuclear Materials, 2008, 376(3): 274-281.

[2] Dai Y, Boutellier V, Gavillet D, et al. FeCrAlY and TiN coatings on T91 steel after irradiation with 72 MeV protons in flowing LBE[J]. Journal of Nuclear Materials, 2012, 431(1-3): 66-76.

[3] Eriko Yamaki-Irisawa, Shunichi Numata, Minoru Takahashi. Corrosion behavior of heat-treated FeAl coated steel in leadebismuth eutectic under loading[J]. Progress in Nuclear Energy, 2011, 53(7): 1066-1072.

[4] 蒋艳林，邱长军，刘赞. CrFeTi 复合涂层抗高温氧化及耐铅铋合金腐蚀性能[J]. 中国表面工程，2015，28(2)：84-89.

[5] Ahser R C, Davies D, Beetham S A. Some observations on the compatibility of structural materials with molten lead[J]. Corrosion Science, 1977, 17(7): 545-577.

[6] Glasbrenner H, Groschel F. Exposure of pre-stressed T91 coated with TiN, CrN and DLC to Pb-55. 5Bi[J]. Journal of Nuclear Materials, 2006, 356(1-3): 213-221.

[7] Enrico M, Francesco M, Valentina Z, et al. Al rich PVD protective coatings: A promising approach to prevent T91 steel corrosion in stagnant liquid lead[J]. Surface and Coatings Technology, 2019, 377: 124890.

[8] Sanjib M, Bhaskar P, Poulami C, et al. Formation of Al_2O_3/FeAl coatings on a 9Cr-1Mo steel, and corrosion evaluation in flowing Pb-17Li loop[J]. Journal of Nuclear Materials, 2017, 486: 60-65.

[9] Chocholousek M, Rozumova L, Spirit Z, et al. Coatings on steels T91 and 316L in lead-bismuth eutectic environment[J]. Materials Science and Engineering, 2019, 461: 012028.

[10] 农毅,邱长军,杨育洁,等. Al_2O_3-TiO_2 复相陶瓷涂层在动态 LBE 中的耐腐蚀行为[J]. 表面技术,2017,46(4): 235-239.

[11] 林志伟,李合琴,张静,等. 15-15Ti 钢表面 AlN/SiC 双层薄膜的制备及耐 Pb-Bi 溶液腐蚀性能[J]. 材料热处理学报,2017,38(11): 114-119.

[12] 李合琴,都智,储汉奇,等. 奥氏体不锈钢上功能梯度 SiC 薄膜的制备和性能[J]. 材料热处理学报,2012,33(1): 150-154.

[13] 乔保卫,刘正堂,李阳平. 工艺参数对磁控反应溅射 AlN 薄膜沉积速率的影响[J]. 西北工业大学学报,2004,22(2): 260-263.

第 7 章
国际铅铋反应堆设计方案简介

我们已经详细介绍了铅铋堆相关的关键技术，为了实现关键技术的全面掌握，自 20 世纪 50 年代以来，在全世界范围开展了大量铅铋堆相关的技术研究，同时针对不同的应用背景，设计出不同的反应堆方案。本章主要针对这些技术方案进行归纳、总结，探讨相关的设计思路，剖析其设计的深层次技术原理，为未来的铅铋堆设计提供借鉴。

7.1 总体设计

本节主要从反应堆用途及功率等级、进出口温度、冷却剂流速、反应堆布置方式、模块化方案、冷却剂主流程等方面归纳、总结，探讨目前国际上铅铋堆总体设计技术的深层次原理。表 7-1 给出目前国际上几种铅铋/铅冷堆方案的主参数。

7.1.1 用途及功率等级

反应堆功率等级的选定是反应堆设计的起点，而功率等级的确定与具体的用途密切相关。目前针对铅铋堆的用途主要分为两大类：一是次临界装置嬗变、海水淡化等多用途，功率规模一般在 50 MW 以下；二是小规模偏远地区供电，功率等级一般为 50～300 MW。而针对大规模民用核电，功率等级一般在 300 MW 以上时，国际上一般采用铅冷堆。

在小功率等级铅铋堆多用途上，代表堆型有美国的 SSTAR。在第四代核能计划框架下，美国劳伦斯利福摩尔国家实验室设计及研发了一种便于运输的小型、密封、便携式自控核能系统，该系统被命名为 SSTAR。SSTAR 的研发主要目标是满足地理位置偏远、电网容量小、淡水资源缺乏、工业基础设施

表 7-1　国际铅铋/铅冷堆主参数汇总

参　数	俄罗斯 SVBR	俄罗斯 BREST-OD-300	欧盟 ELFR	欧盟 ALFRED	美国 SSTAR	美国 DLFR	日本 PBWFR	韩国 URANUS
布置形式	一体化	一体化	一体化	一体化	一体化	一体化	一体化	一体化
热功率/MW	280	700	1 500	300	45	500	450	100
电功率/MW	101	300	600	120	20	—	150	40
热效率/%	36	42.8	42	40	44	—	33	40
冷却剂	Pb-Bi	Pb	Pb	Pb	Pb	Pb	Pb-Bi	Pb-Bi
冷却剂流速/(m/s)	≤2	≤2	≤2	≤2	≤2	≤2	≤2	≤2
进口温度/℃	320	420	400	400	420	390	310	300
出口温度/℃	480	540	480	480	567	510	460	450
模块化方案	两环路设计(2台主泵、12台蒸发器间隔排列)	四环路设计(4台主泵、8台蒸发器间隔排列)	四环路设计(4台主泵、8台蒸发器间隔排列)	八环路设计(主泵、蒸发器集成排列)	全自然循环、2台铅铋-超临界二氧化碳中间换热器	六环路设计(主泵、蒸发器集成排列)	—	—

差环境下的能源需求。它采用铅或铅铋冷却，在 567 ℃的温度下运行，堆芯采用密闭式或磁带式设计，从而彻底消除了现场换料的需要，整个堆芯核压力容器通过船舶或者地面运输工具进行运输，可通过简单的整体控制从而进行自动的负荷跟踪，最大限度地减少操作人员的参与，降低维护工作量。

在小功率铅铋堆供电方面，代表堆型有俄罗斯的 SVBR - 100、韩国的 URANUS。SVBR - 100 是俄罗斯开发的小型、模块式液态重金属冷却先进快堆。该方案建立在过去实践证实的技术规范的基础上，重要设备的原型（样机）已经存在，是第四代核能论坛承认的先进核能系统之一。SVBR - 100 型核电机组电功率为 100 MW，使用铅铋冷却剂，系统简单，安全性能卓越，工艺技术基础雄厚，非常适合核技术和工业基础较薄弱的发展中国家。

从 1994 年开始，韩国首尔国立大学开始发展以铅铋合金为冷却剂的快堆系统 PEACER，用于分离和嬗变高放废物，该堆具有防止核扩散、安全性高、可持续并且经济性好的优点。根据对 PEACER 科学研究和实践经验，在此基础上又进一步发展出了 URANUS，URANUS 的热功率为 100 MW，名义电功率为 40 MW，该功率水平比较适合单个机组或者几个机组一起供电、供热或者海水淡化。

在大功率铅冷堆供电方面，代表堆型有俄罗斯的 BREST - OD - 300、欧盟的 ALFRED、美国的 DLFR。20 世纪 80 年代苏联提出 BREST - OD - 300 铅冷快堆概念设计，最初主要目的是消耗钚，但在后续工作中逐渐发现其良好的自然安全性能及能够满足为人类社会可持续发展提供可靠能源保障的巨大潜力，于是 BREST - OD - 300 被列入俄联邦 21 世纪新能源发展计划。BREST - OD - 300 电功率为 300 MW，该设计将 LBE 冷却系统研发的技术进行了适当修改后用于纯铅冷却剂，设计目标是立足于现有成熟技术，贯彻反应堆的自然安全原则，全面满足对现代核能的各项要求。BREST 系列反应堆最大的特点是自然安全，BREST - OD - 300 是 BREST 系列反应堆的一个实验堆，便于以后其他型号的堆大规模商用。

欧洲先进铅冷快堆（ALFRED）概念设计是在欧洲先进铅冷验证堆（LEADER）项目框架下开发的，主要用于验证欧洲铅冷堆技术在部署下一代商用核电厂方面的可行性。ALFRED 是一台 300 MW 池式反应堆系统，方案采用目前已经过验证的现有技术，以便减少验证和许可证申请方面的困难。

美国铅冷示范快堆（DLFR）由西屋公司开发，主要目的是论证该堆的可行性和主要参数，通过该堆的建设和运行得到的知识和经验应用到后续的一系列铅冷快堆的建设中，开发一系列的创新型反应堆，并且具有极强的经济性、安全性和操作性，从而成为美国和世界能源市场电力生产的最优选择。DLFR反应堆热功率是 500 MW，并且在最初的验证工作完成后，最大功率可以升至700 MW。DLFR 最大限度地应用经过验证的可靠技术，例如反应堆内的材料主要选用过去在反应堆中有过成功的应用经验，并且已经或者正在铅的环境中进行测试的，从而保证材料的抗腐蚀性。

7.1.2 冷却剂流速及温度

铅铋是一种大密度、腐蚀性的重金属物质，根据目前试验的结果看来，其对结构材料性能的改变主要是通过化学性腐蚀和物理性磨蚀两种机制相互交叠作用而实现的。不管是化学性腐蚀，还是物理性磨蚀，铅铋介质与结构材料的相对速度是其中一个非常关键的因素，其基本规律是相对速度越大，材料腐蚀速率越大。基于现阶段得到的初步结果，该流速上限的范围为 2.0～2.5 m/s，目前国际上所有的铅铋堆和铅冷堆冷却剂流速基本小于 2 m/s。

堆芯出口温度与能量转换效率是由堆内结构材料在高温下的耐铅铋腐蚀性能、堆芯冷却剂流速限值以及堆芯入口温度等主要因素耦合决定。为获得高的能量转换效率，堆芯出口温度越高越好，但是温度越高，铅铋对材料的腐蚀速率越大。目前耐铅铋腐蚀性能好的铁马钢在 600 ℃以下时，完整性还能够得到保证，也将此作为堆芯包壳的限制温度。考虑到堆芯功率的不均匀性及包壳与冷却剂的传热梯度，目前国际上铅铋堆出口温度一般在 480 ℃以下，最高的是俄罗斯的 SVBR 反应堆出口温度，正是 480 ℃。同等条件下，由于纯铅对材料的腐蚀要比铅铋合金好，为了获得高的能量转换效率，铅冷堆的出口温度一般高于 480 ℃，目前最高的是美国的 SSTAR 反应堆，达到 567 ℃。

堆芯入口温度是反应堆冷却剂系统内的最低温度，在出口温度确定的情况下主要由布置在冷端的关键设备、堆芯内冷却剂流速、二回路对一回路运行温度的要求等决定。根据目前国际上多数主流程设计，位于冷端的主要关键设备是主泵，为了获得大的提升力和流量，主泵叶轮、叶片与铅铋冷却剂的相对流速达 10 m/s，为克服铅铋对其的腐蚀、磨蚀，避免堆芯入口温度较高时，主泵水力部件的刚性下降，在运行过程中可能会产生更大的形变，不利于主泵的可靠性，因此堆芯入口温度越低越好。同时较低的堆芯入口温度也为堆芯进出口温差的加大提供空间，可在保证反应堆冷却剂流量较小（主泵负担小，可靠性高)的情况下实现大功率输出,提升反应堆整体热工性能。但基于换热器紧凑设计和二回路热电效率考虑,偏好较高温度。因此铅铋堆设计时,需要选择一个主泵运行温度的合理上限,在满足可靠性的前提下,也尽可能为二回路提供一个较高温度的热源。目前国际上铅铋堆的入口温度一般在 300 ℃左右,而纯铅冷堆的入口温度一般在 400 ℃左右。

7.1.3　布置方式

铅铋反应堆一回路系统的总体布局形式主要有一体化式、紧凑式以及回路式 3 种。一体化布置采用池式设计,堆芯、反射层和控制棒、蒸汽发生器和主泵,以及换料和燃料管理设备、安全和辅助系统都位于池内,容器外没有管道和阀门设计,消除了影响反应堆安全的破口事故,具有更高的安全性,其屏蔽结构也可以大幅简化,但是设备与堆容器之间耦合性强、不易隔离检修。目前欧洲 ALFRED、俄罗斯 SVBR、美国 DLFR 均采用这种布局方式,是主流系统布局形式。

紧凑式布局是将堆芯置于容器中,蒸发器和主泵设置于堆容器外,通过短管和套管相互连接。优势主要体现在控制大功率堆的重量方面,缺点是难以整体加热保温,存在管道破损泄漏风险。目前还未发现有铅铋堆采用此方式。

回路式布置是将蒸发器和主泵设置于堆容器外,通过管道相互连接,并设置有隔离阀,易隔离检修;设备布置较灵活;但无法整体加热保温,存在管道破损泄漏风险。早期俄罗斯铅铋堆采用回路式设计,根据实际运行经验,出现了铅铋回路冻堵泄漏及系统可靠性差等问题,现已无研发及应用。

7.1.4　模块化方案

对于铅基快堆的主设备配置,主要有 2 个方案。

主泵、蒸发器自身构成单个模块,在堆芯外、容器内间隔排开,构成数个并联运行环路。目前俄罗斯 SVBR 主系统按照 2 环路设计,每个环路配置 1 台大流量主泵和 6 台蒸发器,采用 1 ∶ 6 的配置方式;欧洲 ELFR 和俄罗斯 BREST - OD - 300 采用 4 个环路排列,每个环路 2 台蒸发器、1 台主泵,如图 7 - 1、图 7 - 2 所示。主泵、蒸发器分散排列,可以依据单个设备的尺寸确定堆芯活性区与容器间的距离,有利于反应堆容器直径、高度等尺寸的减小,同时合理的配置数量有利于提高反应堆容器内部空间的利用率,且主泵、蒸发器独自研发,无集成设计,降低了研发难度。

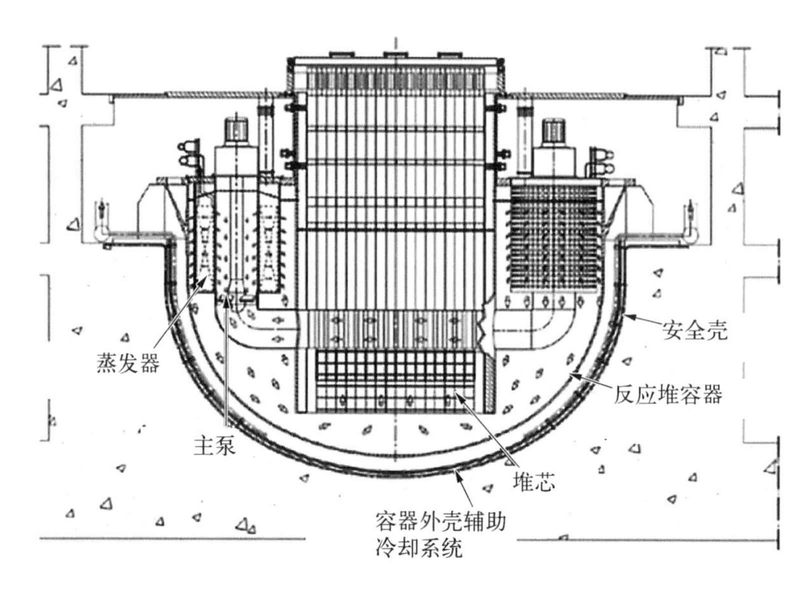

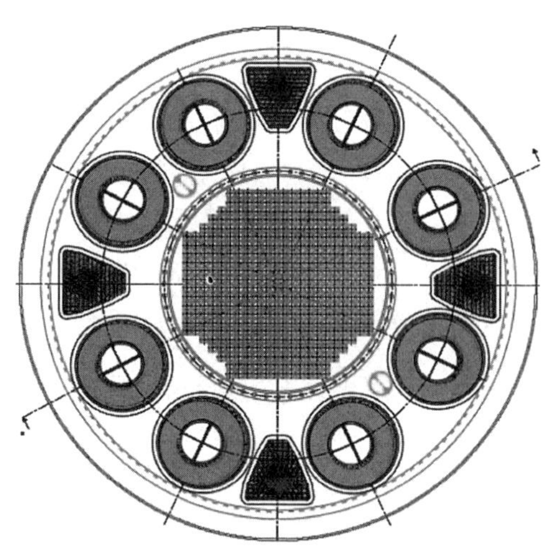

图 7－1　欧洲 ELFR 铅冷堆换热模块配置示意图

主泵与蒸发器集成为单个模块，数个并联运行环路直接排列在堆芯外、容器内。此种方式主泵与蒸发器的比例只能是 1 ∶ 1，美国 DLFR、欧洲 ALFRED 均采用这种方式，如图 7－3、图 7－4 所示。主泵、蒸发器集成模块化设计，可以充分利用活性区外、容器内环形的位置，尤其是在一起大功率铅铋/铅冷堆中，在环形径向位置一定的情况下，通过集成设计，适当增加主泵的个数，可降低主泵的技术难度和研发成本，如果直接开发大流量铅铋主泵，其

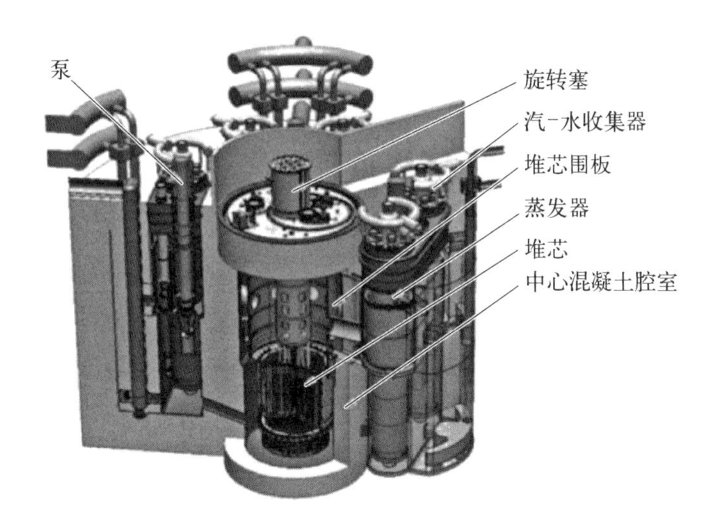

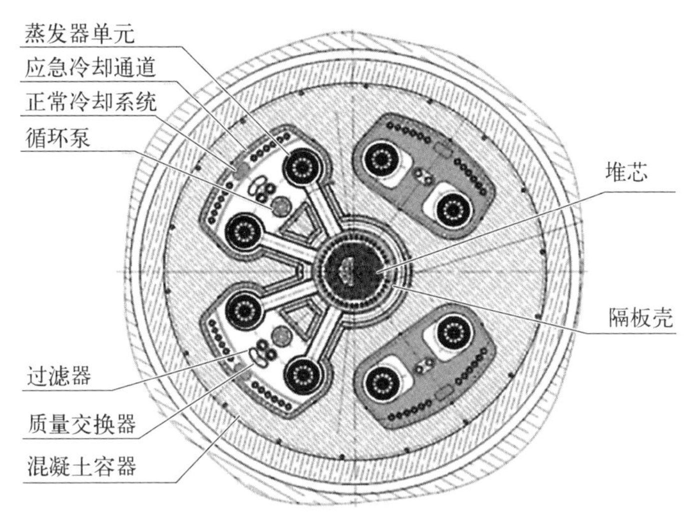

图7-2　俄罗斯BREST-OD-300铅冷堆换热模块配置示意图

研制周期和研制成本将难以承受，其配套的试验验证装置的难度、周期和成本也将难以承受。此外，采用该模块化设计，可以在工程实施阶段将换热模块在制造厂进行高精度的组装预置后，整体吊装至工程现场进行模块化安装，降低现场安装难度，缩短工期。主泵、蒸发器模块化集成设计的缺点是会增大单个模块的径向尺寸，进而增大容器的尺寸和研制难度，同时需对主泵、蒸发器集成耦合设计，也增加了单个模块研制难度。容器内模块的数量依据堆芯总功率而定，在一些大功率铅冷堆中，模块数量少时，则单个模块的尺寸较大，且在一体化堆容器内部存在大量无用部分，从而造成堆总体结构和空间的浪费；若配置换热模块太多，虽然单模块尺寸较小，但容器总体尺寸、重量会增加，同时配置过多的模块将使一回路主循环泵配置数量过多，运行过程中的耦合叠加效应更加复杂。目前欧洲 ALFRED 采用 8 个模块，美国 DLFR 采用 6 个模块。

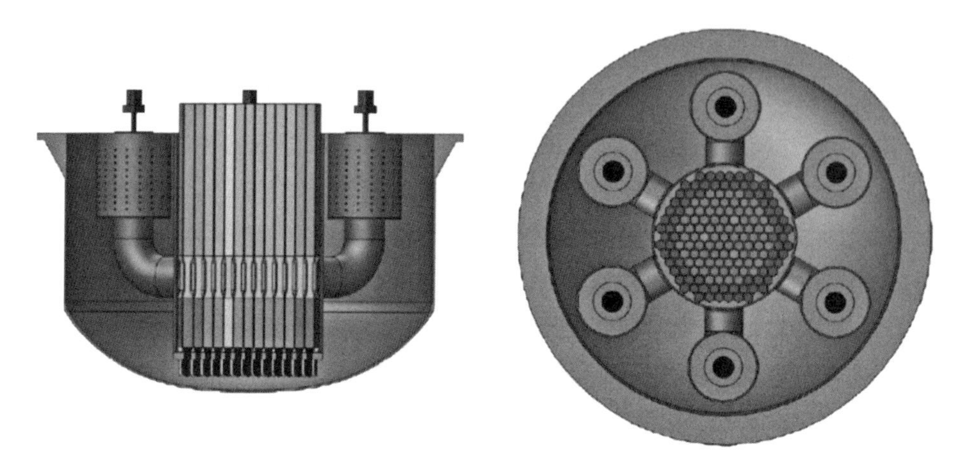

图 7-3　美国 DLFR 铅冷堆换热模块配置示意图

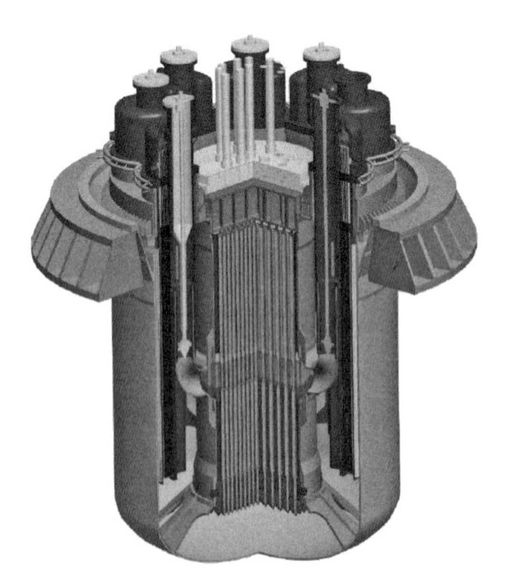

图 7-4　欧洲 ALFRED 铅冷堆换热模块配置示意图

7.1.5　主流程

一体化反应堆主流程的设计需要考虑主泵布置位置、自然循环能力、SGTR 事故下气泡迁移、主设备的安装维护等关键因素。

(1) 主泵布置位置：高温铅铋对主泵叶轮材料具有腐蚀性，一般将主泵布置在冷却剂系统冷端，同时，为防止主泵启动后卷吸上方覆盖气，主泵叶轮布置位置与自由液面高度差应大于 3 倍通道直径。

(2) 自然循环能力：当反应堆系统丧失电源供电或者正常余热排出功能失效时，非能动余热排出系统投入使用，此时一次侧铅铋排热主要依靠铅铋冷却剂自然循环，在主流程设计上，应确保冷热段有足够的高度差。

(3) SGTR 事故下气泡迁移：铅铋堆冷却剂系统一般采用常压设计，当发生蒸发器传热管破裂(SGTR)事故时，二回路工质在压力作用下进入一回路，为避免二回路工质形成的气泡被铅铋冷却剂夹带至堆芯，引起传热恶化或反应性上升，蒸发器一次侧出口会直接连通自由液面，分离冷却剂中的气泡使其进入覆盖气。

(4) 主设备的安装维护：一体化反应堆所有设备安装在反应堆容器内，需考虑其安装位置不会形成互相干涉，为方便设备的安装维护，一般主要设备采用并列式布置，即设备的平面位置错开，避免在高度方向上重合。

目前国际上各型铅铋堆均在主流程设计上考虑了避免 SGTR 事故导致二回路气泡带入堆芯，从而可能向堆芯引入正反应性及空泡传热恶化的情况发生。俄罗斯 BREST - OD - 300 反应堆液铅流出堆芯后依次经过三次上升流动和三次下降流动之后才重新进入堆芯，每次上升流动都达到相应的液铅自由液面，因而在蒸汽发生泄漏事故工况下，所产生的蒸汽首先从蒸发器内上方的液铅自由表面排出；如果在蒸发器内向下流动的液铅夹带部分蒸汽，在其进入堆芯之前，还有另外两次与下降通道的共同特点都是流道长而流速低，有利于排出蒸汽，使其不进入堆芯，如图 7 - 5 所示。欧洲铅冷快堆 ELFR 的冷却剂主流程通过主泵将堆芯出口的铅铋冷却剂横向流动送入蒸发器，一定程度上可以缓解 SGTR 情况下二回路气泡被裹挟进入堆芯，但释气的预期效果比 SVBR 流程的要差，另外其设计上主泵的叶轮、轴承和轴密封等均处在堆出口高温区运行，技术难度大且可靠性不高，如图 7 - 6 所示。美国的铅冷示范快堆 DLFR 主流程设计与 ELSY 的基本一致。

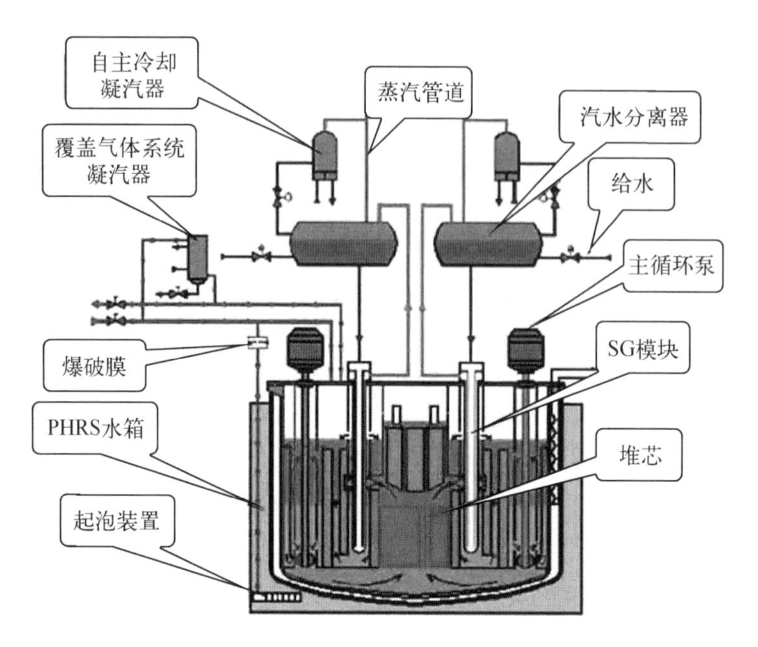

图 7-5　SVBR 主流程示意图

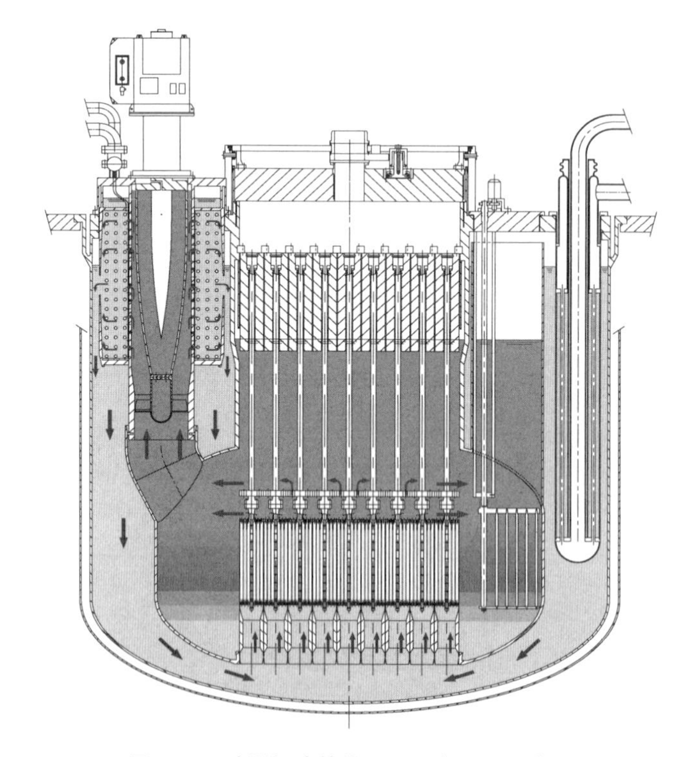

图 7-6　欧洲铅冷快堆 ELFR 主流程示意图

7.2　组件设计

燃料组件设计主要包括铅铋堆燃料选型、包壳材料选型、燃料组件设计等。

7.2.1　燃料选型

国际上铅铋堆研发过程中考虑了氧化物、氮化物、金属等多种类型燃料。俄罗斯、欧盟、日本和美国等国家是铅铋反应堆技术的发展主力，其中俄罗斯的技术水平最高，目前进入工程建设阶段的有铅铋冷却 SVBR 项目和纯铅冷却 BREST－300 项目。其中，SVBR 采用 UO_2 燃料，BREST－300 采用 UN+PuO_2 燃料[1-2]。

其他国家铅基反应堆研发项目主要包括欧洲的 ELSY、日本的 CANDLE、美国的 SSTAR、韩国的 PEACER 等，其采用的燃料体系如表 7－2 所示。由于冷却剂铅的熔点较高，且对结构材料的腐蚀没有铅铋严重，因而铅冷反应堆入口温度和出口温度一般比铅铋冷却反应堆要高。

表 7－2　各国铅基堆燃料设计方案

反应堆	SSTAR	BREST－OD－300	PEACER	SVBR－100	ELSY
燃料	TRUN[a]	PuN－UN－MA[b]	U－TRU－Zr	UO_2	MOX
冷却剂	铅	铅	铅铋	铅铋	铅
入口温度/℃	420	420	300	345	400
出口温度/℃	567	540	400	495	480
线功率/(kW/m)	平均约 20	峰值 35.3～42.7	平均 24	平均 25.7	—
燃料峰值温度/℃	841	1 244～1 253	～750	—	—
燃料寿期	—	1 500 EFPD	3 年	2 208 EFPD	5 年

(续表)

反应堆	SSTAR	BREST-OD-300	PEACER	SVBR-100	ELSY
燃耗/(GW·d/t)	131	92	76.6	—	100
备注	金属燃料作为备选			未来采用 PuO_2 及 UN	未来采用 PuN-UN-MA

注：a. TRUN 为超铀元素氮化物；b. MA 为次锕系元素。

铅铋堆设计中燃料选型主要提出了 3 种燃料类型：

(1) 氧化物燃料(UO_2→MOX)。

(2) 氮化物燃料(UN→UN-PuN)。

(3) 金属燃料(U-Zr→U-Pu-Zr)。

燃料发展技术路线主要如下：

(1) 采用技术较为成熟的氧化物燃料。

(2) 直接选择较为先进的氮化物燃料或金属燃料。

7.2.2 包壳材料选型

在包壳材料选型方面，考虑材料的研发周期长，从材料研制到工程应用需要经历漫长的辐照考验及辐照后检查，需投入大量的资源和时间成本，因此从相对成熟的钠冷快堆用包壳材料体系中选择材料，有利于加快研发进度。在此基础上重点考虑包壳与冷却剂的相容性问题。铅基堆包壳材料选型如表 7-3 所示。

表 7-3 国际上铅基堆包壳材料选型[3-4]

反应堆	冷却剂	线功率/(kW/m)	包壳材料	包壳外表面最高温度/℃	出口温度/℃
BREST-1	Pb	42.7(最高)	F/M 钢：Cr12MoVNbB	596	540
BREST-2		41.3(最高)		606	
BREST-3		35.3(最高)		614	

（续表）

反应堆	冷却剂	线功率/(kW/m)	包壳材料	包壳外表面最高温度/℃	出口温度/℃
SVBR	Pb-Bi	24.3(平均)	EP-823(12%Cr 的 F/M 钢)	600	490
ALFRED	Pb	34(最高)	15-15Ti	550	480
ELSY	Pb	23.3(平均)	T91(镀铝)	500	480
MYRRHA	Pb-Bi	—	15-15Ti	—	410
PEACER	Pb-Bi	24.0(平均)	HT-9	—	400

可以看到，铅基反应堆燃料包壳材料选型主流仍是 F/M 不锈钢，有部分堆型选择了改进的奥氏体不锈钢 15-15Ti[5]。15-15Ti 可以认为是在 316 奥氏体不锈钢基础上降低铬含量、提高镍含量而改进得到的新型奥氏体不锈钢，其高温强度、抗辐照肿胀性能均优于 316 型不锈钢。

在铅铋反应堆结构材料的腐蚀性能研究方面，国内外研究人员已经开展了大量的研究工作，对铅/铅铋合金的腐蚀机制有了较为深入的认识。影响腐蚀速率的主要因素有结构材料本身的属性、冷却剂温度、冷却剂流速和溶解氧浓度。目前大部分铅/铅铋合金冷却反应堆通过控氧技术缓解冷却剂对结构材料的腐蚀，并且将冷却剂流速控制在 2 m/s 以下。

国际上针对不锈钢开展了大量的静态及控氧条件下的腐蚀试验，试验温度为 300～550 ℃，试验时间普遍为 1 000～3 000 h，材料包括 316L、304L 等 Fe-Cr-Ni 奥氏体不锈钢，以及 T91、EP823、HT-9 等 Fe-Cr 不锈钢[6]。目前报道的腐蚀性能数据尚不足以支撑工程应用，因此尚需要进一步开展材料耐腐蚀性能试验验证。

铅铋反应堆采用不锈钢包壳，一般限制包壳最高温度不超过 550 ℃，对于铅冷堆，由于液态铅与不锈钢的相容性优于铅铋，因此铅冷堆包壳最高运行温度高于铅铋反应堆[7]。

在改善结构材料耐腐蚀性能以及在更高冷却剂出口温度研发的推动下，国际上多个研究机构开展了表面处理技术以及新型耐腐蚀材料的研制。表面处理技术方面,包括稳定性氧化物的合金化技术以及耐腐蚀涂层技术。新型耐腐蚀材料方面,如 ODS 钢、SiC、FeCrAl、多层复合材料、难熔合金等[8-9]。新型耐腐蚀包壳材料的研发有望提升燃料包壳最高运行温度,从而提升堆芯热工性能。

7.2.3 燃料组件设计

以俄罗斯的 BREST - 300 和 SVBR - 75/100、欧洲的 ALFRED 和 ELSY - 600、比利时的 MYRRHA、韩国的 PEACER 等为例,介绍铅基反应堆燃料组件的设计。

1) 俄罗斯 BREST - 300

BREST - 300 是以大型电站为应用背景开发的铅冷反应堆,堆芯由 185 个燃料组件构成,组件无闭式组件盒以缓解可能的堵流事故后果,每个组件内有 11×11=121(个)棒位,其中 114 个燃料棒,7 个导向管,棒中心距为 13.6 mm。燃料棒包壳内表面与芯块之间有 0.2 mm 间隙充以液铅,用于强化棒内传热以降低燃料芯块温度。相邻燃料组件间留有 5 mm 间隙。

组件结构主要设计特征如下:

(1) 带有燃料组件锁紧系统的杆、组件定位格架、燃料组件安装装置。

(2) 燃料棒束被固定在由格架和导向管组成的骨架内。

(3) 一个用于定位及吊装的端部结构。

2) 俄罗斯 SVBR - 75/100

SVBR - 75/100 是俄罗斯开发的小型、模块式先进铅冷快堆,是建立在过去实践证实的技术规范的基础上的第四代核能论坛承认的先进核能系统之一。

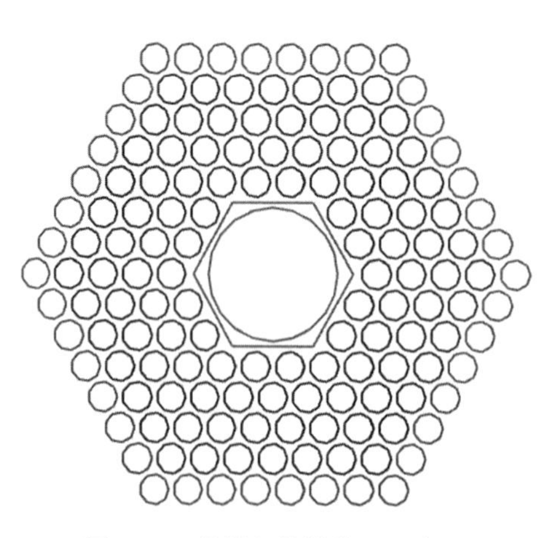

图 7 - 7 燃料组件横截面示意图

反应堆堆芯为快中子谱,由 58(或 63)个燃料组件构成。堆内共 12 500 根燃料棒,采用正三角形排列方式。棒中心距为 13.6 mm。燃料棒包壳外径为 12 mm,壁厚为 0.4 mm。燃料组件横截面如图 7 - 7 所示。单个燃料组件由操作头、上部格架、燃料棒、中间格架、下部格架等结构部件组成。

燃料为一次通过，不需要倒料，因而不需要使用组件盒，堆芯燃料棒规则排列。另外，相比带盒组件，该组件排布方案使得堆芯棒排列更规则，冷却剂份额更均匀，有利于降低包壳峰值温度。

SVBR 换料为单组件卸出，整个堆芯组件吊入。由于其棒间隙为 1.6 mm，为保证整个堆芯燃料棒规则排列，组件间间隙会较小，换料时存在卸出困难的风险。

这种无组件盒结构设计，组件内的外六方内圆通道作为控制棒导向管，这种设计的好处如下：第一，组件和组件之间的间隙可以设计得接近棒间距，避免了组件盒结构边角栅圆流量分配不均匀的问题，可以使整个堆芯的流量分配更加均匀；第二，减少堆芯内结构材料使用量，组件排布更紧凑，有利于提高经济性；第三，燃料棒排列紧密并采用绕丝定位，采用开式组件，可以缓解堵流后的事故后果。

3）欧洲 ALFRED 项目

ALFRED 反应堆是采用铅冷的热功率为 300 MW 的原型堆。燃料组件由堆芯上板压紧固定，组件上端液位以上设置一定长度的配重，防止组件换料时浮起。整个堆芯包含 171 组燃料组件、4 组安全组件、12 组控制棒组件、108 组假组件。

采用六角形闭式组件盒，尽管不利于反应性，但可持续监控每个组件出口温度，以监控发生堵流后流量减少的情况，如图 7－8、图 7－9 所示。

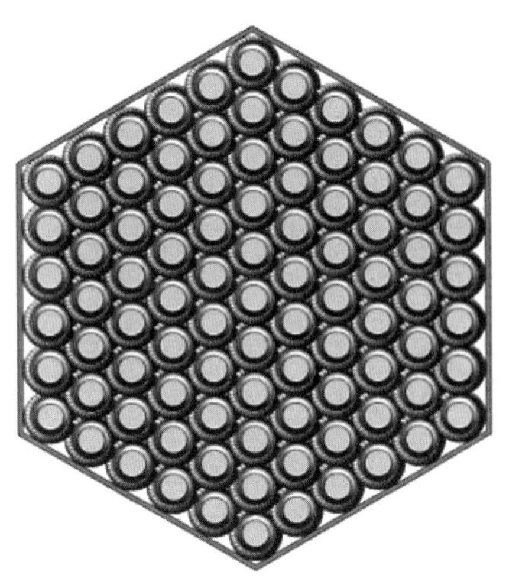

图 7－8　组件截面示意图

4）ELSY－600

ELSY－600 燃料组件的主要设计特征为六边形、组件全长 3.8 m、每个组件包含 169 根燃料棒、棒中心距 15 mm。组件盒尺寸对边距 205 mm、厚度 4.0 mm，与相邻燃料组件距离为 5 mm。

在后续设计中也提出了一种无盒、四方形组件，以与堆芯支持系统和换料系统匹配。

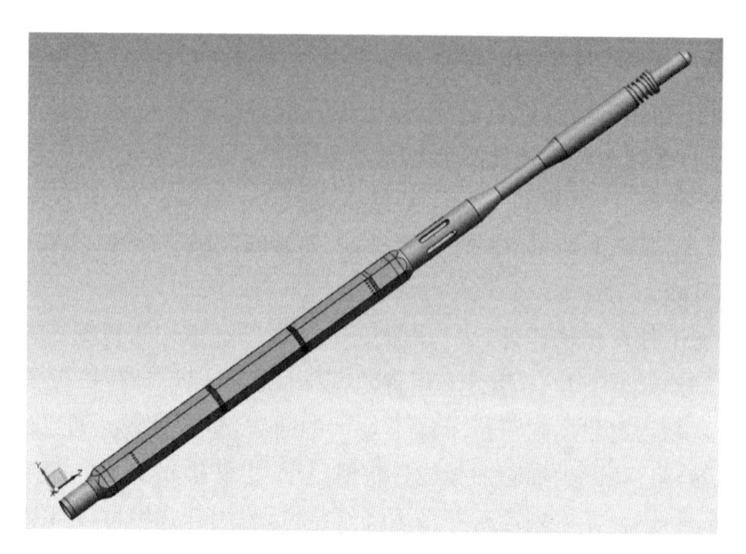

图 7-9　燃料组件结构示意图

5) MYRRHA

MYRRHA 是比利时国家核能研究中心针对 ADS 设计的反应堆，可在临界和次临界状态下运行。功率为 100 MW，燃料组件横截面为六角形，组件盒作为骨架，燃料棒直径为 6.55 mm。

6) PEACER

韩国开发的以焚烧为目的的小型铅铋冷却概念堆型，功率为 100 MW，采用金属燃料，其采用大的栅距以减小钚增殖，提高次锕系元素焚烧。其采用开式方形组件，格架定位。棒径为 8.32 mm，棒中心距为 12 mm。

国际上各型铅基反应堆主要设计特征如表 7-4 所示。

表 7-4　铅基反应堆燃料组件结构特征

反 应 堆	BREST-300	SVBR	ALFRED	ELSY	MYRRHA	PEACER
冷却剂	Pb	Pb-Bi	Pb	Pb	Pb-Bi	Pb-Bi
组件截面	正方	六角	六角	六角	六角	正方
组件盒	无盒	无盒	带盒	带盒	带盒	无盒
对边距/mm	146.5	225.45	166	205	—	204

（续表）

反 应 堆	BREST-300	SVBR	ALFRED	ELSY	MYRRHA	PEACER
组件盒壁厚/mm	—	—	4	4	—	—
中心距/mm	149.6	—	171	210	—	—
组件间隙/mm	3.1/5	—	5	5	—	—
棒径/mm	9.4/9.8/10.2	12	10.5	10.6	—	8.32
棒中心距/mm	13	13.6	13.86	15	—	12
$\frac{P}{D}$	1.27～1.38	1.13	1.32	1.42	—	1.44
棒间隙/mm	3.6～2.8	1.6	3.36	4.4	—	3.68
棒定位	格架	带肋包壳	格架	格架	—	格架
壁厚	0.5/0.5/0.55	0.4	0.6	0.6	—	1
活性段/mm	1 100	900	600	1 200	—	500

主要设计特征及考虑如下：

（1）国际上铅基反应堆燃料元件均为棒状，由燃料芯块、端塞、气腔、弹簧等组成，棒径一般为 8～12 mm。

（2）大部分方案棒排列与典型钠冷快堆的一致，为三角形排列，组件截面为六边形。

（3）组件有开式结构，也有闭式结构。

闭式组件盒主要优点如下：其运行及装换料操作时对燃料棒束保护性好；组件通道布置测温装置，可以检测组件是否发生堵流；有进行功率-流量分配的设计改进潜力。

开式结构主要优点为减轻组件流道堵塞事故后果及能减少结构材料占比。

（4）稠密栅排列的均采用绕丝或肋定位，一般棒间隙小于 2 mm，绕丝定位棒束普遍匹配组件盒设计（SVBR 例外），以实现棒束较好的径向限位；疏松排列的棒束（一般棒间隙大于 3 mm），普遍采用格架定位，匹配开式组件或组件盒设计。

7.3 堆芯设计

堆芯设计包含的内容有堆芯装载方式、堆芯能谱、堆芯反应性控制、堆芯转换比以及堆芯核设计发展趋势。

7.3.1 堆芯装载方式

堆芯大多采用燃料径向分区布置方式以展平堆芯功率分布。俄罗斯BREST-300通过燃料元件尺寸进行径向分区，燃料元件直径分为9.1 mm、9.6 mm和10.4 mm三种，棒间距维持13.6 mm不变，全堆共布置185个无盒燃料组件，堆芯布置如图7-10所示。美国SSTAR采用超铀氮燃料，全堆共布置1 634根燃料棒，不同富集度的燃料棒布置在5个环形区域中，如图7-11所示，燃料富集度依次为1.7%、3.5%、17.2%、19.0%、20.7%。美国DLFR堆芯活性区装载了82个六角形燃料组件，首循环堆芯按燃料富集度不同分为两区：内区布置34个^{235}U富集度为17.5%的UO_2燃料组件，外区布置48个^{235}U富集度为19.9%的UO_2燃料组件，如图7-12所示。瑞典SEALER从堆芯布置上看也采用了径向分区，如图7-13所示。

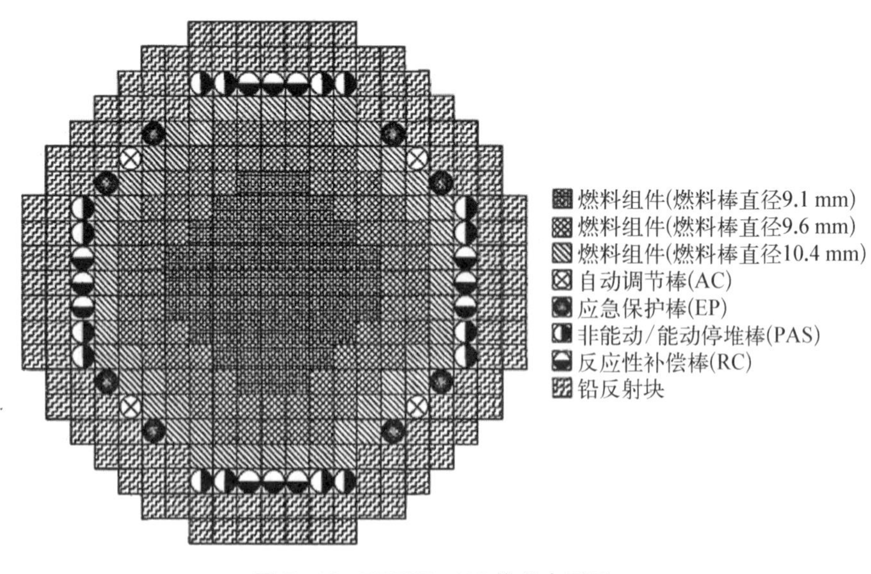

图7-10 BREST-300堆芯布置图

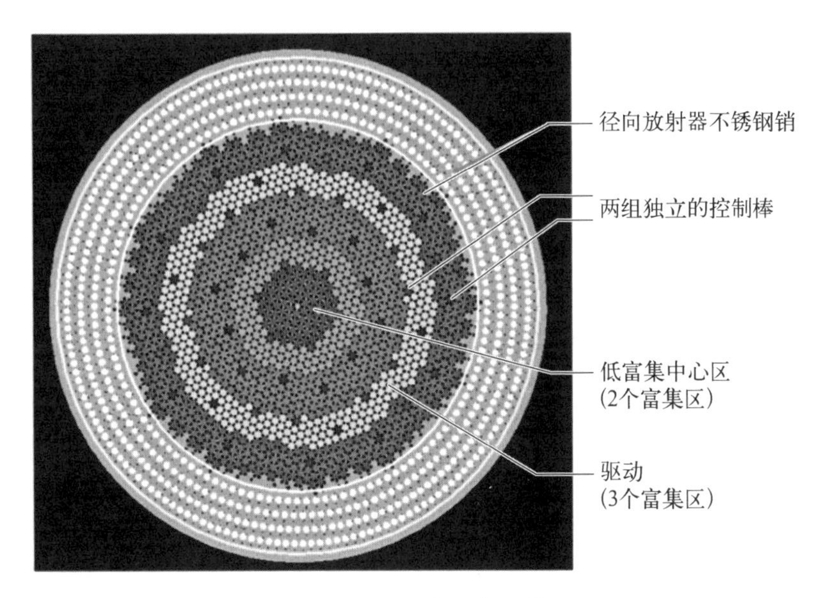

图 7－11　SSTAR 堆芯布置图

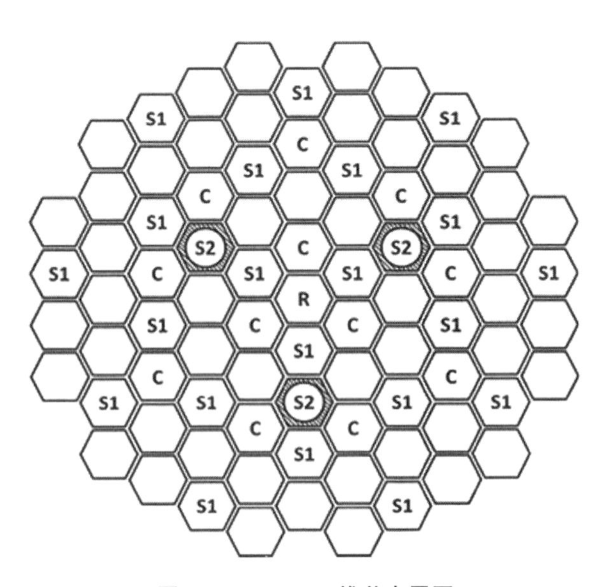

图 7－12　SSTAR 堆芯布置图

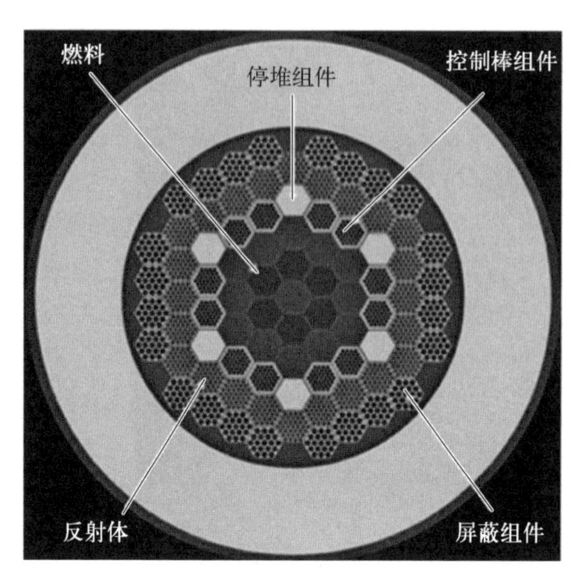

图 7-13　瑞典 SEALER 堆芯布置图

7.3.2　堆芯能谱

目前绝大多数铅铋冷却剂反应堆堆芯能谱均为快谱，即堆芯内无慢化剂材料。由于堆芯冷却剂铅铋对中子几乎无慢化作用，因此堆芯能谱较硬。由于铀、钚等易裂变核素的中子吸收截面随中子能谱变化较大，即热群下中子吸收截面较大，快群下中子吸收截面较小，但快群下可裂变核素的中子吸收截面较热群下大得多，即快谱环境下更利于^{238}U等可裂变核素吸收中子转化为易裂变核素，实现增殖。

根据易裂变材料的中子吸收截面规律可知，热谱或超热谱堆芯临界尺寸较小，燃料增殖性能较差，适用于低能量输出堆芯。快谱堆芯临界尺寸较大，但燃料增殖性能较好，适用于高能量输出堆芯。对于未来核电等装置，应根据其能量输出规模，根据物理规律从燃料经济性上确定其堆芯能谱，进而减少铀装量。

7.3.3　堆芯反应性控制

铅铋冷却反应堆堆芯能谱普遍为快谱或超热谱，为避免瞬发超临界事故，单束控制棒（调节棒）价值一般小于一个 β_{eff}。同时根据快谱的增殖特性，寿期初堆芯剩余反应性往往较低，只需布置相应数量的控制棒或旋转鼓等即可控制堆芯剩余反应性。

瑞典 SEALER 最大的特点是通过优化设计使该堆达到瞬发临界的可能性最小。该堆采用池式设计（见图 7 - 14），堆芯使用富集度为 19.9%的氧化铀燃料，燃料装载量为 2 415 kg，电功率为 3～10 MW，在 90%的使用率的条件下堆芯寿期为 10～30 年。堆芯高度为 110 cm，活性区高度约为 0.8 m，拥有 19 个燃料组件、12 个燃耗控制棒组件和 6 个停堆棒组件，燃料组件外围为反射层组件和屏蔽层组件

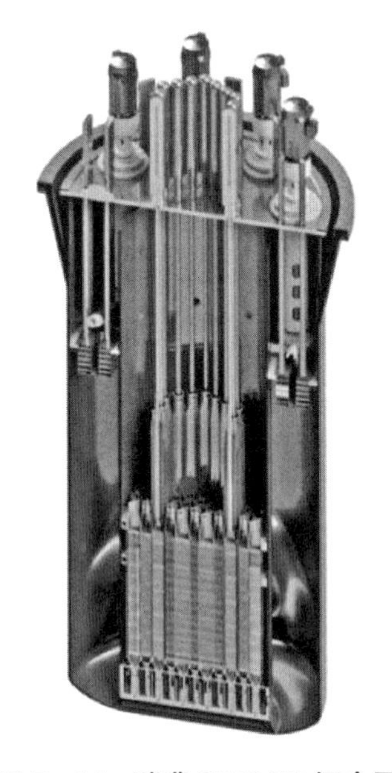

图 7 - 14　瑞典 SEALER 概念图

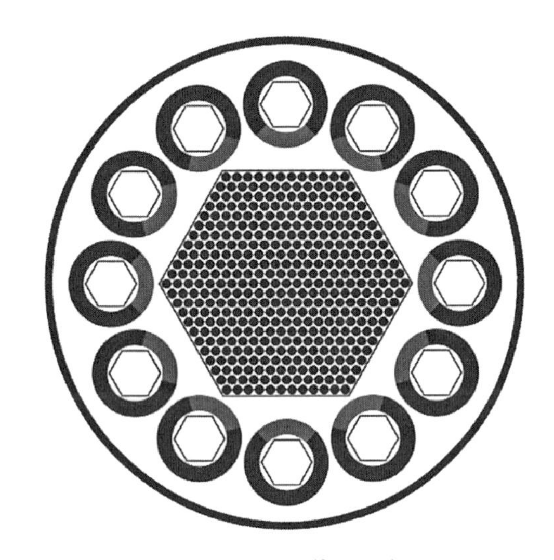

图 7 - 15　堆芯截面示意图

ELECTRA 是由欧盟于 2011 年推出的一座低功率自然循环铅基快堆，热功率约为 0.5 MW，满功率和 50%额定功率运行时堆芯换料周期分别为 15 年和 30 年，由瑞典皇家理工学院（KTH）负责设计、建造。堆芯采用无组件的六角形燃料栅格布置，堆芯布置如图 7 - 15 所示，全堆共布置 397 根燃料棒，以（Pu0.4，Zr0.6）N 为燃料材料，堆外设有堆芯盒，起自然循环的引流作用。堆芯采用旋转鼓进行反应性控制，转鼓分为两部分，一部分为吸收材料 B_4C，另一部分为反射材料。在设计堆芯控制转鼓时，考虑了 1 个转鼓失控旋转事故，设计中单个转鼓的最大控制价值不超过 450 pcm，当事故发生时，堆芯反应性的引入速率不大于 1＄/s。

7.3.4 堆芯转换比

铅铋冷却反应堆的能谱普遍变硬，有利于可裂变核素的增殖，但由于铅铋冷却剂密度较大，栅距棒径比 $\frac{P}{D}$ 不能太小，因此铅铋冷却反应堆的堆芯转换比要略小于钠冷快堆的，可达到略大于1的水平。

美国SSTAR堆的初始装料比较大，然而，该堆产生同样电力消耗的 ^{235}U 要低于压水堆的。一次装料完成后该堆的燃料增殖比约为1，可以依靠增殖维持持续的裂变反应。该堆可以把高放废物长期储存在堆芯内，为锕系元素的处理提供了有效的解决途径。

欧洲ELSY－600堆选择了高富集度的 PuO_2 － UO_2 混合氧化物燃料（MOX）和先进的氮化物燃料作为备选燃料。在MOX燃料方面，相对于钚装量，最多5%的次锕系元素也已考虑在内。堆芯转换因子约为1。

7.3.5 堆芯核设计发展趋势

堆芯核设计呈现增殖燃烧型的燃料利用模式、复合型控制组件、非能动的反应性控制系统等发展趋势。

1）增殖燃烧型的燃料利用模式

铅基合金与中子碰撞几乎不损失中子能量，即对中子几乎没有慢化，所以在采用同种燃料的快堆中，铅基快堆能谱最硬，利于实现燃料的高增殖比，是实现增殖燃烧（breed and burn）模式的极佳路径。采用该模式后，核燃料不需要在后处理厂进行回收，而是在堆内就地增殖产生并焚烧，避免了因 ^{238}U 燃烧产生 ^{239}Pu 引起的核材料扩散的风险。堆芯能够达到较高的增殖比和较长的寿期，组件燃耗较传统快堆的更深，需要后处理的乏燃料量大幅减少，可以大幅度降低燃料成本，对采矿、浓缩和乏燃料储存的需求也大大降低。

2）复合型控制组件

在控制棒中添加慢化材料，软化控制棒中的吸收体段的中子能谱，提高吸收体的效率，减少吸收体中 ^{10}B 的浓度，降低控制组件的造价；在控制组件中设置燃料补偿器，燃料补偿器由吸收段和燃料段两部分组成，上部是吸收体段，含有 ^{238}U 材料，下部是燃料段，与堆芯燃料元件相似。随燃耗进行，燃料补偿器逐渐插入堆中，补偿反应性调节带来的增殖比损失，减少控制系统动作对反应堆增殖性能的影响。

3）非能动的反应性控制系统

采用锂金属控制系统为代表的非能动反应性控制系统，系统由液态毒物膨胀模块、液态毒物释放模块、液态毒物注入模块组成，以液态毒物取代 B_4C 控制棒。膨胀模块由储液瓶、管道、液态毒物组成，液态毒物通过气液交界面的表面张力悬于膨胀模块上部，如果堆芯出口温度升高，气液交界面下降，则可引入负的反应性，反之亦然。液态毒物注入模块为棒束装备，当堆芯出口温度超过冷凝密封的熔点时，液态毒物将从上向下注入堆芯引入负反应性，反应堆自动停堆。液态毒物释放模块与注入模块结构近似，能够使反应堆自动启动。

7.4　反应堆本体

铅铋反应堆堆本体一般采用一体化池式设计，包括堆芯、堆内构件、主泵和蒸汽发生器等设备在内的整个反应堆及一回路系统都放置在反应堆容器的铅池当中。这种设计方案具有结构简单、系统紧凑的优点，便于实现高效自然循环，抗震性能好，有良好的安全性和经济性。

7.4.1　中国 CLEAR-I 反应堆本体

中国 CLEAR-I 反应堆本体由容器、堆内构件及热屏蔽层、堆顶盖、堆顶旋塞及中心测量柱、堆内换料机构、控制棒驱动机构、主泵、主换热器、堆芯及围桶、中子源靶等 10 个主要部件和设备组成。图 7-16 给出了 CLEAR-I 反应堆本体结构设计图。反应堆容器采用双层池式结构，其内层为主容器，外层为安全容器，主容器作为一回路边界，包容一回路冷却剂和覆盖气体，并将核反应限制在密闭的区域内进行，是防止放射性物质外泄的重要屏障之一。

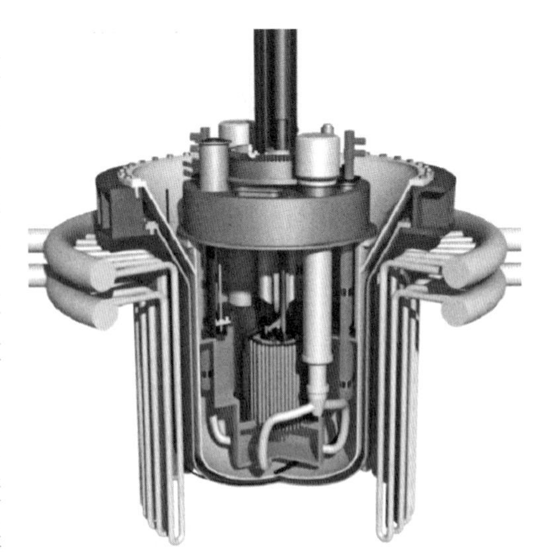

图 7-16　CLEAR-I 反应堆本体示意图

堆顶旋塞嵌入堆顶盖中心，与堆顶盖共同起到密封和辐射屏蔽作用。采用双旋塞模式，大旋塞提供大幅运动，小旋塞提供小幅运动,双旋塞组合运动实现精确定位换料。中心测量柱与旋塞系统连为一体,为测量系统和控制棒驱动机构提供相对固定边界,防止流致振动,避免堆芯出口高温铅铋对测量柱内部件的冲击,又可以完成与换料系统的耦合。堆内支撑构件承载整个堆芯和围桶,分隔反应堆冷、热铅铋池,为主换热器、主泵和堆内换料机提供中下部支撑或约束。其表面覆盖热屏蔽层,可降低反应堆容器的壁面温度,分为水平热屏蔽和径向热屏蔽。重金属散裂靶管道从反应堆容器顶部贯穿大旋塞插入堆芯,堆芯内部预留 7 盒燃料组件的空间作为靶组件空间。液态铅铋有窗靶以及流态固体钨球颗粒靶作为两种候选的散裂靶方案。

7.4.2 欧洲 ALFRED 反应堆

欧洲 ALFRED 反应堆本体方案同样基于池式构型,能够拆除所有的堆内构件,如图 7-17 所示。一回路系统的流道在堆内构件的支持下尽可能保持简单,以便尽可能减少压降,实现高效自然循环。流出堆芯的一回路冷却剂将流经一回路泵,下行穿过蒸汽发生器进入冷腔室,而后再度送入堆芯中。一回路冷却剂自由液位之间与反应堆顶部的空间充填惰性气体。反应堆容器为一圆柱体,带有球形底封头,同时顶部使用三通固定在反应堆堆腔内。堆内容器构筑物可形成对堆芯的径向约束体,可保持其几何构造并与燃料组件插入的底部栅格相连。围绕反应堆容器的自由空间尺寸可在泄漏情况下维持主循环流道。堆芯由 171 件包覆六角形燃料组件、12 根控制棒以及 4 根安全棒构成,周围使用假元件包围。燃料棒内使用钚浓度最高 30%的中空 MOX 燃料芯块。内容器与反应堆容器壁之间的环形空间内布置有 8 台蒸汽发生器与主泵。

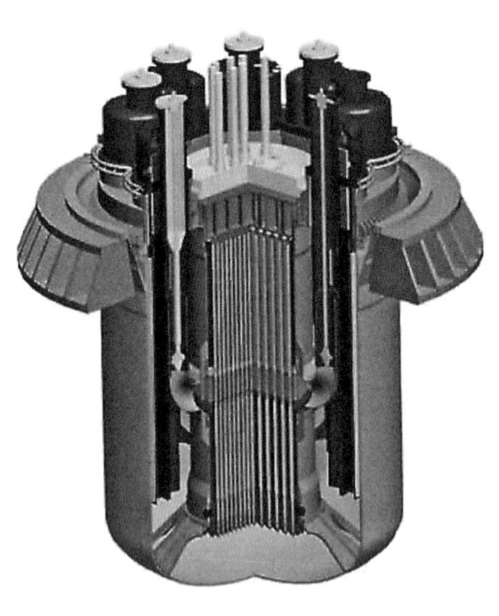

图 7-17 ALFRED 反应堆本体示意图

7.4.3 MYRRHA

MYRRHA 是一种池式 ADS,反应堆容器外壳即全部的一回路系统部件,如图 7-18 所示。容器使用反应堆外罩密封,该外罩可以支撑所有的堆内部件。容器内的隔板可以分隔冷、热区域，并起到支撑容器内部构件的作用。由于堆芯上方空间由堆内试验段和粒子束管道所占据，因此需要在堆芯下方完成燃料装卸工作。为了实现这一功能，需要设置2台容器内燃料装卸机。一回路、二回路和三回路冷却系统在设计上可以排出最大100 MW热功率的堆芯热量。一回路冷却系统包含2台泵和4台一回路热交换器；二回路冷却系统采用水冷系统，能够为一回路热交换器提供加压水；三回路冷却系统为风冷系统。

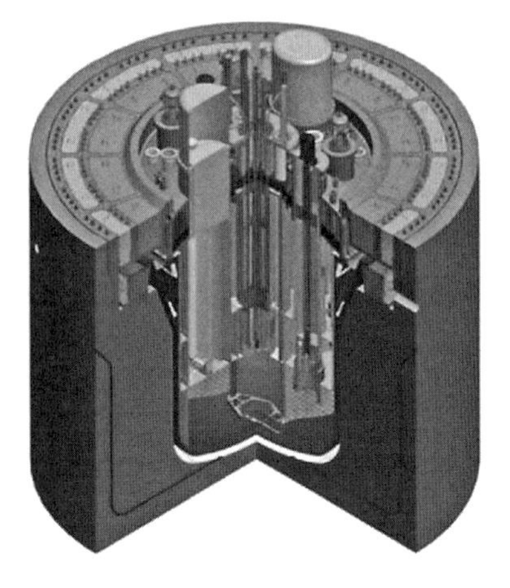

图7-18　MYRRHA堆本体示意图

7.4.4　俄罗斯BREST-OD-300反应堆

BREST-OD-300采用紧凑回路池式设计，堆芯燃料组件、反射层和控制棒、蒸汽发生器和主泵、换料和燃料管理设备、安全和辅助系统都位于池内，如图7-19所示。BREST堆芯燃料栅格的间距较大，从而提供了比较大的铅流通面积，从而降低了流程压力损失，有利于建立一回路的衰变热自然循环。该堆的设计中省略了堆芯活性区的反射性，用适当反射率的铅反射层替代，从而改进堆芯功率分布，提供负的空泡和密度反馈系数，消除了武器级钚生产的

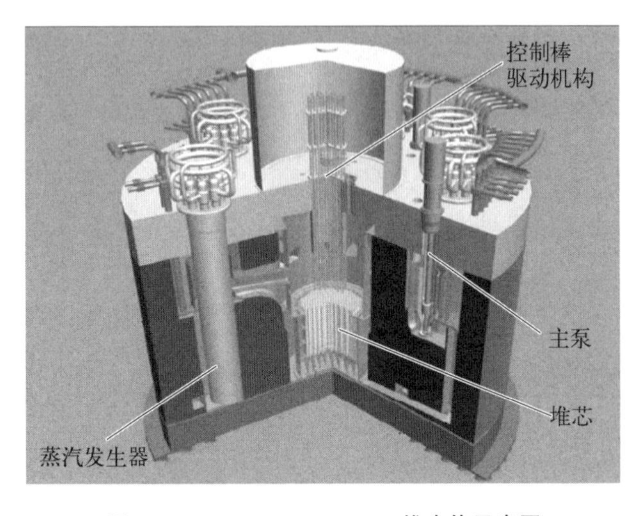

图7-19　BREST-OD-300堆本体示意图

可能性。堆芯的衰变热排出系统采用非能动设计，一回路的热量通过自然循环在空冷器中把热量传递给冷空气。

7.5 核辅助及安全系统

核辅助及安全系统包括控氧净化系统、覆盖气系统、超压保护系统、余热排出系统。

7.5.1 控氧净化系统

为提高堆内材料在铅铋环境中的耐腐蚀性能，俄罗斯已有的经验证明通过液态金属铅铋中保持一定的含氧量，可在金属材料表面生成致密氧化膜。这样，如在运行过程中金属表面的氧化层产生裂纹或局部脱落，则溶解于铅中的氧能对新裸露的钢表面进行氧化，自动修复构件金属表面受损的保护性氧化膜。在长时间运行过程中，铅能够逐渐进入氧化层，但不再腐蚀氧化层下面的金属基体。此氧化层随时间增厚，但其速度随时间迅速减缓，氧化层的厚度趋向于某一稳定值。但溶解于铅铋中的氧含量需保持在一定的范围内，氧含量太低，则金属材料表面的氧化膜不易生成，太高会生成大量的杂质 PbO，因此需要设置核实的控氧系统，维持铅铋中的氧含量。同时为维持铅铋冷却剂的品质，防止脱落的氧化膜杂质堵塞流道，还应设置相应的杂质净化系统。目前俄罗斯的 SVBR－100、BREST－OD－300，欧盟的 ELFR、ALFRED，美国的 DLFR 等均设置了控氧净化系统。

7.5.2 覆盖气系统

为给铅铋/铅冷却剂的受热体积膨胀以及发生 SGTR 事故时将蒸汽-水从冷却剂中分离出来留出足够空间，目前铅铋堆设计时，一般设置覆盖气系统，在一回路冷却剂自由液位之间与反应堆顶部的空间充填惰性气体。俄罗斯 SVBR 反应堆在整装式容器上部和蒸汽发生器模块通道中均存在一定量的处于自由液面的铅铋冷却剂，这些铅铋冷却剂与气体介质接触，确保在蒸汽发生器管道系统发生意外气密性损失时，将蒸汽-水混合物稳定地从冷却剂流中分离开来，且气体介质的存在保证了冷却剂温度变化的可能性。BREST－OD－300 反应堆在上顶盖与堆容器内铅液面之间约有 300 m^3 的空间，充以压力为 0.096 MPa 的保护气体。

7.5.3　超压保护系统

目前铅铋堆一回路系统一般是常压设计，但当发生SGTR事故时，二回路蒸汽-水混合物进入一回路覆盖气空间，造成覆盖气升压，影响反应堆容器的完成性，目前通过设置超压保护系统泄压。目前压水堆中，系统的超压保护功能主要是通过稳压器安全阀来实现的，而在一体化池式铅铋堆中，主设备的一回路压力边界共用一个反应堆容器，故其系统的超压保护功能可通过设置在反应堆容器且与容器内部覆盖气空间相连的安全阀来实现。俄罗斯BREST-OD-300反应堆通过在反应堆压力容器侧壁上开4个孔道，作为蒸汽发生器泄漏事故工况下，将蒸汽引向事故冷凝系统的蒸汽引出管道。

7.5.4　余热排出系统

铅铋冷却剂沸点高(1 670 ℃)，即使在事故后发生相变的可能性远远小于水。因此，冷却剂在正常及事故状态下处于单相状态，不存在相变及由相变导致的沸腾两相、流动阻塞、蒸发过程。同时，高沸点可以在主回路侧采用常压设计，从设计上可以实现实际消除主回路冷却剂丧失事故。铅铋冷却剂的传热性能远高于液体和气体，且没有相变，不存在偏离泡核沸腾现象。在这种情况下，顺利导出堆芯余热即可确保反应堆的安全。对于余热排出功能，通过系统梳理液态金属冷却池式快堆的非能动余热排出系统的设计特点，目前铅铋快堆主要有三种方式排出堆芯余热：① 基于蒸汽发生器(SG)的非能动余热排出系统；② 基于独立热交换器(IHEX)的非能动余热排出系统；③ 基于反应堆容器(RV)的非能动余热排出系统。

基于SG的非能动余热排出系统是共用堆内蒸汽发生器，在二回路主管道上增加冷却回路。在反应堆停堆后关闭二回路主管道上的隔离阀，打开该冷却回路的隔离阀，通过自然循环方式来带走堆内热量，最终热阱可为空气或水。目前欧盟ELFR和ALFRED反应堆采用了这种方案。

基于独立热交换器的非能动余热排出系统，是在主容器内设置一个独立的余热排出热交换器，中间回路的冷却剂是水，最终热阱为空气或水，其设计原理是依靠自然循环排出堆芯余热。基于独立热交换器的非能动余热排出系统独立于正常的余热排出系统，可靠性较高，余热排出能力较强。在事故工况下，当正常热传输系统失效时，打开空气冷却器风门，环境中空气开始流动，余热排出系统排热能力增强；由于一回路维持自然循环，使堆芯余热可以通过独立热交换器排放到最终热阱,使反应堆处于安全状态。基于独立热交换器的非能动余热排出系统的反应堆有欧盟的 ELFR、美国的 DLFR、俄罗斯的 BREST-OD-300 反应堆。

按照冷却介质的不同,基于堆容器的余热排出系统又可分为两种:一种是使用空气冷却反应堆容器壁面带走堆芯余热;另一种是使用水冷却反应堆容器壁面来带走堆芯余热。通过空气冷却反应堆容器的设计方案又称为反应堆容器空气冷却系统(RVACS),RVACS 主要依靠容器之间的热辐射以及空气的对流换热来带走堆内热量。首先,一回路冷却剂通过对流换热将热量传递给主容器;其次,主容器通过对流和辐射换热将热量传递给安全容器;最后,安全容器通过对流和辐射换热将热量传递给空气。RVACS 由反应堆主容器、安全容器、空气冷却通道(或 U 形空气通道)、烟囱、热隔离层和连接管道等组成。欧盟 MYRRHA、欧盟 ELFR 和美国 SSTAR 反应堆均采用了 RVACS 空气冷却的方式。水冷却设计方案是指通过水冷却反应堆容器壁面的非能动余热排出系统,反应堆容器浸入水池/水箱中,通过辐射换热和容器壁面的自然对流将堆芯余热带走。该非能动余热排出系统由反应堆主容器、安全容器、水池/水箱、空气冷却器等组成。采用水冷却设计方案主要有俄罗斯小型模块化铅铋快堆 SVBR-75/100。

7.6 辐射防护系统

铅铋堆的设计中也贯彻纵深防御概念,设置有多道实体屏障以包容放射性物质,同时碘、铯等主要放射性裂变产物易溶于铅铋冷却剂并形成化合物,具有良好的放射性物质包容性。另外,对于 ^{210}Po 的防护,也需要在设计中考虑多重密闭包容体系。

7.6.1 放射性包容

在国际典型铅铋堆的设计中,反应堆容器采用双层池式结构,其内层为主容器,外层为安全容器,主容器作为一回路边界,包容一回路冷却剂和覆盖气体,并将核反应限制在密闭的区域内进行,是防止放射性物质外泄的重要屏障之一。还设计了包容体系统,主要发挥放射性物质的包容、防御外部事件和生物屏蔽等重要功能。结合一回路低压特性和发生大量放射性释放可能性低,包容体系统选择内部放射性包容小室与外部封闭厂房的联合系统,即在封闭的反应堆厂房(二次包容体)内形成几个密封性较高的放射性包容小室(一次包容体)的包容体系统。一次包容体充分考虑对放射性氩气和^{210}Po等放射性物质的包容,以及对反应堆的屏蔽,设置有放射性氩气包容小室、堆顶包容小室和放射性钋气溶胶包容小室,包容了所有主冷却剂存在的空间。

7.6.2　放射性钋释放

在正常运行的温度范围内,钋的释放是很低的,在短期(1 h)实验中,只在973 K(约700 ℃)以上时检测到了钋的蒸发。在长期实验中,钋在873 K(约600 ℃)发生缓慢蒸发,导致部分钋释放,释放量约为每天1%。

然而,在故障或事故情况下,钋的释放具有较大的危害性。Perret研究了不同事故下的钋释放,在保护容器密封失效时,挥发性钋产物将向环境释放,直到LBE凝固。但是,事故环境(空气中的氧和事故中产生的水蒸气)对钋化氢的释放产生一定的抑制:首先,泄漏的LBE表面在空气中氧化形成PbO和Bi_2O_3氧化层,该氧化层会显著地降低钋化氢释放率;其次,氧的存在改变了H/H_2O的平衡,因此涉及含氢的挥发性钋化氢的释放反应也被抑制。

此外,在一回路开盖维修或冷却剂泄漏时,热的LBC与空气接触时,除会形成钋化氢外还会形成放射性气溶胶,气溶胶的沉积会导致设备表面辐射污染。

苏联的运行经验表明:换料期间,在关闭反应堆盖3 h后,反应堆上方空气中的气溶胶活性降低到背景值($0.4\ Bq/m^3$)。6 h后,所有隔室中,钋气溶胶浓度低于$0.4\ Bq/m^3$。沉积的气溶胶可通过聚合物膜覆盖去除,其保护效果持续250～300天,吸附能力为$4\times(10^6\sim10^7)Bq/kg$。这些膜在1968年的地面设施27A/VT－5的实际条件下在伴随着钋释放的长时间维修工作中进行了测试。测试显示,在强污染区域[高达10^5 α-part/(cm^2·min)]使用厚度为300 μm的薄膜可将辐射状况大幅改善,将表面污染减少到允许的水平。在此之后,膜可以很容易地去除,且不会产生放射性危害。根据对当年参加换料的工作人员的医学观察,没有出现钋摄入量超过许可值的情况。

7.6.3　辐射防护策略

铅铋反应堆辐射防护策略主要是包含辐射防护目标、相关标准限值、辐射源项控制、辐射分区及出入控制、辐射屏蔽、厂房布置、包含放射性的系统及部件设计、污染控制、远距离操控技术、废物处理系统、废物储存系统、辐射监测。

7.6.3.1　辐射防护目标

辐射防护目标是确保反应堆的运行和使用满足辐射防护的要求;确保在

各种运行状态下，工作人员及公众的辐射照射低于国家规定的限值，并保持在合理可行尽量低的水平；确保事故引起的辐射照射得到缓解。反应堆正常运行工况下，工作人员最大辐射照射年有效剂量小于 20 mSv，公众最大辐射照射年有效剂量小于 1 mSv。

7.6.3.2 钋-210 相关标准限值

对于铅铋堆特殊辐射源项^{210}Po，目前我国没有针对^{210}Po职业照射、公众照射、流出物排放的规定，只有 GB 18871—2002 对 α 放射性物质表面污染控制的规定。

1）钋-210 职业照射、公众照射、流出物排放

国际辐射防护委员会（ICRP）规定可溶性^{210}Po化合物在空气中最大允许浓度为 7.4×10^{-4} Bq/L，水中最大允许浓度为 25.9 Bq/L。人体对^{210}Po的一次最大允许摄入量为 0.74 kBq。

俄罗斯 NRB－99 中的规定如表 7－5 所示。

表 7－5 俄罗斯 NRB－99

职业照射		公众照射			
年摄取量/(Bq/a)	空气中年平均浓度/(Bq/L)	年摄取量/(Bq/a)	空气中年平均浓度/(Bq/L)	年食入量/(Bq/a)	饮用水中最大允许活度/(Bq/kg)
6.70×10^{3}	2.70×10^{-3}	2.50×10^{2}	3.40×10^{-5}	1.10×10^{2}	0.12

美国 10CFR① 中的规定如表 7－6 所示。

表 7－6 美国 10CFR①

分类	职业照射			流出物浓度	
	食入年摄入量(ALI)/Bq	吸入		空气/(Bq/L)	水/(Bq/L)
		ALI/Bq	导出空气浓度(DAC)/(Bq/L)		
除氧化物、氢氧化物、硝酸盐外的所有化合物	1.11×10^{5}	2.22×10^{4}	1.11×10^{-2}	3.33×10^{-5}	1.48

（续表）

<table>
<tr><th rowspan="3">分　类</th><th colspan="3">职 业 照 射</th><th colspan="2">流出物浓度</th></tr>
<tr><th rowspan="2">食入年摄入量(ALI)/Bq</th><th colspan="2">吸　入</th><th rowspan="2">空气/(Bq/L)</th><th rowspan="2">水/(Bq/L)</th></tr>
<tr><th>ALI/Bq</th><th>导出空气浓度(DAC)/(Bq/L)</th></tr>
<tr><td>氧化物、氢氧化物、硝酸盐</td><td>—</td><td>2.22×10^{4}</td><td>1.11×10^{-2}</td><td>3.33×10^{-5}</td><td>—</td></tr>
</table>

① 表中职业照射限值是基于工作人员 50 mSv/a 的有效剂量限值来确定的，而国标 GB 18871—2002 中有效剂量限值为 20 mSv/a，需要进行折算。

2）^{210}Po 表面污染控制水平

^{210}Po 表面污染控制水平如表 7－7 所示。

表 7－7　^{210}Po 表面污染控制水平

<table>
<tr><th colspan="2">表　面　类　型</th><th>α 放射性物质(极毒性)/(Bq/cm^{2})</th></tr>
<tr><td rowspan="2">工作台、设备、墙壁、地面</td><td>控制区①</td><td>4</td></tr>
<tr><td>监督区</td><td>0.4</td></tr>
<tr><td>工作服、手套、工作鞋</td><td>控制区
监督区</td><td>0.4</td></tr>
<tr><td colspan="2">手、皮肤、内衣、工作袜</td><td>0.04</td></tr>
</table>

① 该区内的高污染子区除外。

7.6.3.3　辐射源项控制

辐射源项控制的主要目的是减少辐射源的产生、迁移和释放，降低辐射源的含量，从而降低人员剂量和放射性排放。

1）腐蚀活化产物源项

腐蚀活化产物源项控制手段主要如下：

（1）一回路系统或设备应采用耐腐蚀且钴含量低的材料。

（2）一回路应采用合适的控氧净化手段降低材料的腐蚀。

（3）一回路系统及核辅助系统的管道、设备等布置要避免辐射热点的出现。

2）裂变产物源项

燃料元件破损会导致一回路中放射性明显上升，反应堆设计应能够保证正常运行工况下燃料元件包壳的完整性。

3）安全壳内源项

安全壳内源项包括设备活化源项和气载源项，控制手段主要如下：

（1）针对设备活化源项，应控制安全壳内的热中子注量率，以降低材料的活化。

（2）安全壳应具备除^{210}Po能力，在设备维修或事故工况时，降低安全壳^{210}Po的含量。

（3）安全壳应具备应急通风能力，在设备维修或事故工况时，对安全壳内气载放射性物质进行过滤处理或经处理后排放到环境。

7.6.3.4　辐射分区及出入控制

铅铋堆工作人员类别复杂，不同区域辐射水平差别较大，且气载放射性污染特性比较特别，为便于对各个区域以及人员受照剂量进行控制和管理，应进行辐射分区，可根据相应区域的停留要求、辐射水平、气载放射性水平和表面污染水平，进行辐射分区划分。

1）辐射分区

（1）应参考国家现行标准，把工作场所划分为监督区和控制区。

（2）控制区可根据预期剂量及污染水平划分出不同的子区。

（3）辐射分区不应过于复杂，应具有较好的可操作性。

（4）辐射分区的划分应有利于防止放射性物质的污染和扩散。

2）出入控制

（1）控制区边界设置不可逾越的实体屏障，并在其出入口处设立醒目的标志。

（2）在控制区入口处设置更衣室，其布置和通风应能防止污染从控制区向非控制区的扩散。

（3）在控制区出口设置监测体表和工作服污染的设备、人体去污设施、监测携出物品污染的设备，以及被污染衣具的收集桶。

（4）配备呼吸器、防护服等个人防护用品，以便于进入潜在气载放射性污染区。

7.6.3.5　辐射屏蔽

针对具有较强放射性的辐射源，辐射屏蔽可以有效降低场所剂量率。铅铋堆需要设置屏蔽体的情形包含以下几种：

(1) 铅铋堆运行中堆芯会释放大量的中子和γ射线，需要围绕反应堆设置屏蔽层和局部屏蔽。

(2) 覆盖气系统、净化系统等相关设备，往往包含很高的放射性，也应当设置屏蔽体。

(3) 反应堆换料时乏燃料的转运操作，应针对工作人员设置屏蔽体。

(4) 储存乏燃料组件的水池，应设置足够厚的混凝土屏蔽墙和足够深的水层。

(5) 部分与反应堆运行相关的高放射性固体废物，如更换的堆芯部件、净化树脂和过滤器等，也需要设置屏蔽体。

7.6.3.6　厂房布置

合理的厂房布置能够有效降低工作人员剂量，厂房布置应满足以下要求：

(1) 对于含放射性的相关系统和设备，尽量集中布置。

(2) 厂房布置要保证所有出入控制区的人员必须通过进出控制点，控制点提供足够的人员监测仪表。

(3) 厂房布置还需考虑检修维护的便利，以减少维护时间并为维护人员提供合适的工作环境，并且确保维护工作不会干扰反应堆运行。

(4) 厂房设计要易于接近安装临时屏蔽和遥控设备。

(5) 管道连接点和阀门应避免布置在屏蔽体外。

(6) 厂房要备有足够的摄像仪器等以备功率运行或停堆时设备检查。

(7) 各系统和设备的取样点要布置在取样剂量尽量小的区域。

(8) 需要吊装或拆除设备的区域要提供便利的工具。

7.6.3.7　包含放射性的系统及部件设计

包含放射性的系统及部件在设计时就需要考虑检查、维修、更换、退役等相关操作的需求，要考虑人员进行相关操作时摄取的辐射剂量。包含放射性的系统及部件设计需要满足以下要求：

(1) 系统及部件应具有较高的可靠性，尽量减少更换次数。

(2) 为防止气态^{210}Po的泄漏，应考虑相关系统及设备的密封要求。

(3) 系统及部件应方便在役检查和去污。

(4) 与一回路冷却剂接触的材料要耐腐蚀和耐辐射。

(5) 停堆维修时需要拆除的部件应便于拆除和重新安装。

(6) 设备及管道布置要尽量减少检查和维修时间。

(7) 设备及管道布置要尽量减少腐蚀活化的产物沉积。

7.6.3.8 污染控制

通过有效的污染控制,能够降低工作人员摄取剂量。设计要预防潜在污染的扩散和考虑采取便利的去污措施,设计时应考虑如下几方面:

(1) 对潜在被污染系统的冲洗和远程清洗。

(2) 具有气载放射性的区域要进行通风净化,降低气载放射性浓度。

(3) 对潜在携带放射性的设备必须能够隔离,必要时提供冲洗和排水。

(4) 应考虑设备或墙壁表面沾污放射性的去除。

(5) 给系统或厂房布置高排风点。

(6) 排水时要将潜在污染区域和干净区域隔离开来。

(7) 潜在气载放射性污染的厂房应具备密闭能力,防止污染扩散。

(8) 通风应区分低放和高放,通风气流要从低放区域流向高放区域。

7.6.3.9 远距离操控技术

对于放射性活动,具备采用远距离操控技术的条件时,应当采用这一技术来降低工作人员剂量。设计阶段就应该考虑采用远距离检查方法、远距离进行设备更换活动等。对于远距离可视化检查,可考虑采用工业电视、具有屏蔽功能的铅玻璃等。

7.6.3.10 废物处理系统

铅铋堆由于其冷却剂介质的特殊物性,几乎不会产生液体废物,主要需要处理的是固体废物和气体废物。

针对铅铋堆运行可能产生的放射性废物,为使放射性物质排放总量及浓度保持在规定限值以内并可合理达到的尽量低,需要设置适当的处理放射性固体、液体和气体废物的系统。废物处理系统应具备以下功能:

(1) 废气处理系统应设置暂存箱、暂存管、活性炭延迟床等部件,以延迟放射性气体向环境的释放,延迟时间应足以使大部分放射性物质在释放前衰变。

(2) 固体废物处理系统应具备收集、暂存、固化、压实、包装等功能。

(3) 针对含^{210}Po固体废物,还应具备防挥发扩散处理措施。

7.6.3.11 废物储存系统

针对铅铋堆处理后形成的放射性废物,应设置安全可靠的废物储存系统。废物储存系统应满足以下要求:

(1) 将放射性废物与公众或环境隔离。

(2) 乏燃料储存要保持足够的次临界。

(3) 要提供必要的辐射屏蔽措施。

(4) 乏燃料储存要考虑衰变热的导出。

(5) 必要时要提供通风设施。

(6) 要考虑放射性废物从厂址转运出去的需求。

7.6.3.12　辐射监测

为了确保工作人员及公众的辐射安全,铅铋堆需要有一套完整的辐射防护监测方案。针对工作人员的辐射安全,需要进行工作场所的辐射监测、个人佩戴监测仪表以及辐射剂量管理等;针对工艺流体的监测,可以确保放射性屏障的完整性;针对公众的辐射安全,需要监测气态排出流,确保排放值满足相关规定。

场所辐射监测主要测量外照射剂量、气载放射性和放射性沾污等。需要测量外照射剂量的场所包含反应堆附近、反应堆厂房、含放射性辅助系统、乏燃料储存水池周围、放射性废物的处理和储存区域、乏燃料和废物的转移过程等。需要测量气载放射性的场所包含反应堆厂房、核辅厂房、燃料厂房等。

工艺辐射监测应能够连续监测各放射性屏障下游介质的辐射水平及变化,为分析判断反应堆燃料元件包壳是否破损、蒸汽发生器承压边界是否泄漏、含放射性辅助系统等是否泄漏提供依据,当测量结果超过限值时发出报警信号,为反应堆的安全运行提供保障。

排出流监测主要包含烟囱中气态排出流的监测。

7.7　热工与安全设计研究

针对苏联/俄罗斯铅基快堆、美国、欧盟、日本等的铅基快堆研发情况,从反应堆热工及安全设计准则出发,分别介绍各国铅基快堆的热工设计与安全相关研究及实践。同时,针对国际上铅基快堆相关的热工试验进行了调研和介绍,为我国开展相关工作提供借鉴和参考。

7.7.1　设计准则

通过系统调研和分析美、俄、韩、欧盟等铅基反应堆设计,总结得出热工与安全相关的准则如下:

(1) 热工设计准则主要体现在燃料最高温度限值、额定工况下和事故工况下包壳最高温度限值、冷却剂最高流速限值、冷却剂最低和最高运行温度限值等方面。

(2) 冷却剂运行温度中,铅铋反应堆最低限值温度为 200 ℃,铅冷反应堆最低运行限值温度为 400 ℃,出于对防腐要求的考虑,通常将额定工况下冷却剂的运行温度设定在 500 ℃以下。

(3) 虽然包壳选材不一,但大部分情况下将额定工况下包壳的最高温度定为 550 ℃,事故工况下包壳的最高温度限值为 650 ℃。

(4) 出于目前液态金属氧控和防腐技术的要求,当前无论是铅铋反应堆还是铅冷反应堆,均将冷却剂的流速限定在 2 m/s 以下。

(5) 芯块中心线温度不应超过燃料熔化温度/裂解温度,设计上要留有足够的安全裕量以应对事故工况。

7.7.2 快堆核安全设计考虑

阻碍核能发展的问题来源于要求提供安全处理放射性废物和降低核裂变材料扩散风险的社会和政治压力。不同国家和地区的经济需求可能会有所不同,但对于提供安全能源、抑制核扩散、处理长寿命放射性废物的需求,是世界的共同期盼。一旦违背,可能会带来灾难性后果。这些安全要求决定了核能能否为公众所接受,因此,核能的发展必须确保这些安全要求能够达到,使放射性物质排放总量及浓度保持在规定限值以内并可合理达到的尽量低的水平。

三哩岛、切尔诺贝利及福岛严重事故发生后,核能安全要求也随之大大提高。为了满足这些要求,核电厂需配备大量安全系统,以预防灾难性核事故发生,并在其发生后缓解其影响程度。因此,核电厂建设资本成本显著增加,竞争力随之降低。所有传统核能利用技术的典型矛盾便在于经济效益和安全要求之间的冲突。

使用铅铋金属快堆的创新核能利用技术可以消除安全要求和经济效益之间的冲突,并且借此找到普通压水堆存在的固有安全问题的有效解决方案。

本节提倡的核能技术将为发达国家和发展中国家带来经济效益。从短期来看,当天然铀的成本降低时,核能技术的实施将确保核能的竞争优势;从长远来看,当快堆(FR)在封闭式核燃料循环(NFC)的燃料自给模式下运行或通过消耗廉价的天然铀来实现增殖时,核能技术的实施也将确保核能的竞争优势。

1）反应性设计

对于快中子反应堆，如果引入大的正反应性，会导致瞬发超临界，设计上应予以考虑和规避。引入的正反应性超过1$可能来源于控制棒失控抽出或者反应性反馈效应。对铅铋反应堆要从设计中考虑反应性事故及限制其可能造成的后果，首先应在控制和保护系统中提供技术手段：限制控制棒抽出速度、在短周期或功率增加时启动的多渠道（不低于三个渠道）非开关电源式紧急保护系统（EP）。紧急保护控制棒反应性必须超过标准功率到反应堆“冷却”状态的功率反应性影响。抽出紧急保护之前，应通过技术手段消除控制棒的抽出概率。

国际上SVBR等设计使用氮化铀燃料可满足这些要求，而且整个生命周期内计算得到的反应裕度低于1$。

2）池式设计

采用池式设计，可以设计消除一回路管道和由于管道缺陷导致的冷却剂泄漏问题，同时可考虑保护容器设计。由于保护容器的可用性和反应堆容器与保护容器之间的小的自由体积，排除了在反应堆容器局部泄漏冷却剂流失导致的堆芯循环中断。

在即使独立应急冷却系统所有热交换器故障的情况下，由于温度上升幅度和冷却剂沸点之间的巨大差距，内部反应堆结构和冷却剂本身的热容，以及反应堆容器的辐射换热能力和环境空气自然循环产生的非能动释热能力，可以防止衰变热引起的堆芯熔化和反应堆容器破裂。

冷却剂不会在反应堆冷却剂系统故障时沸腾，并且铅铋冷却剂能够包容碘等放射性核素，这些核素通常是压水堆型反应堆事故发生后的主要辐射危险因素，从而大大减轻了事故辐射的后果。

3）传热界面破损预防与缓解

反应堆铅铋冷却剂侧可在常压状态下运行，而对于动力转换系统常常是处于高压状态（不管是使用水作为介质的朗肯循环还是使用超临界二氧化碳介质的布雷顿循环等），如果在反应堆与动力转换系统之间的传热交界面发生破损，高压的动力转换系统的介质将通过破口喷放到反应堆铅铋冷却剂侧，导致铅铋冷却剂侧压力升高。对于采用传热管作为传热界面的设计，发生破裂的事故我们通常称之为蒸汽发生器传热管破裂事故（SGTR），本节主要针对这种事故问题进行介绍。

针对铅铋反应堆SGTR事故，主要应从预防和缓解层面进行设计，确保反应堆的安全。预防主要从对高压侧向低压侧的泄漏探测角度出发,通过对覆盖气体的压力及成分的分析和监测,来识别在传热界面可能存在的泄漏,从而尽早采取退防措施,比如停堆、隔离二回路系统并进行卸压等;缓解主要针对可能发生的传热管断裂设计基准事故后可能对反应堆铅铋冷却剂侧造成的超压保护,避免反应堆容器因超压而遭到破坏,从而丧失这一道安全屏障。

7.7.3 俄罗斯 SVBR-75/100 反应堆设计实践

俄罗斯多用途模块式快堆 SVBR-75/100,功率在 100 MW 量级,采用铅铋冷却剂(LBC),具有强大的固有安全和非能动安全属性,模块图如图 7-20 所示。研究结果表明,SVBR 的安全运行将不受制于以下假想始发事件:

(1) 最大价值控制棒的失控抽出。

(2) 堆芯入口处冷却剂流通截面一半被堵塞。

(3) 所有主循环泵停运。

(4) 二回路蒸汽全部隔离。

(5) 二回路全部给水丧失。

(6) 蒸汽发生器传热管剪切断裂。

(7) 反应堆容器泄漏。

(8) 全厂断电。

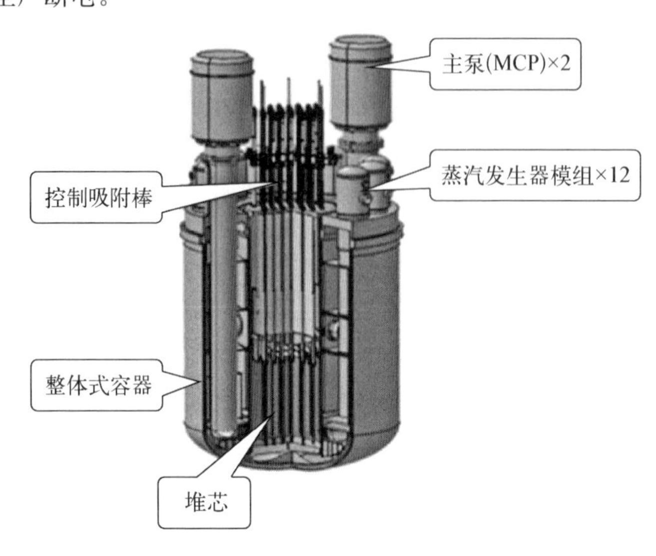

图 7-20 SVBR-751100 反应堆模块

反应堆设计具有负空泡效应和负反馈，控制棒的有效吸收价值不超过1 \$。此外，与控制防护系统(CPS)的结合消除了反应堆的瞬发中子失控。

高沸点冷却剂提高了堆芯排热的可靠度，并且由于没有热传递风险，所以安全性高。同时，采用一体化防护容器装置的设计消除了冷却剂丧失(LOCA)和高压放射性物质排放所致的事故。

一回路中的低压力降低了气密性失效风险，并且减少了反应堆容器壁的厚度，减少了热循环强度条件下温度变化速率的限制。

反应堆成分中不含释放氢气的材料，因为它会与冷却剂、水和空气形成热力和放射性影响以及化学反应。因此，一回路气密性失效所致的化学性爆炸和火灾可以从根本上消除。

在铅铋冷却剂液池上的自由空间内，由于蒸汽与铅铋合金的重力分离，蒸汽发生器泄漏时，铅铋冷却剂循环方案可以排除蒸汽进入堆芯的可能性。

反应堆的固有安全性使反应堆的安全功能和正常运行功能融为一体，系统设计简化，运行维护方便，对于提升电厂的经济性具有重要贡献。由于不需配备诸多特殊安全系统以及相关的安全支持系统，从而保证了反应堆装置方案的简易性，这使得人为失误的发生概率显著降低，避免对安全性能造成影响，简化了反应堆装置维护工作，降低了维护费用。反应堆装置的内在安全性和非能动安全性受制于反应堆的反馈、铅铋冷却剂和反应堆装置结构的自然属性，因此可以实现安全功能(除反应堆紧急保护功能外)与反应堆装置的常规运行功能的耦合。

简化的安全系统设计需求将不会因为自身故障和人为因素而失效。

(1) 通过一回路中的铅铋冷却剂自然循环除去衰变热。这可以使用蒸汽发生器中四个独立通道将热量转移到二回路来实现，然后再把热量转移到非能动余热排出系统(PHRS)的水箱，并且生成蒸汽之后进入大气，保证至少72 h内不超出温度限值。

(2) 当出现大量蒸汽发生器泄漏，且一回路系统中的气体压力超过0.5 MPa时，可以非能动地实现蒸汽发生器泄漏限制。这是通过使用防护装置以及气体排放到冷凝装置来实现。设计表明蒸汽发生器出现少量泄漏时，不需要立即关闭反应堆，从而具有充分的时间来后撤和预防事故发生。

(3) 当铅铋冷却剂温度增大到超出定值时，附加紧急防护系统的控制棒会因锁止合金熔化而靠重力落入堆芯确保反应堆停堆。此外，即使非能动余热排出系统都出现故障，水箱中的水可淹没反应堆拱顶，通过堆容器和保护容器之间的间隙进行传热，通过产生蒸汽把热量排放到大气中。

分析表明，SVBR－100 反应堆具有非常高的安全特性，即使保护壳受损、反应堆上面的钢筋混凝土覆层受损、气密性失控、反应堆铅铋冷却剂表面与大气接触，核电厂全部“断电”的情况下都不会出现反应堆失控、爆炸和火灾。放射性物质排放到大气的数值不会超出核电厂防护值，并且不需要进行人口疏散。

7.7.4 试验研究

为了解铅基反应堆相关热工特性，以作为热工设计和安全分析的重要基础，开展热工相关试验是非常重要的，包括单项试验或整体性能试验等。

由于液态重金属不透明、高温、腐蚀性强等特点，开展液态重金属在以棒束结构为特征的组件这种复杂结构下的热工试验研究难度较大。而且由于液态铅铋的低普朗特数特性，使其无法根据相似分析采用常规介质进行模化试验，因此开展该试验研究的难度较大。由于实验设备、资金等原因，目前国际上具备开展铅合金环境下燃料组件热工水力特性试验研究条件的国家只有几个老牌的核工业大国。

国际上针对铅基反应堆已开展的燃料棒束的热工特性试验研究主要有德国 KIT(Karlsruher Institut für Technologie)、意大利巴西莫尼研究中心、比利时核研究中心等。KIT 液态金属实验室搭建有 THESYS(technologies for heavy metal systems)和 THEADES(thermal-hydraulic and accelerator driven system design)试验台架，研究了铅铋冷却格架及绕丝定位的 19 棒束和三组件绕丝定位 7 棒束盒间流的压降及流动特性。意大利巴西莫尼研究中心搭建的多循环方式试验装置 NACIE－UP 和欧洲最大的铅铋池式试验台架 CIRCE，分别用于研究格架及绕丝定位的 19 棒束和格架定位的 37 棒束换热特性。比利时核研究中心的 COMPLOT 试验台架用于研究铅铋冷却绕丝定位的 127 棒束流动换热特性。上述试验装置主要特点如表 7－8 所示。

表 7－8　铅铋冷却棒束热工试验

编号	试验台架	棒数目	定位方式	年份	研究单位
1	THEADES	19	格架	2014	KIT
2	THEADES	19	绕丝	2016	KIT

（续表）

编号	试验台架	棒数目	定位方式	年份	研 究 单 位
3	THESYS	7×3	绕丝	2019	KIT
4	CIRCE	37	格架	2015	意大利巴西莫尼研究中心
5	NACIE - UP	19	绕丝	2016	意大利巴西莫尼研究中心
6	COMPLOT	127	绕丝	2015	比利时核研究中心

针对表 7 - 8 中的热工试验，我们分别进行简要描述。

7.7.4.1　THEADES - 19 棒束试验

1）台架设计

THEADES 试验回路的台架见图 7 - 21，其主管道材料为 316 钛不锈钢，内径为 105.3 mm，外部包裹厚度为 143 mm 的矿物棉用以保温。储铅罐（位置 1）可储存 42 t 的铅铋合金。使用辅助加热器将回路预热至 200 ℃后，起压力调节作用的氩气（位置 2）将会对储铅罐加压，从而使整个回路充满液态铅铋。同样，降温也会使回路中的铅铋合金流回储铅罐。控氧系统（位置 3）用以保证合金内所溶解的氧气浓度恒定，降低氧化铅形成速率，降低腐蚀速率。在上述条件下，回路可在 450 ℃下稳态运行。若氧含量过高，回路中可能会形成氧化铅颗粒，为此，在试验段入口处（位置 5）装有过滤器（位置 4），以防止固体颗粒进入其中。离心泵（位置 6）允许的最大体积流量为 42 m^3/h，压头为 5.9 bar（1 bar = 0.1 MPa）。回路中装有旁路（位置 7），以减少回路循环时间，增加回路动态性

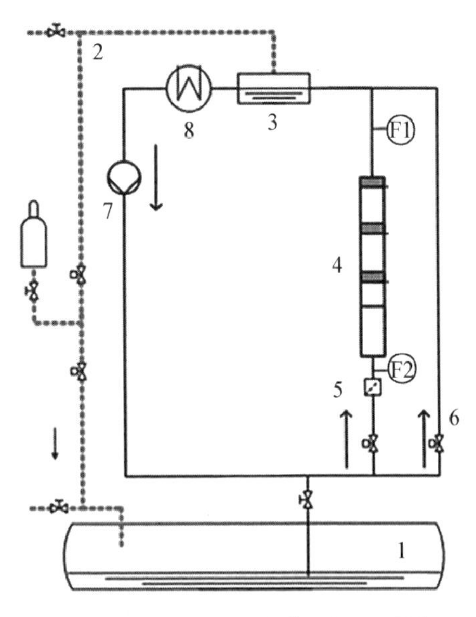

1—储铅罐；2—覆盖气体系统；3—控氧系统；4—试验段；5—过滤器；6—旁路；7—离心泵；8—空气冷却器；F1—流量计（涡流）；F2—流量计（文丘里管）。

图 7 - 21　THEADES 台架示意图

和可控性。因此,试验段的流量可以独立于泵提供的主流量而被单独控制。散热器为空气冷却器(位置 8),其设计最大功率为 500 kW,试验中采用 430 kW 用于试验段冷却。回路中装有 2 个体积流量计,一个(型号为 YOKOGAWA DY050)置于试验段出口(位置 F1),其在测量范围 2.09～73.80 m^3/h 内精度为 0.75%。另一个文丘里管流量计置于试验段入口(位置 F2),用于低流量的测量。文丘里管流量计依赖于压差测量,经校准后转化为流量。

在流动方向上,试验段底部直接置于过滤器后方。试验段上游安装有文丘里喷嘴,用于低流量的测量,流量均衡器和矫直段置于其上游,以便获得均匀的流量分布,从而提高流量计的精度。文丘里喷嘴的下游安装有固定器用于固定六边形通道,固定器的存在导致速度产生一定的扰动,因此试验中设置有 400 mm 的入口段。19 根棒束以规则的等边三角形排布置于六边形通道中。在加热区域,棒束由三个格架固定,同时格架上装有测温热电偶可对温度进行测量。

与格架定位试验段相同,绕丝定位试验段同样为置于六边形通道内的 19 根电加热棒束,流体流动方向为垂直向上。文丘里管用于流量测量,固定器用于六边形通道固定,入口段长为 824 mm。棒束的俯视图如图 7 - 22 所示,在流动方向上绕丝沿逆时针旋转,因此棒和子通道采用逆时针方向进行编号。

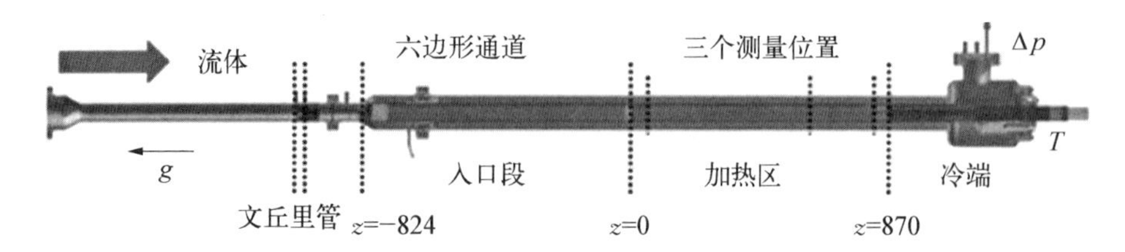

图 7 - 22 绕丝定位试验段侧视图(流动方向垂直向上)

如图 7 - 23 所示,六边形通道外部有一个压力容器,中间区域充满静止的液态铅铋,试验段侧视图如图 7 - 24(a)所示,内部堵塞的 19 根电加热棒束置于六边形通道内。在流动方向上,首先安装一个文丘里管喷嘴用于流量测量,棒束固定器位于从圆管至六边形通道的过渡区域,以确保棒束保持平行排列。加热段上游设有较长的预加热段($d_{h,\mathrm{bdl}}$),以确保 $z=0$ 处流动达到充分发展。试验段上方,加热区域外装有电源和测量装置(热电偶及压力探针)。所用几何参数保证了$\frac{P}{D}$、$\frac{H}{D}$和$\frac{W}{D}$与 MYRRHA 反应堆相同,但考虑到实际原因,增大了加热元件的尺寸(直径增大了 25%,长度增加了 45%)。试验共研究了两个工况，共有三个位置发生堵流，钢和陶瓷混合材料制成的堵流材料形状与子通道相同，导热率极低。

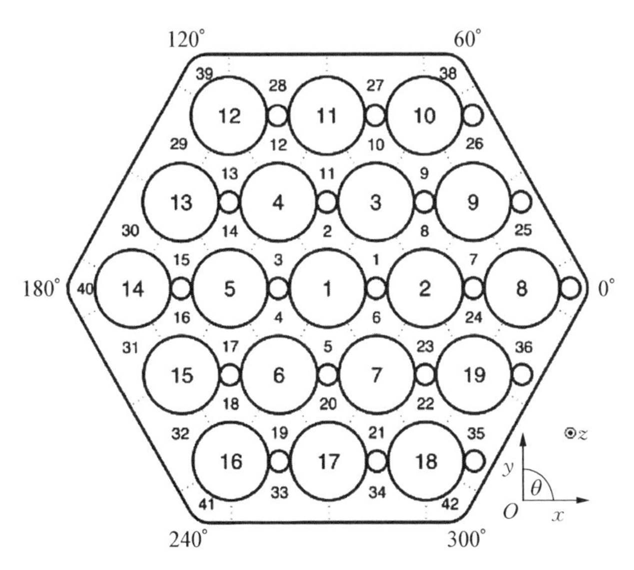

图 7 - 23　棒束及子通道编号

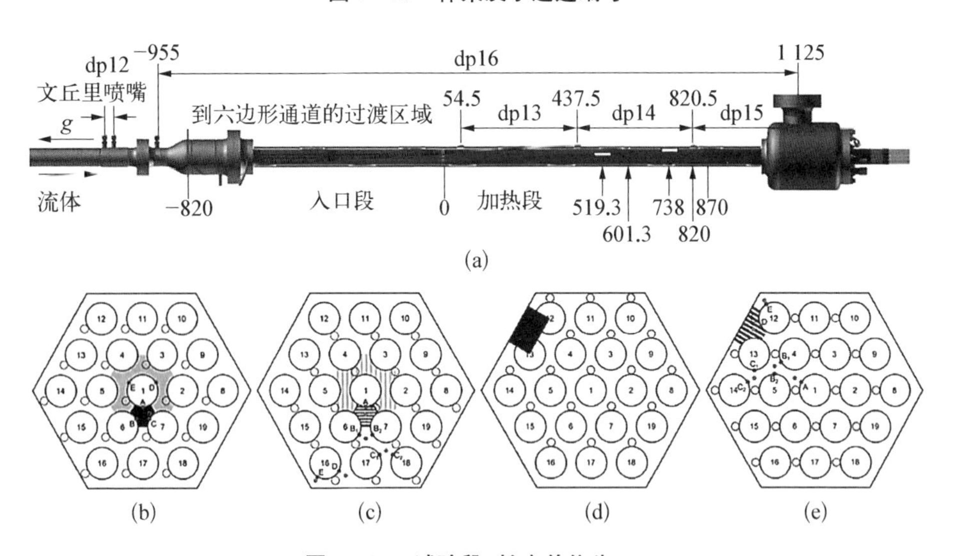

图 7 - 24　试验段，长度单位为 mm

(a) 侧视图；(b) 俯视图(519.3 mm)；(c) 俯视图(601.3 mm)；(d) 俯视图(738 mm)；(e) 俯视图(820 mm)

在第一个工况中，同时研究了两个小面积堵流，每个位置处堵流材料充满一个子通道。第一个堵流位置位于棒 1、6 和 7 所包围的中心通道(C1)，示于

图 7-24(b)和(c)中的黑色区域。在第二个工况中，研究了一个大面积堵流事故，位于中心位置的棒 1 周围 6 个通道均充满堵流材料，如图 7-24(b)和(c)中的灰色区域所示。由于实际装配限制，该区域由三部分组成，每个部分覆盖两个子通道。

2) 格架定位试验小结

德国 KIT 液态金属实验室利用 THEADES 试验台架对铅铋冷却、格架定位的六边形 19 根棒束的热工水力特性进行了研究。试验段共有三个格架用于棒束定位，试验运行参数参考了典型反应堆的运行条件，如温度最高为 450 ℃，功率最高为 1.0 MW/m^2，平均流速为 2.2 m/s。大量热电偶安装在三个轴向高度用于温度测量。

压降分析结果表明，已有经验关系式预测的格架摩擦因子、棒束摩擦因子均与试验值符合较好，其中棒束摩擦因子预测偏差低于±10%，且低于试验不确定性。总的来说，无量纲形式的试验结果与基于其他工质的经验关系式符合较好。

本研究的换热特性只能与其他液态金属工质相关的试验结果进行对比分析，因为它们的 Pr 极低。对三个测量高度的换热特性进行了详细研究，结果如下。

(1) 将每个测量高度的平均换热系数与已有经验关系式进行了对比。在第二个测量高度处，试验值较经验关系式预测值高 10%左右，符合较好，说明此时流动已达到充分发展。在第一个测量高度处，试验值较经验关系式预测值高 30%左右，说明此时流动处于发展阶段。

(2) 三个测量高度的热点因子均达到 1.4，最高无量纲壁温在预测值的±10%范围内。

(3) 内部及边通道中心的无量纲温度在高 Pe 时较高。

这些结果表明湍流热扩散系数增加，可用于数值软件的验证。

3) 绕丝定位试验小结

德国 KIT 液态金属实验室利用 THEADES 试验台架对铅铋冷却、绕丝定位的六边形 19 根棒束的热工水力特性进行了研究，几何结构和运行参数参考了 MYRRHA 反应堆。在加热区域，三个测量高度共有 69 个热电偶用于局部壁温和流体温度的测量，试验具有高度再现性和可重复性。本研究对参考工况的温度分布和所有工况的无量纲温度及温差分布进行了分析。

主要关注所选的五个子通道的流体温度及壁温与流体温度之差。在每个测量高度上，均观察到较大的温差，这可能是绕丝对于流动影响造成的，且在 Pe 较高时，温差相对较小。上述结果可用于 CFD 及子通道分析程序中湍流模型的验证。此外，试验获得的摩擦因子和 Nu 均与经验关系式符合较好。

7.7.4.2 THESYS 台架

1）台架设计

图 7-25 为 THESYS 试验示意图，位于底部储铅罐中的 200L 液态铅铋可在气体压力和重力的作用下，充满整个试验回路。控制氧气浓度，回路可在 190～450 ℃的温度下稳定运行。电磁泵可提供的最大流量为 16 m^3/h，压头为 3.0 bar。盒间流试验段上游的流体分为 A～D 四个流道，每个流道有单独的文丘里流量计对流量进行测量。盒间流试验段整体置于一个主容器内，主容器共分为五个区域：三个六边形闭式组件（A～C），每个组件装有独立的额定功率为 50 kV·A 的直流电源用于加热棒束；一个盒间流的流道（D）；一个充满静止、未加热液态铅铋的外部区域，该外部区域与上述内部区域处于热平衡状态。在底部，容器与其上游四个流道（A～D）相连，容器顶部布满仪器仪表的接口。试验回路的散热器为管壳式空气冷却器。

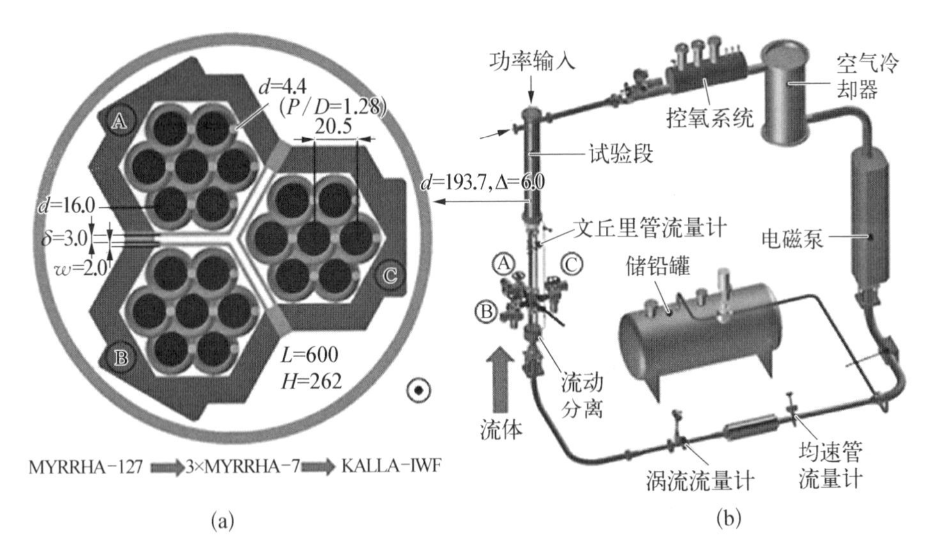

图 7-25 (a) IWF 试验段俯视图；(b) THESYS 试验回路示意图

为了对 MYRRHA 的余热排出过程进行研究，试验段的几何尺寸与反应堆相似，并做了适当的缩放。余热排出的关键在于盒间流本身的换热，因此试验中组件盒的壁厚（w）及间隙宽度（δ）与反应堆相同，但组件内部的棒束几何结构被简化，每个闭式组件内仅有 7 根燃料棒（MYRRHA 每个组件有 127 根），燃料棒的减少使单根燃料棒的直径增加。为了准确地表征流动特性，保持$\frac{d}{D}$、$\frac{P}{D}$及$\frac{W}{D}$与反应堆一致。由于盒间流的温度分布受轴向尺寸(H, L)影响,因此,试验段的轴向尺寸也与反应堆相同。

2) 实验小结

德国 KIT 液态金属实验室利用 THESYS 试验台架对铅铋冷却三组件盒间流特性进行了研究,几何及运行参数参考了 MYRRHA 反应堆的余热排出系统,共研究了四类工况:① 组件 A～C 等流量等加热功率的对称工况;② 一个组件未加热的非对称工况;③ 组件 C 功率不变但流量降低的部分堵流工况;④ 组件功率降低流量降为 0 的完全堵流工况。

7.7.4.3 CIRCE - 37 棒束台架

欧洲核能机构巴西莫尼研究中心在 CIRCE 池式装置中安装了整体循环试验试验段,并进行了相关试验,以研究格架定位燃料棒束的换热现象,为欧洲快堆的发展提供试验数据。铅铋冷却的加热棒束热功率约为 1 MW,线功率高达 25 kW/m。加热棒共有 37 根,置于栅径比为 1.8 的六边形组件内。试验中热电偶对两个测量面的温度进行测量,以评估棒束的换热系数和不同位置处加热棒外壁温度。子通道的 Nu 是 Pe 的函数,本研究将经验关系式预测值与试验值进行了对比分析。

1) 台架设计

如图 7 - 26 所示,位于六边形闭式组件内的 37 根电加热棒束用于模拟反

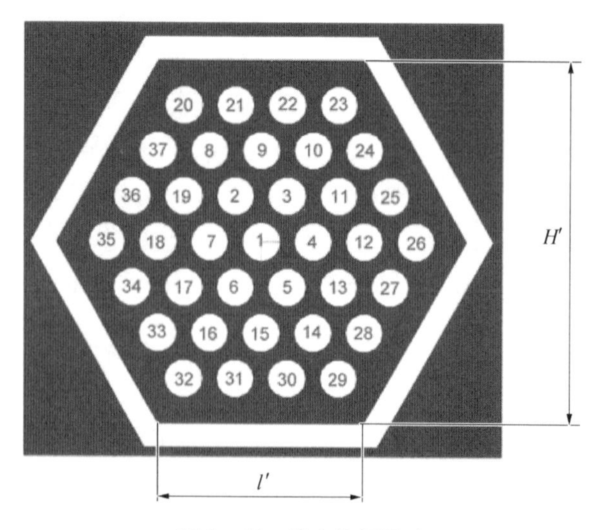

图 7 - 26 棒束几何尺寸

应堆燃料，棒束$\frac{P}{D}$为1.8，组件边长为55.4 mm，边心距为48 mm。加热棒最高线功率为25 kW，对应最大壁面热流密度1 MW/m^2，整个棒束电功率为925 kW时，产生的热功率为800 kW。共有三个格架用于棒束定位，分别位于加热区域的两端和中央。从水力学的角度来讲，格架保证了液态铅铋沿加热棒束流动，无旁流。为了研究铅铋冷却棒束的换热特性，加热棒束上安装有直径为0.5 mm的N型热电偶，热电偶带有绝缘热接点，精度为±1℃。为了测量流经加热棒束试验段的质量流量，在入口处安装有精度为2%的文丘里流量计。计算电功率时，电压和电流的精度均为1%。

2）实验小结

欧洲核能研究机构巴西莫内研究中心利用CIRCE试验台架对铅铋冷却格架定位的37根棒束换热特性进行了研究，包括强迫循环工况和自然循环工况。所有工况的Nu在500～3 000范围内，Nu不确定性在±20%以内，Pe不确定性在±12%以内。结果表明，试验测得的Nu与已有经验关系式变化趋势相同。

7.7.4.4　NACIE-UP-19棒束台架

巴西莫内研究中心利用NACIE-UP试验台架对铅铋冷却绕丝定位19根棒束的换热特性进行了研究，棒束不同轴向高度和子通道共装有67个热电偶用于温度测量和换热特性的分析。试验为欧洲研究项目SEARCH的一部分，该项目旨在支持MYRRHA反应堆的发展。试验研究了自然循环和混合循环工况，子通道Re范围为1 000～10 000，热流密度范围为50～500 kW/m^2。

1）台架设计

NACIE-UP为矩形试验回路，两个长为8 m的垂直不锈钢(AISI304)管道分别用作上升段和下降段，水平管道长为2.4 m，回路示意图如图7-27所示。回路总铅铋容量约为200 L。上升段底部装有绕丝

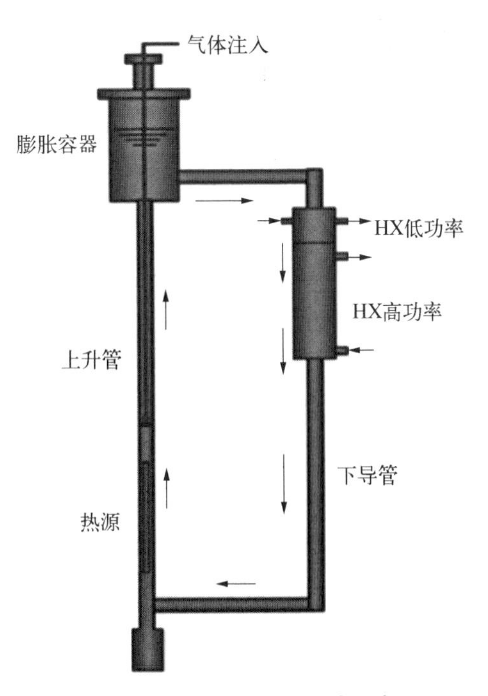

图7-27　NACIE-UP回路示意图

定位加热棒束,总功率最高可达 235 kW,用于模拟反应堆内的燃料棒束。换热器位于下降段的上方,其中心位置与加热棒中心处高度差为 5.5 m,有助于回路内流体的自然循环。一旦回路运行,氩气也会注入上升段,提供驱动力以维持回路中的强迫对流。膨胀罐位于上升段的末端,其内部充有氩气作为保护气体,避免氧化的同时也可吸收热膨胀的液态铅铋。位于加热棒下游的隔离球阀可部分关闭,以调节回路的铅铋流量。装置还包括一个与换热器壳侧相连,充满 16 bar 压力水的二回路。二回路由泵、预热器、空气冷却器、旁路、隔离阀和带氩气保护气体的稳压器组成。

电加热 19 根棒束的有效长度为 600 mm,全长 2 000 mm,为保证加热区域入口的流动充分发展,其上游非加热长度大于 500 mm。绕丝定位、直径为 6.55 mm 的加热棒置于六边形闭式组件内。加热棒束的最大功率约为 235 kW,对应壁面最大热流密度为 $1\ \mathrm{MW/m^2}$。棒束测量面示意图如图 7-28 所示。总的流通面积被分为 54 个子通道(S1～S54),最中心一圈为棒 1 和子通道 S1～S6,$N-1$ 圈为棒 2～7 和子通道 S7～S24,N 圈即最外圈为棒 8～9 和 S25～S54。对于绕丝定位的燃料棒,壁面对于最外圈及第 $N-1$ 圈子通道的影响较大,但内部子通道受壁面影响较小。

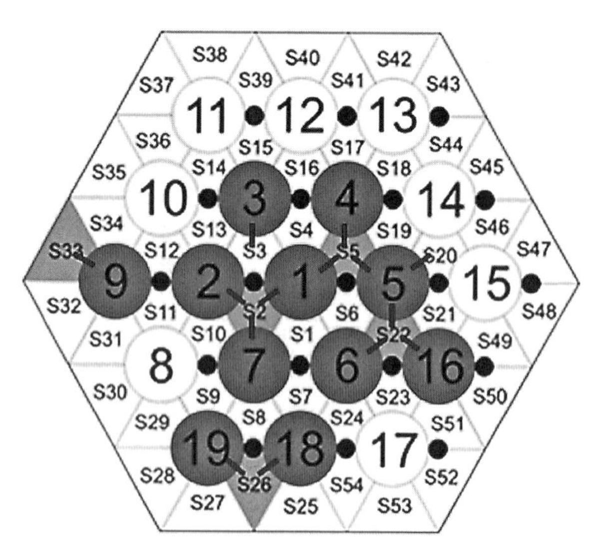

图 7-28　棒束测量面示意图

2) 实验小结

欧洲核能机构巴西莫内研究中心利用 NACIE-UP 试验台架对铅铋冷却

绕丝定位的六边形19棒束换热特性进行了研究，所研究的参数范围为 $m \approx 0.3 \sim 4.0$ kg/s，$Q_{lin} \approx 1 \sim 10$ kW/m，$Q \approx 10 \sim 110$ kW，子通道 Re 和 Pe 分别低于12 000和400，处于层流和过渡状态的早期，试验包括了自然循环工况和气泡泵驱动的强迫循环工况。

壁面热电偶的测量结果是准确的，温度信号存在一定的波动，但对于所有热电偶均存在相同的震荡趋势。因此，壁温与流体温度之间的温度保持恒定，误差可接受，温差为2.5～3℃，精度较高。所研究的 Nu 的平均相对误差为13%。

本研究对加热棒内部的换热特性进行了综合分析，主要是通过分析 Nu 随 Pe 的变化规律来实现，并将试验数据与已有关系式进行对比。

7.7.4.5　COMPLOT-127棒束台架

比利时核研究中心基于COMPLOT铅铋台架，开展了针对池式快堆MYRRHA单组件内的压降特性试验研究工作。试验中测量了一个边通道沿轴向不同位置处的压力，以研究沿着轴向高度的压降特性。同时测量了同一高度径向上不同位置处的压力，以研究绕丝致使的组件内压力场变化规律。最后，将试验中测量的实验数据与现有的压降关系式和CFD数值模拟结果进行了比较。

1）台架设计

COMPLOT铅铋台架是一个闭式试验回路，用于研究全尺寸MYRRHA反应堆组件内的热工水力特性，回路绝热，且铅铋的温度最高可达400 ℃，循环流量最高可达36 m^3/h，电加热棒束模拟燃料棒束。图7-29为COMPLOT回路示意图。

COMPLOT的垂直试验段模拟了MYRRHA堆芯，液态铅铋自下而上流动。MYRRHA组件为闭式组件，盒内为127个燃料棒组成的六边形棒束。组件盒的上下两端连接到入口和出口喷嘴，用于液态铅铋的引流。缠绕在每个燃料棒外表面的定位绕丝，使燃料棒在棒束中彼此分离，并可增强相邻子通道内冷却剂的搅混。整个燃料组件试验段共配备11个测压点，试验段入口及出口各有1个测压点，用于试验段总压降的测量，其余9个测压点位于棒束内部，其中4个位于矩形边通道的中心，轴向间距为绕丝螺距的倍数，上述测点用于研究燃料组件一个截面上的压力变化，并验证由绕丝引起的特征螺旋压力和流场所致的局部最大和最小压力。

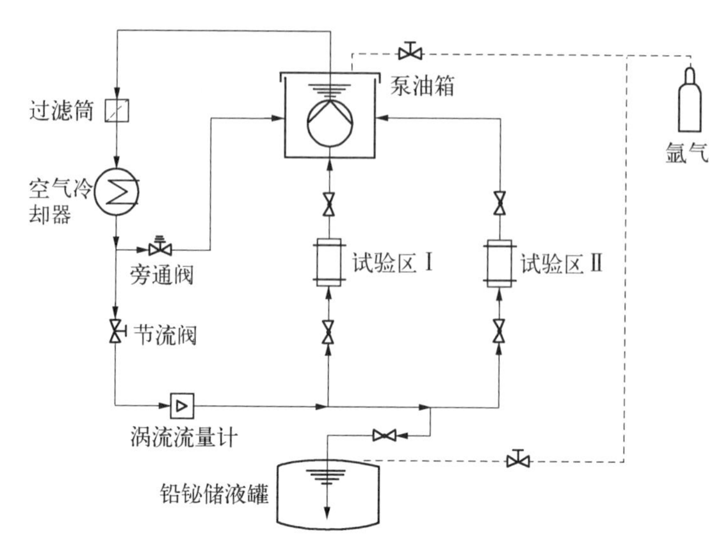

图 7-29 COMPLOT 回路示意图

2）实验小结

比利时核研究中心开展了针对池式快堆 MYRRHA 单组件内的压降特性试验研究工作。试验中选用了两种测量方式，分别以 1.75H～3.75H（H 为绕丝节距长度）和 1.75H～4.75H 作为压差测量范围。试验发现湍流区之后两种测量方式获得的通道摩擦系数基本一致，但是在过渡区之前两者存在偏差。通过将试验结果与现有的关系式、CFD 结果进行对比发现，Rehme 关系式符合最后，指示在小流量区域处偏差较大。

参考文献

[1] Long B, Tong Z, GröSchel F, et al. Liquid Pb-Bi embrittlement effects on the T91 steel after different heat treatments[J]. Journal of Nuclear Materials, 2008, 377(1): 219-224.

[2] Dai Y, Long B, Groeschel F. Slow strain rate tensile tests on T91 in static lead-bismuth eutectic[J]. Journal of Nuclear Materials, 2006, 356(1/2/3): 222-228.

[3] Liu J, Yan W, Sha W, et al. Effects of temperature and strain rate on the tensile behaviors of SIMP steel in static lead bismuth eutectic[J]. Journal of Nuclear Materials, 2016, 473: 189-196.

[4] Kohyama A, Hishinuma A, Gelles D S, et al. Low-activation ferritic and martensitic steels for fusion application[J]. Journal of Nuclear Materials, 1996, 233-237(1): 138-147.

[5] Benamati G, Fazio C, Piankova H, et al. Temperature effect on the corrosion

mechanism of austenitic and martensitic steels in lead-bismuth [J]. Journal of Nuclear Materials, 2002, 301(1): 23 - 27.

[6] Maloy S A, Romero T, James M R, et al. Tensile testing of EP - 823 and HT - 9 after irradiation in STIP Ⅱ [J]. Journal of Nuclear Materials, 2006, 356(1 - 3): 56 - 61.

[7] Short M P. The design of a functionally graded composite for service in high temperature lead and lead-bismuth cooled nuclear reactors [D]. Cambridge: Massachusetts Institute of Technology, 2010.

[8] Van den Bosch J, Coen G, Hosemann P, et al. On the LME susceptibility of Si enriched steels[J]. Journal of Nuclear Materials, 2012, 429(1 - 3): 105 - 112.

[9] Nikitina E V, Kazakovtseva N A, Karfidov E A. Corrosion of 16Cr12MoWSVNbB (EP - 823) steel in the LiCl - KCl melt containing $CeCl_3$, $NdCl_3$ and UCl_3 [J]. Journal of Alloys and Compounds, 2019, 811: 152032.

索　引

W

X

Y

Z

后　　记

铅铋合金冷却反应堆具有冷却剂沸点高，对水和空气化学惰性，中子相对慢化能力弱，能谱硬、增殖能力强，能够包容放射性物质、防止核扩散、热效率高和系统结构简单可靠等优点，早在20世纪50年代，苏联就开始研究液态铅/铅铋冷却快堆，并成功实现工程应用。但是在使用过程中也遇到了一些问题，如蒸汽发生器漏水、铅铋腐蚀结构材料生成固体氧化物导致的堆芯流道阻塞、冷却剂凝固和极毒物质钋的产生等。苏联专家经过十多年系统针对性研究，有效解决了这些难题。20世纪90年代，苏联关停了最后一座铅铋反应堆，主要原因是认为铅铋堆维护工作昂贵且复杂。

近年来，随着材料领域的发展以及铅铋合金冷却反应堆表现出的良好性能，世界各国纷纷提出自己的铅铋合金冷却反应堆研究计划和设计方案。综合分析，更安全、更高堆芯出口温度、更高功率密度、体积小、重量轻、增殖核燃料及嬗变乏燃料是铅铋合金冷却反应堆技术未来发展的趋势，由此也带来了一系列新的技术问题。

在反应堆物理设计方面，需要重点关注堆芯能谱的设计与堆芯中子经济性的平衡。超热谱设计有助于实现体积小、重量轻的设计目标，而快谱设计能够提高堆芯燃料增殖比，有助于增殖核燃料及嬗变乏燃料，堆芯设计中需要根据堆芯总能量输出以及堆芯尺寸和质量需求设计能谱，进而实现最优化设计。另外，需要关注铅铋合金冷却反应堆较小的堆芯温度负反馈系数。如何提高堆芯的温度负反馈效应，进而增强堆芯固有安全性是铅铋合金冷却反应堆物理设计中需要重点考虑的问题。

在热工水力与安全分析领域，需重点关注以下几个方向：① 低普朗特数流体传热特性及高热扩散率对传热的影响研究，建立适用的传热关系式和计算模型，包括实验研究；② 针对铅铋快堆特有的传热界面破损事故机理、现象及模型研究，不同于传统压水堆的SGTR事故，铅铋快堆发生SGTR事故后，二回路相对较冷的高压饱和水向一回路喷放，将形成闪蒸、压力波冲击、汽-水-铅铋多相流动传热等非常复杂的现象；③ 腐蚀缓解问题需得到妥善解决，方能解除铅铋快堆因温度、流速的限制而束缚的潜力，需要发展新的腐蚀防护技术，或者研发新型耐腐蚀结构材料；④ 有效解决放射性钋的防护问题，以确保装置运行维护人员的安全。

在辐射防护与屏蔽设计领域，针对铅铋堆的职业照射、公众照射和流出物排放限值等设计要求，现有压水堆和快堆的法规标准适用性，还需要开展详细的论证分析；针对^{210}Po的防护以及净化去除问题，还需要开展更多的理论和试验研究；针对铅铋合金的腐蚀活化以及铅铋环境中裂变产物、腐蚀产物的迁移释放行为，还缺少更多的试验数据和机理模型。

在材料耐腐蚀领域，需关注候选材料与液态铅铋合金的相容性、液态铅铋介质中力化耦合失效机制、高温铅铋环境下材料的辐照性能演化规律等。

按照科学发展规律，一个新型反应堆从研发到大规模工程应用，一般需要几十年，是全社会相关科研院所、设备厂商及大学在燃料、材料、设备、仪器仪表等领域共同研发的结果。铅铋合金冷却反应堆技术的研发也不例外，我国目前在这一领域才刚起步，与国外相比还有很大差距，更需统筹国内优势力量针对铅铋合金冷却反应堆的关键技术集智攻关。本书编写组归纳总结了国际前期的研究近况，抛砖引玉，希望给从事铅铋合金冷却反应堆技术研发的广大科技工作者提供一个参考，为早日实现我国铅铋合金冷却反应堆技术的工程应用贡献自己的一份力量！